Arduino程序设计与实践

张金　叶艾　岳伟甲　战延谋　主编
刘芳　郑玲玲　赵亮　蒋坤　周迎春　副主编

電子工業出版社
Publishing House of Electronics Industry
北京·BEIJING

内 容 简 介

本书是作者开发 Arduino 及指导本科生参加全国教育机器人大赛的经验总结，包括 Arduino 驱动和开发环境、语法规则，程序结构和基本函数，红外、温度、湿度、人体红外感应、超声波等多种传感器的应用及编程实例，直流电动机、舵机、步进电动机的驱动及显示模块、无线模块的应用等硬件资源，智能搬运小车、智能气象站、微型飞行器、六足机器人等综合实例。

本书体系结构清晰，开发细节完善，适合初学者学习，也可以用于创客/极客、电子爱好者的培训和参考用书。

未经许可，不得以任何方式复制或抄袭本书之部分或全部内容。
版权所有，侵权必究。

图书在版编目（CIP）数据

Arduino 程序设计与实践/张金等主编．—北京：电子工业出版社，2019.1
ISBN 978-7-121-35339-0

Ⅰ．①A…　Ⅱ．①张…　Ⅲ．①单片微型计算机-程序设计　Ⅳ．①TP368.1

中国版本图书馆 CIP 数据核字（2018）第 245081 号

责任编辑：富　军
印　　刷：北京捷迅佳彩印刷有限公司
装　　订：北京捷迅佳彩印刷有限公司
出版发行：电子工业出版社
　　　　　北京市海淀区万寿路 173 信箱　邮编 100036
开　　本：787×1 092　1/16　印张：17.75　字数：460.8 千字
版　　次：2019 年 1 月第 1 版
印　　次：2024 年 8 月第 15 次印刷
定　　价：69.80 元

凡所购买电子工业出版社图书有缺损问题，请向购买书店调换。若书店售缺，请与本社发行部联系，联系及邮购电话：（010）88254888，88258888。

质量投诉请发邮件至 zlts@phei.com.cn，盗版侵权举报请发邮件至 dbqq@phei.com.cn。

本书咨询联系方式：（010）88254456。

前　言

2005 年，意大利伊夫雷亚互动设计学院（Interaction Design Institute Ivrea）的 Massimo Banzi 和 David Cuartielles 教授希望替学生和互动艺术设计师找到一种能够帮助他们学习电子设计制作和传感器的基础知识，并可以快速设计、集成互动作品原型（prototype）的微电脑装置。鉴于当时市面上的微电脑控制产品众多，其中有些产品采用的程序语言深奥难懂，不适合设计学院的学生使用，于是他们以 11 世纪北意大利国王“Arduino”为名，设计出开放式微电脑控制板及程序开发工具。十几年过去了，Arduino 已经被发展成为一个优秀的开源硬件平台，具有易学易用、开发便捷的特点，是基于微处理器的硬件开发趋势。Arduino 的简单开发方式使读者可以更关注创意和实现，更快地完成自己的项目开发，大大节约学习成本，缩短开发周期。

Arduino 的探索是一个简单有趣、丰富多彩的过程。目前，全球有数以万计的电子设计制作爱好者使用 Arduino 开发项目和电子产品。新时代的各类大学生学科竞赛方兴未艾，90 后、00 后的大学生思维活跃，动手实践欲望强，与 Arduino 平台的简单易学、易于扩展和开源互为依托，使 Arduino 迅速成为创客进行硬件创作平台的不二选择。陆军炮兵防空兵学院自 2016 年来以 Arduino 平台为基础，组织学员参加全国大学生教育机器人大赛，获全国特等奖两项、一等奖 3 项、二等奖多项，在基于 Arduino 平台的软、硬件调试和系统的构建方面积累了丰富的经验。博客、视频网站及论坛虽有成千上万个用 Arduino 开发的很炫的项目，学习资源充足，但缺乏系统性，不利于初学者按步骤学习。

本书以 Android 作为载体完成微项目的开发，可让读者以一个创客的身份进入学习训练任务，体系结构清晰，开发细节完善，适合初学者学习。全书共有 12 章，沿用“软硬结合，实践先行”的写作风格，由浅入深、图文并茂。主要内容分三个层次：第一个层次（第 1~3 章），初识 Arduino，介绍 Arduino 集成开发环境、数据类型、程序结构及基本函数等基础知识；第二个层次（第 4~8 章），探索 Arduino，详细讲述 Arduino 常用的硬件资源，包含传感器、显示模块、电动机、无线模块等的接口连接与应用；第三个层次（第 9~12 章），实践 Arduino，通过智能搬运小车、智能气象站、微型飞行器、六足机器人 4 个具体的实例，详细讨论如何应用 Arduino 完成一个实际的项目开发，包括硬件资源的选用、接口的连接、软件编程及软、硬件的调试方法、技巧等内容，综合讲解 Arduino 的晋级应用方法，通过多个实例帮助读者快速提升 Arduino 的编程能力。

全书由陆军炮兵防空兵学院张金教授统稿，参与编写的还有陆军炮兵防空兵学院的叶艾教授、战延谋教授、岳伟甲讲师、刘芳讲师、郑玲玲讲师、蒋坤讲师、周迎春讲师及研究生赵亮等。

本书在写作过程中参考了许多专家的书籍，无法一一列出，在此表示衷心的感谢。由于作者水平有限，纰漏、不妥之处在所难免，恳切希望读者批评指正，E-mail：JGXYZhangJin@163.com。

编著者

2018 年 8 月于合肥

目　　录

第 1 章　初识 Arduino

本章将主要介绍什么是 Arduino。Arduino 作为一种易于开发、价格低廉的开发板得到了快速发展，因其基于类似 C 语言和 Java 的开发环境而深受开发者的喜爱。Arduino 的开源特性让任何开发者都可以自己开发新的开发板。另外，本章通过举例介绍了 Arduino 的组成和分类，并对 Arduino IDE 的界面和操作方法进行了初步介绍，方便读者快速上手。

1.1　什么是 Arduino

Arduino 是一款便捷灵活、方便上手的开源电子原型平台。该平台最初主要基于 AVR 微控制器和相应的开发软件，至今已有十几年的发展历史。Arduino 项目源于意大利。创始人最初设计 Arduino 是为了寻求一个廉价好用的开发板，因其开源、简单、廉价的特性，一经推出就获得开发者的喜爱。随着 Arduino 的发展，今天的 Arduino 已经不仅仅是一块开发板了，准确地说已经是一个包含硬件和软件的电子开发平台。Arduino 的开发程序构建于开放原始码的 simple I/O，具有使用类似 Java、C 语言的 Processing/Wiring 开发环境。Arduino 主要包含硬件（各种型号的 Arduino 板）和软件（Arduino IDE）两个主要的部分：硬件部分是一块具有简单 I/O 功能的电路板，可以用作电路连接；软件部分是一套程序开发环境，通过在 IDE 中编写程序代码，将程序上传到 Arduino 电路板后，便可执行相应的功能。

基于 Arduino 的项目可以使用现有的电子元器件，如开关或传感器或其他的控制器件、LED、步进电动机或其他的输出装置。Arduino 也可以独立运行，并与软件交互，如 Macromedia Flash、Processing、Max/MSP、Pure Data、VVVV 或其他的互动软件。Arduino 的编程是通过 Arduino 编程语言（基于 Wiring）和 Arduino 开发环境（基于 Processing）来实现的。开发板上的微控制器可以通过 Arduino 的编程语言来编写程序，并编译成二进制文件，烧录到微控制器中。Arduino 的 IDE 界面基于开放源代码，可以免费下载使用，可以帮助开发者开发出更多令人惊艳的互动作品。

1.2　为何要使用 Arduino

在嵌入式的开发过程中，开发者根据不同的功能会用到各种不同的开发平台。Arduino 作为新兴的开发平台，在短时间内受到很多开发者的欢迎和使用，其优越性主要体现在以下几个方面。

(1) 跨平台

Arduino IDE 可以在 Windows、Macintosh OS X、Linux 三大主流操作系统上运行，而其他大多数的控制器只能在 Windows 上开发。

(2) 简单清晰

Arduino IDE 基于 processing IDE 开发，具有足够的灵活性，极易被初学者掌握。同时，Arduino 语言基于 wiring 语言开发，是对 avr-gcc 库的二次封装。开发者不需要太多的单片机基础、编程基础，经过简单的学习后，就可以进行快速的开发了。

(3) 价廉质优

相对其他的开发板，Arduino 及周边产品相对价廉质优，学习或创作成本低，重要的一点是，烧录代码不需要烧录器，直接用 USB 线就可以完成下载。

(4) 开放性

Arduino 的硬件原理图、电路图、IDE 软件及核心库文件都是开源的，在开源协议范围内可以任意修改原始设计及相应代码。这就意味着，所有的开发者都可以查看和下载源码、图表、设计等资源进行任何开发，可以购买克隆开发板和基于 Arduino 的开发板，甚至可以自己动手制作一个开发板。开发者自己制作的开发板不能继续使用 Arduino 这个名称，可以自己命名。

(5) 发展迅速

Arduino 不仅仅是全球最流行的开源硬件，也是一个优秀的硬件开发平台，更是硬件开发的趋势。Arduino 简单的开发方式使得开发者更关注创意与实现，可以更快地完成自己的项目开发，大大节约了学习成本，缩短了开发周期。

因为 Arduino 的种种优势，所以越来越多的专业硬件开发者开始使用 Arduino 来开发项目、产品，越来越多的软件开发者使用 Arduino 进入硬件、物联网等开发领域。

1.3 Arduino 家族

自从 2005 年 Arduino 腾空出世以来，其硬件和软件开发环境一直进行更新迭代。现在的 Arduino 有十几年的发展历史了，在市场上被称为 Arduino 的电路板有各式各样的版本，可以适用于不同的场合。

(1) Arduino UNO R3

首先需要介绍的非 Arduino UNO R3 莫属了。在 Arduino 控制器系列中，Arduino UNO R3 可以说是目前使用人数最多的一款控制器，适合初学者使用。Arduino UNO 是一款基于 ATmega328 的微控制器，有 14 个数字输入/输出引脚（其中，6 个可用作 PWM 输出引脚）、6 个模拟输入引脚、1 个 16MHz 的陶瓷谐振器、1 个 USB 连接口、1 个电源插座、1 个ICSP

头及 1 个复位按钮。其中，USB 连接口不仅能够提供基础的转串口功能，还可以让开发者自己编程定义其他的功能，如可以把 USB 连接口配置为鼠标、键盘、摄像头、手柄等。

Arduino UNO R3 的外观如图 1.1 所示。

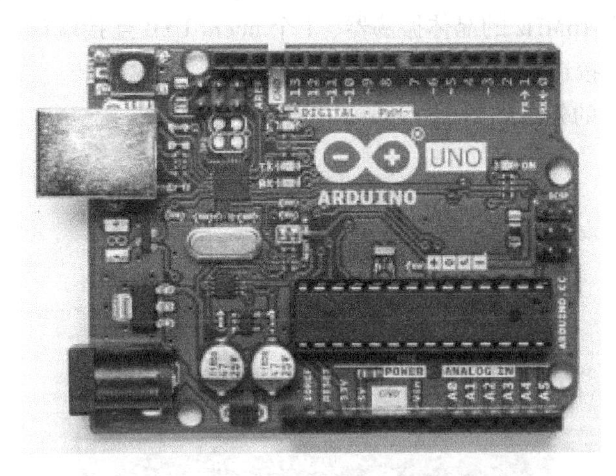

图 1.1　Arduino UNO R3 的外观

（2）Arduino Mega 2560

Arduino Mega 2560 作为 Arduino UNO R3 的升级版要强大许多，是一款基于 ATmega 2560 的微控制器板，有 54 个数字输入/输出引脚（其中，16 个可用作 PWM 输出引脚）、16 个模拟输入引脚、4 个 UART（硬件串行接口）、1 个 16MHz 的晶体振荡器、1 个 USB 连接口、1 个电源插座、1 个 ICSP 接口及 1 个复位按钮。Arduino Mega 2560 能兼容为 Arduino UNO 设计的扩展板，供电方式可以自动选择。Arduino Mega 2560 包含支持微控制器所需要的一切，只需要接上电源，即可开始实现创作。

Arduino Mega 2560 的外观如图 1.2 所示。

图 1.2　Arduino Mega 2560 的外观

（3）Arduino Leonardo

Arduino Leonardo 与上面的两款电路板不同，是一款基于 ATmega32u4 的微控制器。因为 ATmega32u4 具有内置式的 USB 通信，取消了 USB 转 UART 的芯片，所以不需要二级处理器。这样，除了虚拟（CDC）串行/COM 接口，Arduino Leonardo 还可以充当计算机的鼠标和键盘。它有 20 个数字输入/输出引脚（其中，7 个可用作 PWM 输出引脚，12 个可用作模拟输入引脚）、1 个 16MHz 的晶体振荡器、1 个 micro USB 连接端口、1 个电源插座、1 个 ICSP 接口及 1 个复位按钮。

Arduino Leonardo 的外观如图 1.3 所示。

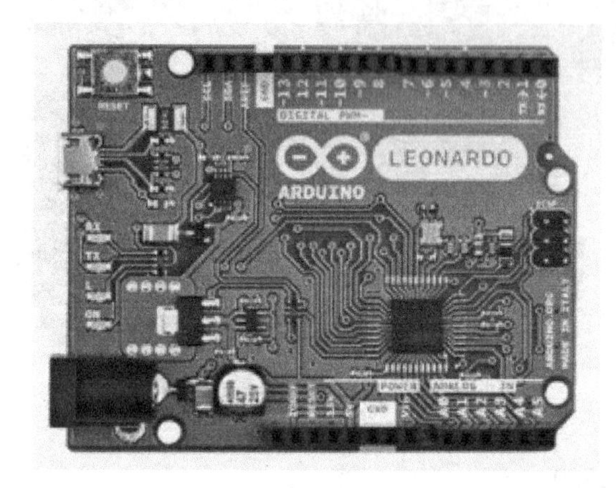

图 1.3　Arduino Leonardo 的外观

（4）Arduino Leonardo ETH

Arduino Leonardo ETH 不仅与 Arduino Leonardo 一样均基于 ATmega32U4，还基于全新 W5500 TCP/IP 嵌入式以太网控制器的微控制器开发板。Arduino Leonardo ETH 有 20 个数字输入/输出引脚（其中，7 个可用作 PWM 输出引脚，12 个可用作模拟输入引脚）、1 个 16MHz 的晶体振荡器、1 个 RJ45 接口、1 个微型 USB 连接器、1 个电源插孔、1 个 ICSP 接头及 1 个重置按钮。

Arduino Leonardo ETH 的外观如图 1.4 所示。

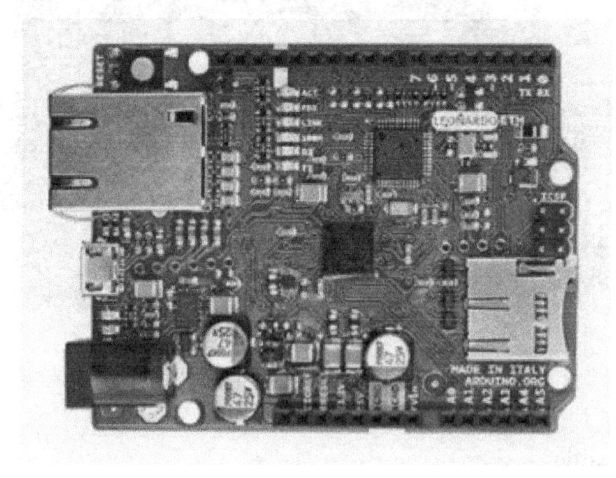

图 1.4　Arduino Leonardo ETH 的外观

（5）Arduino Due

Arduino Due 是基于 Atmel SAM3X8E ARM Cortex-M3 CPU 的微控制器板，是首款基于 32 位 ARM 内核的微控制器。Arduino Due 有 54 个数字输入/输出引脚（其中，12 个可用作 PWM 输出引脚）、12 个模拟输入引脚、4 个 UART（硬件串行接口）、1 个 84MHz 时钟、1 个USB OTG 连接接口、2 个 DAC（数字/模拟）、2 个 TWI、1 个电源插口、1 个 SPI 头、1 个JTAG 头、1 个复位按钮及 1 个擦除按钮。

Arduino Due 的外观如图 1.5 所示。

图 1.5　Arduino Due 的外观

（6）Arduino M0

Arduino M0 作为 Arduino UNO 简单而强大的升级版，基于 32 位 ARM Cortex M0 内核的低功耗 Atmel SAMD21 微控制器，使性能进一步增强，功能更加强大。Arduino M0 的一个主要特色是配备了 Atmel 嵌入式调试器（EDBG）。该调试器提供了一个完整的调试接口，不需要其他硬件，可大幅提升软件调试的便捷性。EDBG 支持一个虚拟的 COM 接口，可以用于为设备编程，并实现传统的 Arduino 引导装载程序功能。

Arduino M0 的外观如图 1.6 所示。

（7）Arduino Lily Pad

Arduino Lily Pad 是 Arduino 的一个特殊版本，是为可穿戴设备和电子纺织品开发的。Arduino Lily Pad 处理器的核心是 ATmega168 或者 ATmega328 微控制器，有 22 个接口、14 个数字输入/输出引脚（其中，6 个可作为 PWM 输出引脚，1 个可作为蓝牙模块的复位信号引脚端）、6 个模拟输入引脚、1 个 16MHz 的晶体振荡器、1 个 ICSP 接口及 1 个复位按钮。

Arduino Lily Pad 的外观如图 1.7 所示。

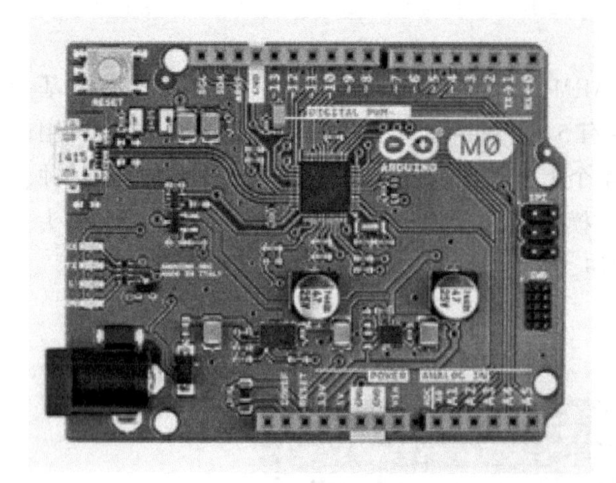

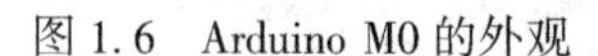
图 1.6　Arduino M0 的外观

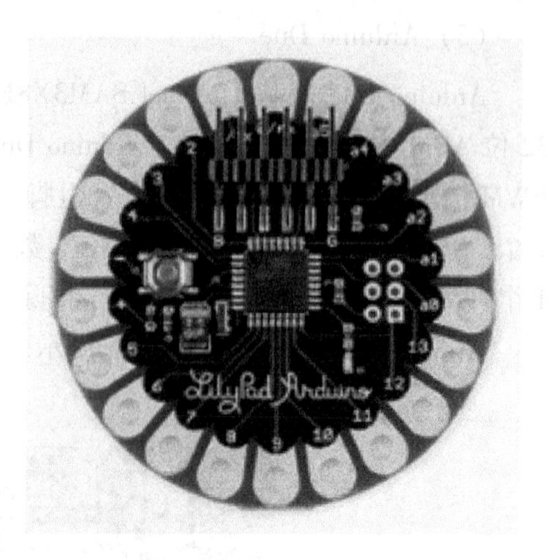

图 1.7　Arduino Lily Pad 的外观

1.4　Arduino 的硬件资源

在了解了 Arduino 的起源之后，下面将讲述 Arduino 的硬件资源和开发板及其他扩展硬件的相关内容。

1.4.1　Arduino 开发板

Arduino 开发板非常简洁，1 块 AVR 单片机、1 个晶振或振荡器及 1 个 5V 的直流电源。常见的 Arduino 开发板通过一条 USB 数据线连接在计算机上。Arduino 有各式各样的开发板，其中最通用的是 Arduino UNO，另外还有很多小型的、微型的、基于蓝牙和 Wi-Fi 的变种开发板。Arduino Mega 2560 是一款新增的开发板，可以提供更多的 I/O 引脚和更大的存储空间，启动更加迅速。Arduino UNO 开发板的基础构成见表 1.1、表 1.2。

表 1.1　Arduino UNO 开发板的基础构成（ATmega328）（1）

处 理 器	工 作 电 压	输 入 电 压	数字 I/O 引脚	模拟输入引脚	串　口
ATmega328	5V	6～20V	14 个	6 个	1 个

表 1.2　Arduino UNO 开发板的基础构成（ATmega328）（2）

I/O 引脚直流电流	3.3V 引脚直流电流	程序存储器	SRAM	EEPROM	工 作 时 钟
40mA	50mA	32KB	2KB	1KB	16MHz

图 1.8 为 Arduino UNO R3 的功能标注。

Arduino UNO 可以通过以下 3 种方式供电，可自动选择供电方式：

① 外部直流电源通过电源插座供电；

② 电池连接电源连接器的 GND 和 VIN 引脚；

③ 采用 USB 接口直接供电。

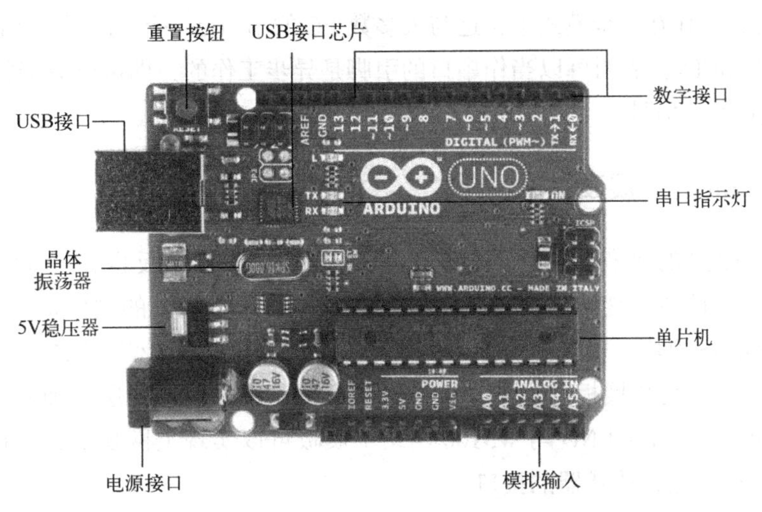

图 1.8　Arduino UNO R3 的功能标注

图 1.8 中的 5V 稳压器可以把输入的 7~12V 电压稳压到 5V。

在电源接口的上方有一个芯片，芯片的右侧引出 3 个引脚，左侧是一个比较大的引脚，仔细看会发现上面有 AMST1117 的字样，这个芯片就是一个三端 5V 稳压器，电源接口的电源经过 5V 稳压器稳压后再给开发板供电。虽然在电源适配器里有稳压器，但是在电池里没有，所以可以将 5V 稳压器理解为一个“安检员”，一切从电源接口经过的电源都必须经过 5V 稳压器这一关。这个“安检员”对不同的电源会区别对待。

首先，5V 稳压器的片上微调旋钮能把基准电压调整到 1.5%的误差以内，同时还要调整电流限制，以尽量减小因稳压器和电源电路超载所造成的压力，并且根据输入电压的不同可以输出不同的电压，可提供 1.8V、2.5V、2.85V、3.3V、5V 的稳压输出，电流最大可达 800mA。其内部的工作原理不必去探究，读者只需要知道，当输入 5V 时，输出为 3.3V，输入 9V 时，输出才为 5V，这就是使用 9V（9~12V 均可，过高的电压会烧坏开发板）电源供电的原因。例如，使用 5V 的适配器与 Arduino 连接后，再连接外设做实验，会发现一些传感器没有反应，就是因为某些传感器需要 5V 的信号源，而开发板的最高输出只能达到 3.3V，所以必然会出现问题。

重置按钮和重置接口都用于重启单片机，就像重启计算机一样。若利用重置接口来重启单片机，则应暂时将重置接口设置为 0V。

GND 引脚为接地引脚，也就是 0V。A0~A5 引脚为模拟输入的 6 个接口，可以用来测量连接到引脚上的电压，测量值可以通过串口显示出来，也可以用作数字信号的输入/输出引脚。

Arduino 同样需要串口进行通信。Arduino 通信在编译程序和下载程序时进行，同时还可以与其他设备进行通信，与其他设备进行通信时需要连接 RX（接收）和 TX（发送）引脚。在 ATmega 328 芯片中内置的串口通信硬件是可以通过同步和异步模式工作的。同步模式需要专用的信号表示时钟信息，而 Arduino 的串口（USART 外围设备，即通用同步/异步接收/发送装置）工作在异步模式下，这与大多数 PC 的串口是一致的。数字引脚 0 和引脚 1 分别标注有 RX 和 TX，表明可以当作串口的引脚是异步工作的，即可以只接收或发送信号，或者同时接收和发送信号。

1.4.2 Arduino 的扩展硬件

与 Arduino 相关的硬件除了核心的开发板外，各种扩展板也是重要的组成部分。Arduino 开发板是可以安装扩展板的，即对开发板进行扩展。扩展的硬件是一些电路板，包含网络模块、GPRS 模块、语音模块等。在如图 1.4 所示开发板两侧可以插其他引脚的地方就是可以用于安装其他扩展板的地方，被设计为类似积木，通过层层叠加实现各种各样的扩展功能。例如，Arduino UNO 与 W5100 网络扩展板可以实现上网功能，堆插传感器扩展板可以扩展 Arduino 连接传感器的接口。

Arduino UNO 与一块原型扩展板连接如图 1.9 所示。

图 1.9 Arduino UNO 与一块原型扩展板连接

Arduino UNO 与网络扩展板连接如图 1.10 所示。

图 1.10 Arduino UNO 与网络扩展板连接

虽然 Arduino 开发板可以支持很多的扩展板来扩展功能，但其扩展插座引脚的间距并不严格规整，仔细观察，会发现上面两个最远引脚之间的距离为 4.064mm，与标准的 2.54mm 网格面包板及其他的扩展板不兼容，尽管要求改正的呼声很强烈，但是这个误差却很难改正，一旦改正，将使原来的大量扩展板变得不兼容。

虽然这个误差没有改动，但是很多公司和个人在生产 Arduino 兼容的产品时兼顾增加了额外两行 2.54mm 的针孔来解决这个问题。另外，美国的 Gravitech（www.gravitech.us）公司完全舍弃了扩展板兼容来解决这个问题。

1.5　Arduino IDE

Arduino 可以使用自带的 IDE 集成开发环境进行编程。软件可以从 Arduino 的官方网站 www.Arduino.cc 上下载，不需要安装，直接解压即可使用。本书采用的是 1.8.0 版本。Arduino 软件采用 Java 语言编写，以 Precessing、avr-gcc 及其他开源软件为基础。其语法与 C/C++相似，将常用的一些 AVR 函数进行封装，使用起来非常方便。Arduino 的编程软件界面如图 1.11 所示。

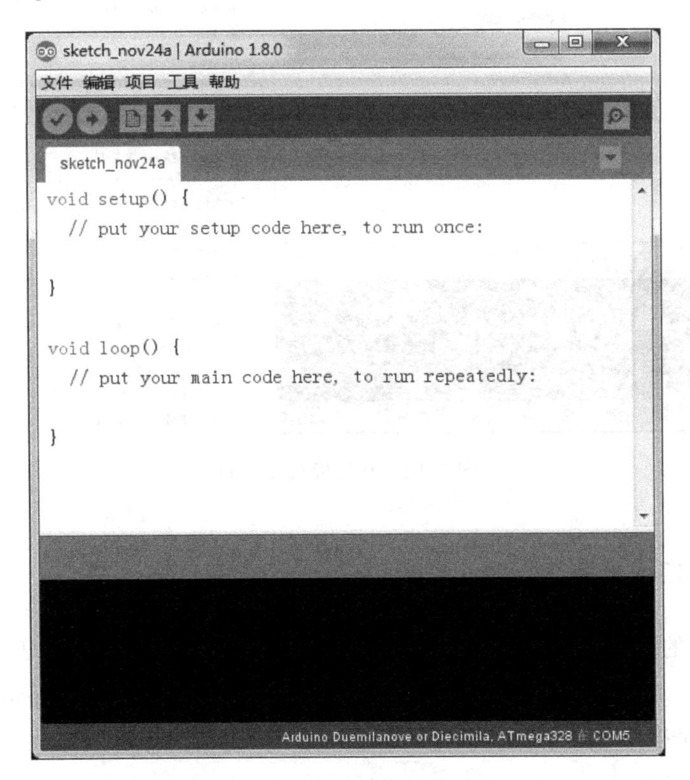

图 1.11　Arduino 的编程软件界面

Arduino 的编程软件界面非常简洁，在菜单栏的下面有 6 个按钮，功能分别为编译代码、下载程序、新建文件、打开文件、保存文件及打开串口。编译界面底部的状态栏中显示当前使用的 Arduino 型号和串口。

Arduino IDE 的编程软件风格简洁，使用方便。下面将通过一个实例介绍如何通过 Arduino IDE 进行编程。

1.5.1　选择开发板

单击【工具】→开发板，在右边菜单栏中选择当前的开发板，默认为 Arduino Uno，如图 1.12 所示。

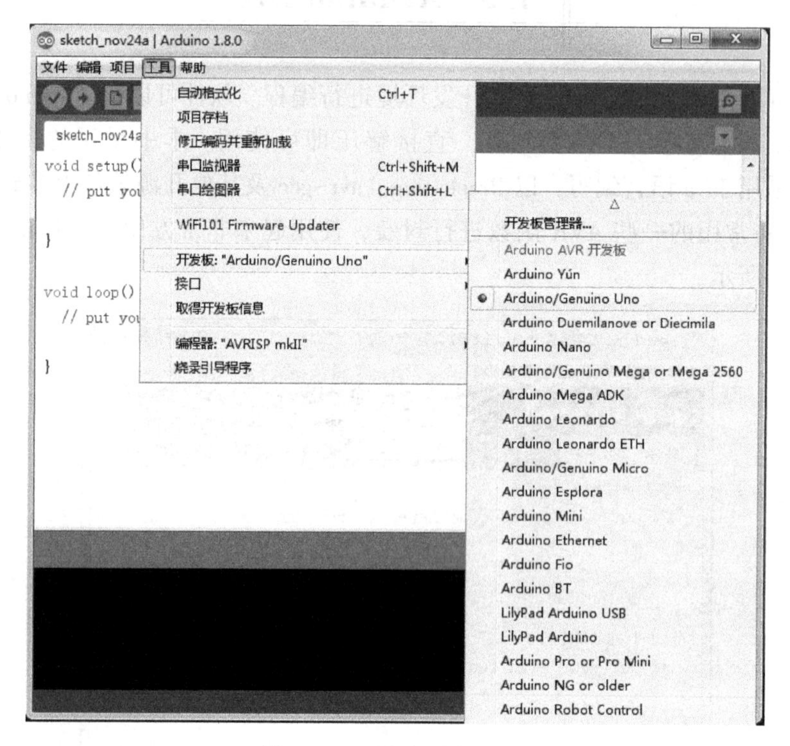

图 1.12　开发板选择界面

1.5.2　选择接口

Arduino 默认的初始接口为 COM1。在连接开发板后，可以在设备管理器中的串口分类下查看当前开发板的串口。在之后的上传程序步骤中，如果出现 Serial port COM1 not found 的错误，那么就是串口选择错误，在【工具】→接口中重新选择串口，就可以成功上传程序了，如图 1.13 所示。

1.5.3　编写代码

这里的图示代码采用的是 C 语言。Arduino 的标准程序必须包含 setup 函数和 loop 函数。setup 函数是创建函数和子程序的地方。loop 函数是一个循环函数。因为图示代码不需要循环，所以为 void loop 空循环，具体的编程细节将在后续的章节中详细介绍。主程序如图 1.14 所示，可以使板上自带的 LED 灯闪烁。

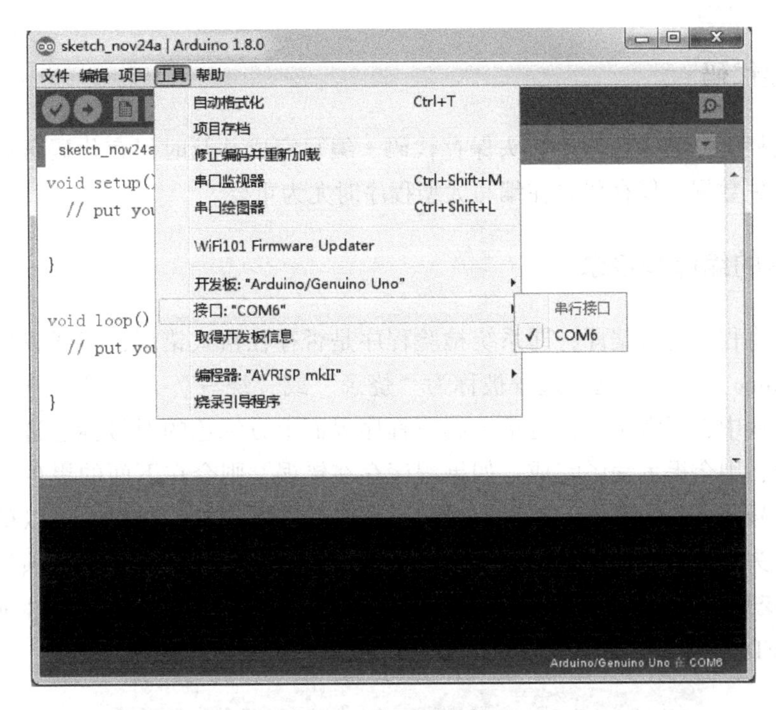

sketch_nov24a | Arduino 1.8.0
文件 编辑 项目 工具 帮助
自动格式化 Ctrl+T
项目存档
修正编码并重新加载
串口监视器 Ctrl+Shift+M
串口绘图器 Ctrl+Shift+L
WiFi101 Firmware Updater
开发板: "Arduino/Genuino Uno"
接口: "COM6"
取得开发板信息
编程器: "AVRISP mkII"
烧录引导程序
串行接口
COM6
sketch_nov24a
void setup()
// put you
}
void loop()
// put you
}
Arduino/Genuino Uno 在 COM6

图 1.13　串口选择界面

code2 | Arduino 1.8.0
文件 编辑 项目 工具 帮助
code2 §
//==
// LED 闪烁
//==
int ledPin = 13; //定义数字10 接口
void setup()
{
pinMode(ledPin, OUTPUT);//定义小灯接口为输出接口
}
void loop()
{
digitalWrite(ledPin, HIGH); //点亮小灯
delay(1000); //延时1 秒,
digitalWrite(ledPin, LOW); //熄灭小灯
delay(1000); // 延时1 秒
}
上传成功。
项目使用了 940 字节，占用了 (2%) 程序存储空间。最大为 32256 字节。
全局变量使用了9字节，(0%)的动态内存，余留2039字节局部变量。最大为2048字节。
Arduino/Genuino Uno 在 COM6

图 1.14　主程序

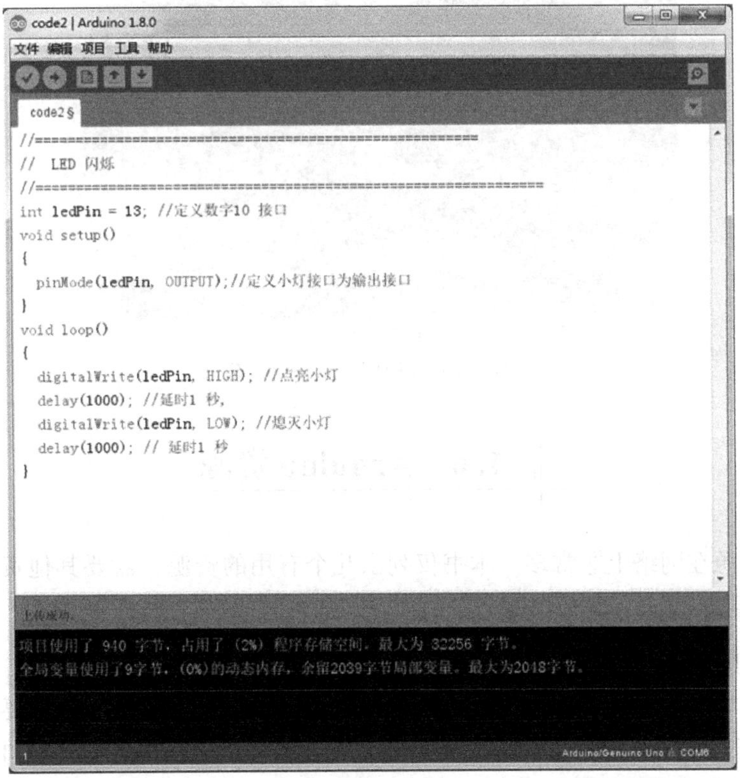

1.5.4 保存代码

单击工具栏下方的绿色向下箭头保存代码。编写完成并及时保存代码可以防止在发生意外情况时丢失数据。保存代码在编写大型程序时尤为重要。

1.5.5 程序的编译和烧录

接下来是将程序进行编译，即系统检验程序是否存在格式错误，编译成功后就可以把程序写入 Arduino 开发板，这个过程被称为“烧录”或“烧写”。“烧录”或“烧写”在其他单片机的资料中也很常见。首先单击编写程序界面上方绿色的对号标志进行编译，如果程序没有错误，则会提示编译完成；如果程序存在错误，则会在下面的黑色区域中提示错误的数目、行号及错误的原因。编译成功后，证明程序没有格式错误，可以单击对号旁边指向右边的箭头进行烧录，烧录结束后见图 1.14，下方的黑色区域会显示项目使用了多少字节和全局变量，黑色区域上方会有上传成功的提示，同时开发板上面有一个名为 I/O13 的LED 灯会间隔 1s 闪烁，如图 1.15 所示。

图 1.15　LED 灯闪烁效果图

1.6　Arduino 资源

Arduino 资源在网络上非常多。本书仅列出几个有用的资源，需要其他资源的读者可以在互联网上下载。

(1) Arduino 官网

Arduino 官网（https://www.arduino.cc/）是 Arduino 的官方人员给想要了解、学习及购买 Arduino 开发板的开发者建立的。网站中有各式各样的 Arduino 开发板和相应的开发板参数，采用简单易懂的简化图就可以了解功能和用途，还可以下载最新版本的 Arduino 开发软件，是 Arduino 初学者必备的网站之一。Arduino 官方网站界面如图 1.16 所示。

图 1.16　Arduino 官方网站界面

(2) Arduino 中文社区

Arduino 中文社区（http：//www.arduino.cn/）是我国 Arduino 爱好者自发建立起来的一个网站。该网站不仅可以下载 Arduino 开发软件，还有各种开发板的介绍及讨论开发 Arduino 的帖子，并且根据开发产品的不同进行了分区，应用十分便捷。Arduino 中文社区经常会有许多高手分享自己的开发经验和代码供初学者学习，实时更新一些重大的 Arduino 比赛赛事。感兴趣的读者可以报名相关的比赛。Arduino 中文社区界面如图 1.17 所示。Arduino 中文社区讨论区界面 1.18 所示。

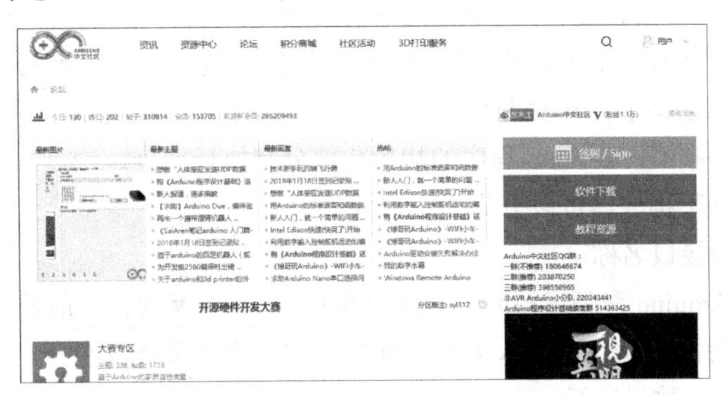

图 1.17　Arduino 中文社区界面

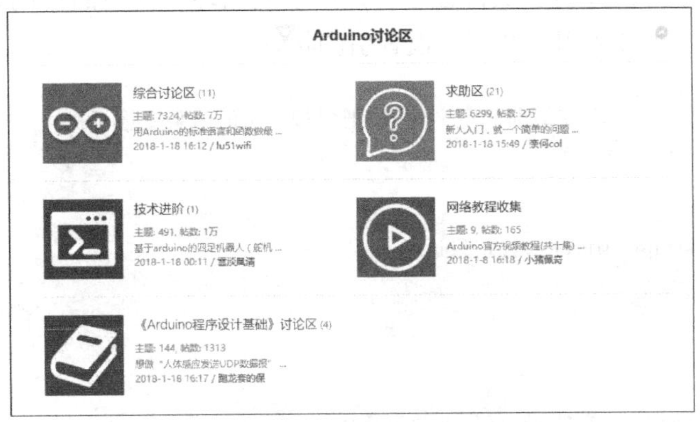

图 1.18　Arduino 中文社区讨论区界面

第 2 章　Arduino 程序设计基础

经过第 1 章的简单介绍，读者已经对 Arduino 有了一些了解。本章将开始进行 Arduino 的入门级学习，主要学习 Arduino 语言和语法。Arduino 使用 C/C++编写程序。它的语法是建立在 C/C++基础上的，其实也就是基础的 C 语法。Arduino 语法只不过是把相关的一些参数设置都函数化了，不需要读者去了解它的底层。Arduino 语法的关键字、语法符号、运算符、数据类型、程序结构都与 C 语言大同小异。本章主要对这些内容进行简单的回顾。

2.1　Arduino 语言及程序架构

在一般情况下，C 语言要求一个源程序不论由多少个文件组成，都必须有一个主函数，即 main 函数，且只能有一个主函数。C 语言程序执行是从主函数开始的。但在 Arduino 中，主函数 main 在内部定义了，开发者只需要完成以下两个函数就能够完成 Arduino 程序的编写。这两个函数分别负责 Arduino 程序的初始化部分和执行部分。

Arduino 程序的架构大体可以分为 3 个部分。

① 声明变量和接口名称。

② setup()。Arduino 程序运行时，首先要调用 setup()函数，一般放在程序开头，用于初始化变量、设置针脚的输出/输入类型、配置串口、引入类库文件等。每次 Arduino 上电或重启后，setup()函数只运行一次。

③ loop()。loop()函数用于执行程序，是一个死循环，其中的代码将被循环执行，用于完成程序的功能，如读入引脚状态、设置引脚状态等。

```
int tmpPin = 8;            //在最前面定义变量,把引脚号赋值给某变量
void setup()
{
  //在这里填写 setup()函数代码,它只运行一次
}
void loop()
{
  //在这里填写 loop()函数代码,它会不断重复运行
}
```

2.2　数据类型

Arduino 与 C 语言类似，所有的数据都必须指定数据类型。数据类型在数据结构中的定义是一个值的集合及在这个值的集合上的一组操作。各种数据类型都需要在特定的地方使用。一般来说，变量的数据类型决定如何将代表这些值的位存储到计算机的内存中，在声明变量时，需要指定它的数据类型，以便决定存储不同类型的数据。

常用的数据类型有整型、浮点型、布尔型、字符型及字节型等。

2.2.1　整型

整型即整数类型。Arduino 可以使用的整数类型及取值范围见表 2.1。

表 2.1　Arduino 可以使用的整数类型及取值范围

整数类型	比特数	取值范围	示　例
有符号基本整型[signed] int	16	-32768~+32767	int a=3;
无符号基本整型 unsigned int	16	0~65536	unsignedint b=65535;
有符号长整型 long [int]	32	-2147483648~2147483648	long c=2147483647;
无符号长整型 unsigned long[int]	32	0~4294967296	unsigned long d=4294967295;

2.2.2　浮点型

浮点型其实就是平常所说的实数。Arduino 有 float（单精度）和 double（双精度）两种浮点型。浮点数可以用来表示含有小数点的数，如 1.24。float 浮点型占有 4 个字节的内存；double 浮点型占有 8 个字节的内存。双精度浮点型数据比单精度浮点型数据的精度更高。

小提示

对于形如 $a=b/3$ 的表达式，当给 a 设定不同的数据类型时，a 最终的取值也不同。

假设 int $a = b / 3.0$。

当 $b = 9$ 时，显然 $a = 3$，为整型。

当 $b = 10$ 时，由于 a 是整型，因此 a 的计算结果为 3，而不是 3.3333。

但是，如果 float $a = b / 3.0$。

当 $b = 9$ 时，$a = 3.0$。

当 $b = 10$ 时，由于 a 是浮点型，则 $a = 3.3333$。

通常，如果在常数后面加上“.0”，则编译器会把该常数当作浮点型数据而不是整型数据来处理。

2.2.3 布尔型

布尔型（boolean）变量的值有两个，即假（false）和真（true）。布尔值是一种逻辑值，可以用来进行计算。最常用的布尔运算符为与运算（&&）、或运算（‖）及非运算（!）。表 2.2 为与运算真值表。表 2.3 为或运算真值表。表 2.4 为非运算真值表。

表 2.2 与运算真值表

与运算	A 假	A 真
B 假	假	假
B 真	假	真

表 2.3 或运算真值表

或运算	A 假	A 真
B 假	假	真
B 真	真	真

表 2.4 非运算真值表

非运算	A 假	A 真
	真	假

对于与运算，仅当 A 和 B 均为真时，运算结果才为真；否则，运算结果为假。对于或运算，仅当 A 和 B 均为假时，运算结果才为假；否则，运算结果为真。对于非运算，当 A 为真时，运算结果为假；当 A 为假时，运算结果为真。

2.2.4 字符型

字符型（char）变量可以用来存放字符，数值范围为-128～+128，如

```
char A=58;
```

2.2.5 字节型

字节型（byte）变量可用一个字节来存储 8 位无符号数，数值范围为 0～255，如

```
byte B=8;
```

2.3 数组和字符串

前面介绍的数据都属于基本数据类型（整型、浮点型、布尔型、字符型及字节型）的

数据。除此之外，C 语言还提供了构造类型的数据，如数组和字符串。

2.3.1　数组

数组是由一组具有相同数据类型的数据构成的集合。数组中的每一个数据都属于同一个数据类型，可用一个统一的数组名和下标来唯一确定数组中的每一个数据。Arduino 的数组是基于 C 语言的。本节只简单介绍如何定义和使用数组。

数组的声明和创建与变量一致，下面是一些创建数组的实例。

```
arrayInts [6];
arrayNums [] = {2,4,6,8,11};
arrayVals [6] = {2,4,-8,3,5,7};
char arrayString[7] = "Arduino";
```

由实例可以看出，Arduino 数组的创建可以指定初始值，如果没有指定初始值，则编译器默认为 0；同时，如果不指定数组的大小，则编译器在编译时会通过计算数据的个数来指定数组的大小。

数组被创建之后，可以指定数组中某个数据的值。

```
int intArray[5];
intArray[2]=2;
```

数组是从零开始索引的。也就是说，数组被初始化之后，其中第一个数据的索引为 0，如上例所示，arrayVals[0]=2，0 为数组第一个元素 2 的索引号，依此类推，在这个包含 6 个元素的数组中，5 是最后一个元素 7 的索引号，即 arrayVals[5]=7，而 arrayVals[6]是无效的，它将会是任意的随机信息（内存地址）。

小提示

如果访问的数据超出数组的末尾，在上面的实例中访问 arrayVals[6]，则将从其他的内存中读取数据，所读取的数据除了产生无效的数据外，没有任何作用。另外，向随机存储器中写入数据也会导致一些意外的结果，如系统崩溃或程序故障。

【实例 2-1】　串口打印数组。

数组被创建之后，在使用时，往往在 for 循环中进行操作。循环计数器可以访问数组中的每一个数据。

程序 2-1：串口打印数组程序代码。

```
void setup()
{
    // put your setup code here, to run once:
```

```
        int intArray[10] = {1,2,3,4,5,6,7,8,9,10};              //定义长度为 10 的数组
        int i;
        for (i = 0; i < 10; i = i + 1)                            //循环遍历数组
        {
            Serial.println(intArray[i]);                          //打印数组元素
        }
    }
    void loop()
    {
      // put your main code here, to run repeatedly:
    }
```

2.3.2 字符串

字符串的定义方式有两种：一种是以字符型数组的方式定义的；另一种是用 String 类型定义的。

以字符型数组方式定义的语句为

```
char 字符串名称[字符个数];
```

以字符型数组方式定义字符串的使用方法与数组的使用方法一致，有多少个字符就占用多少个字节的存储空间。

在大多数情况下都使用 String 类型来定义字符串。该类型提供了一些操作字符串的成员函数，使字符串使用起来更为灵活。其定义语句为

```
String 字符串名称;
```

字符串既可以在定义时赋值，也可以在定义以后赋值。假设定义一个名为 str 的字符串，则下面两种方式都是等效的，即

```
String str;
str="Arduino";
```

或者

```
String str="Arduino";
```

小提示

相比数组形式的定义方法，使用 String 类型定义的字符串会占用更多的存储空间。

2.4　数据运算

本节将介绍最常用的一些 Arduino 运算符，包括赋值运算符、算术运算符、关系运算符、逻辑运算符及递增/减运算符。

2.4.1　赋值运算符

=（等于）为指定某个变量的值，如 $A=x$，将变量 x 的值放入变量 A 中。

+=（加等于）为加入某个变量的值，如 $B+=x$，将变量 B 的值与变量 x 的值相加，和放入变量 B 中，与 $B=B+x$ 的表达式相同。

-=（减等于）为减去某个变量的值，如 $C-=x$，将变量 C 的值减去变量 x 的值，差放入变量 C 中，与 $C=C-x$ 的表达式相同。

*=（乘等于）为乘以某个变量的值，如 $D*=x$，将变量 D 的值与变量 x 的值相乘，积放入变量 D 中，与 $D=D*x$ 的表达式相同。

/=（除等于）为除以某个变量的值，如 $E/=x$，将变量 E 的值除以变量 x 的值，商放入变量 E 中，与 $E=E/x$ 的表达式相同。

%=（取余等于）为对某个变量的值取余数，如 $F\%=x$，将变量 F 的值除以变量 x 的值，余数放入变量 F 中，与 $F=F\%x$ 的表达式相同。

&=（与等于）为对某个变量的值按位进行与运算，如 $G\&=x$，将变量 G 的值与变量 x 的值进行 AND 运算，结果放入变量 G 中，与 $G=G\&x$ 的表达式相同。

|=（或等于）为对某个变量的值按位进行或运算，如 $H|=x$，将变量 H 的值与变量 x 的值进行 OR 运算，结果放入变量 H 中，与 $H=H|x$ 的表达式相同。

^=（异或等于）为对某个变量的值按位进行异或运算，如 $I\^{}=x$，将变量 I 的值与变量 x 的值进行 XOR 运算，结果放入变量 I 中，与 $I=I\^{}x$ 的表达式相同。

$<<=$（左移等于）为将某个变量的值按位进行左移，如 $J<<=n$，将变量 J 的值左移 n 位，与 $J=J<<n$ 的表达式相同。

$>>=$（右移等于）为将某个变量的值按位进行右移，如 $K>>=n$，将变量 K 的值右移 n 位，与 $K=K>>n$ 的表达式相同。

2.4.2　算术运算符

+（加）为对两个值求和，如 $A=x+y$，将变量 x 与 y 的值相加，和放入变量 A 中。

-（减）为对两个值做减法运算，如 $B=x-y$，将变量 x 的值减去变量 y 的值，差放入变量 B 中。

*（乘）为对两个值做乘法运算，如 $C=x*y$，将变量 x 与 y 的值相乘，积放入变量 C 中。

/(除）为对两个值做除法运算，如 $D=x/y$，将变量 x 的值除以变量 y 的值，商放入变量 D 中。

%（取余）为对两个值做取余运算，如 $E=x\%y$，将变量 x 的值除以变量 y 的值，余数放入变量 E 中。

2.4.3 关系运算符

==（相等）为判断两个值是否相等，如 $x==y$，比较变量 x 与 y 的值是否相等，相等则其结果为 1，不相等则其结果为 0。

!=（不相等）为判断两个值是否不相等，如 $x!=y$，比较变量 x 与 y 的值是否相等，不相等则其结果为 1，相等则其结果为 0。

<（小于）为判断运算符左边的值是否小于右边的值，如 $x<y$，若变量 x 的值小于变量 y 的值，则结果为 1，否则结果为 0。

>（大于）为判断运算符左边的值是否大于右边的值，如 $x>y$，若变量 x 的值大于变量 y 的值，则结果为 1，否则结果为 0。

<=（小于等于）为判断运算符左边的值是否小于等于右边的值，如 $x<=y$，若变量 x 的值小于等于变量 y 的值，则结果为 1，否则结果为 0。

>=（大于等于）为判断运算符左边的值是否大于等于右边的值，如 $x>=y$，若变量 x 的值大于等于变量 y 的值，则结果为 1，否则结果为 0。

2.4.4 逻辑运算符

&&（与运算）为对两个表达式的布尔值进行按位与运算，如 $(x>y)\&\&(y>z)$，若变量 x 的值大于变量 y 的值，且变量 y 的值大于变量 z 的值，则结果为 1，否则结果为 0。

||（或运算）为对两个表达式的布尔值进行按位或运算，如 $(x>y)\|(y>z)$，若变量 x 的值大于变量 y 的值，或变量 y 的值大于变量 z 的值，则结果为 1，否则结果为 0。

!（非运算）为对某个布尔值进行非运算，如 $!(x>y)$，若变量 x 的值大于变量 y 的值，则结果为 0，否则结果为 1。

2.4.5 递增/减运算符

++（加 1）为将运算符左边的值自动增 1，如 x++，将变量 x 的值加 1，表示在使用 x 后，再使 x 值加 1。

--（减 1）为将运算符左边的值自动减 1，如 x--，将变量 x 的值减 1，表示在使用 x 后，再使 x 值减 1。

2.5 程序结构

任何复杂的算法都可以由顺序结构、循环结构及选择结构三种基本的结构组成，在构造算法时也仅以这三种结构作为基本单元。一个复杂的程序可以被分解为若干个结构和若干层子结构，从而使程序结构的层次分明、清晰易懂，易于进行正确性的验证和纠正程序中的错误。

2.5.1　顺序结构

在三种程序结构中，顺序结构是最基本、最简单的程序组织结构。在顺序结构中，程序按语句的先后顺序依次执行。一个程序或者一个函数在整体上是一个顺序结构，由一系列语句或者控制结构组成。这些语句与控制结构都按先后顺序运行。

如图 2.1 所示，在虚线框中的两个框是一个顺序结构。其中，A、B 两个框是顺序执行的，即在执行完 A 框中的操作后，接着会执行 B 框中的操作。

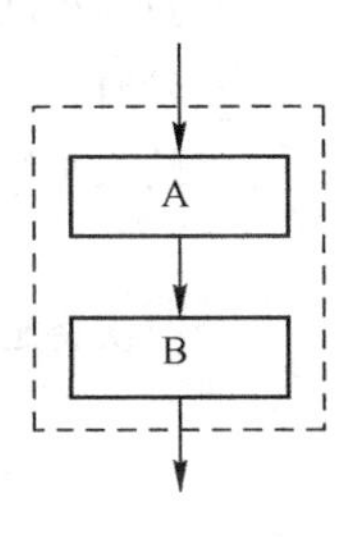

图 2.1　顺序结构

2.5.2　选择结构

选择结构又称为选取结构或分支结构。编程过程经常需要根据当前的数据做出判断后，再进行不同的选择。这时就会用到选择结构，即针对同一个变量，根据不同的值，程序执行不同的语句。

选择语句有以下两种形式。

(1) if 语句

if 语句是最常用的选择结构实现方式，当给定的表达式为真时，就会执行其后的语句。

if 语句有三种结构形式。

① 简单分支结构。

简单分支结构的语法结构为

```
if(表达式)
{
    语句;
}
```

【实例 2-2】　使用 if 语句制作改变闪烁频率的闪灯程序。

该实例用于改变小灯闪烁的频率，使小灯越闪越快，达到一定的频率后，重新恢复初始的闪烁频率。

程序 2-2：改变闪烁频率的闪灯程序代码。

```
int ledPin = 13;
int delayTime = 1000;
void setup()
{
    pinMode(ledPin,OUTPUT);
}
void loop()
{
    digitalWrite(ledPin,HIGH);          //点亮小灯
    delay(delayTime);                   //延时
    digitalWrite(ledPin,LOW);           //熄灭小灯
    delay(delayTime);
    delayTime=delayTime-100;            //每次将延时时间减少 0.1s
    if(delayTime<100)
    {
        delayTime=1000;                 //当延时时间少于 0.1s 时,重新校准延时时间为 1s
    }
}
```

该程序用到了 if 条件判断语句，每次运行到 if 语句时都会进行判断，在 delayTime>=100 时，大括号里面的 delayTime=1000 是不执行的，进入下一次循环；当 delayTime<100 时，delayTime=1000 被执行，delayTime 的值变为 1000，进入下一次循环中。

② 双分支结构。

双分支结构增加了一个 else 语句，当给定表达式的结果为假时，便会运行 else 后的语句。双分支结构的语法结构为

```
if(表达式)
{
    语句 1;
}
else
{
    语句 2;
}
```

【实例 2-3】 使用 if…else 制作改变闪烁频率的闪灯程序。

该实例对【实例 2-2】中的闪灯程序进行了修改，使用 else 语句，小灯闪烁的效果是一样的。

程序 2-3：使用 else 语句的闪灯程序代码。

```
int ledPin = 13;
int delayTime = 1000;
void setup()
{
    pinMode(ledPin,OUTPUT);
}
void loop()
{
    digitalWrite(ledPin,HIGH);
    delay(delayTime);
    digitalWrite(ledPin,LOW);
    delay(delayTime);
    if(delayTime<100)
    {
        delayTime=1000;                //当延时少于 0.1s 时校准延时时间为 1s
    }
    else
    {
        delayTime=delayTime-100;       //大于或等于 0.1s 时将延时时间缩短 0.1s
    }
}
```

③ 多分支结构。

将 if 语句嵌套使用，即形成多分支结构，可判断多种不同的情况，多分支结构的语法结构为

```
if(表达式 1)
{
    语句 1;
}
else if(表达式 2)
{
    语句 2;
}
else if(表达式 3)
{
    语句 3;
}
```

```
else (表达式 4)
{
    语句 4;
}
……
```

【实例 2-4】 使用多分支结构制作改变闪烁频率的闪灯程序。

该实例可使小灯的闪烁频率在不同的时间段内保持一定的闪烁频率，达到一定的时间后，重新恢复初始的闪烁频率。

程序 2-4：使用多分支结构的闪灯程序代码。

```
int ledPin= 13;
int delayTime = 1000;
void setup( )
{
    pinMode( ledPin,OUTPUT) ;
}
void loop( )
{
    digitalWrite( ledPin,HIGH) ;
    delay( delayTime) ;
    digitalWrite( ledPin,LOW) ;
    delay( delayTime) ;
    if( delayTime>800 && delayTime<=1000   )
    {
      delayTime=delayTime-100      //当延时小于等于 1s 且大于 0.8s 时,将延时时间缩短 0.1s
    }
    else if( delayTime>500 && delayTime<=800)
    {
      delayTime=delayTime-50;      //当延时小于等于 0.8s 且大于 0.5s 时,将延时时间缩短 50ms

    }
    else if( delayTime>200 && delayTime<=500)
    {
      delayTime=delayTime-20;      //当延时小于等于 0.5s 且大于 0.2s 时,将延时时间缩短 20ms
    }
    else
    {
```

```
        delayTime = 1000;          //在其他情况下,将延时时间重新设定为 1s
    }
}
```

（2）switch…case 语句

处理比较复杂的问题可能会存在很多选择分支的情况，如果还使用 if…case 的结构编写程序，则会使程序冗长，可读性差，此时可以使用 switch…case 语句。switch…case 语句的语法结构为

```
switch(表达式 1)
{
    case 常量表达式 1:
        语句 1;
        break;
    case 常量表达式 2:
        语句 2;
        break;
    case 常量表达式 3:
        语句 3;
        break;
    ……
    default:
        语句 n;
        break;
}
```

switch 结构会将 switch 语句后的表达式与 case 后的常量表达式进行比较，如果相符，就运行常量表达式所对应的语句；如果不相符，则会运行 default 后的语句。

【实例 2-5】 使用多分支结构 switch…case 设计一个程序，判断一个给定值，当给定值为 1 时，红灯闪烁；当给定值为 2 时，绿灯闪烁；当给定值为 3 时，蓝灯闪烁。

程序 2-5：使用 switch…case 结构的闪灯程序代码。

```
int ledRed= 5;
int ledGreen= 6;
int ledBlue= 7;
int num = 1;  //可以改变该值为 2、3,观察不同灯的闪烁情况
void setup()
{
    pinMode(ledRed,OUTPUT);
```

```
        pinMode(ledGreen,OUTPUT);
        pinMode(ledBlue,OUTPUT);
    }
    void loop()
    {
        switch(num)
        {
            case 1:
                digitalWrite(ledRed,HIGH);
                delay(200);
                digitalWrite(ledRed,LOW);
                break;
            case 2:
                digitalWrite(ledGreen,HIGH);
                delay(200);
                digitalWrite(ledGreen,LOW);
                break;
            case 3:
                digitalWrite(ledBlue,HIGH);
                delay(200);
                digitalWrite(ledBlue,LOW);
                break;
        }
    }
```

小提示

① 在 switch 结构中，如果不存在 default 部分，则程序将直接退出 switch 结构。

② 在 switch 后的表达式的结果只能是整型或字符型，如果使用其他类型，则必须使用 if 语句。

2.5.3 循环结构

(1) for 循环语句

在 loop () 函数中，程序执行一次之后，会返回 loop 中重新执行，在内建指令中同样有一种循环语句可以进行更准确的循环控制——for 循环语句。for 循环语句可以控制循环的次数。

for 循环语句包括 3 个部分。

```
for(初始化,条件检测,循环状态){程序语句}
```

初始化语句是对变量进行条件初始化。条件检测是对变量的值进行条件判断。如果为真，则运行在 for 循环语句大括号中的内容；若为假，则跳出循环。循环状态是在执行完大括号中的语句、循环状态语句后，重新执行条件判断语句。

【实例 2-6】　使用计数器和 if 循环语句的闪灯程序。

同样以闪灯程序为例，这次是让小灯闪烁 20 次之后停顿 3s，在没有学习 for 循环语句之前，用 if 语句是完全可以实现的。由于 loop( ) 函数本身就可以进行循环，因此设置一个计数器后，再用 if 语句进行判断便可以实现。

程序 2-6：使用计数器和 if 语句的闪灯程序。

```
int ledPin = 13;
int delayTime = 1000;              //定义延时变量 delayTime 为 1s
int delayTime2 = 3000;             //定义延时变量 delayTime2 为 3s
int count=0;                       //定义计数器变量并初始化为 0
void setup()
{
    pinMode(ledPin,OUTPUT);
}
void loop()
{
    digitalWrite(ledPin,HIGH);
    delay(delayTime);
    digitalWrite(ledPin,LOW);
    delay(delayTime);
    count++;
    if(count==20)
    {
      delay(delayTime2);           //当计数器数值为 20 时,延时 3s
    count=0;
    }
```

【实例 2-7】　使用 for 循环语句的闪灯程序。

如果使用 for 循环语句，就可以在一次 loop 循环中实现。

程序 2-7：使用 for 语句的闪灯程序代码。

```
int ledPin = 13;
int delayTime = 1000;              //定义延时变量 delayTime 为 1s
int delayTime2 = 3000;             //定义延时变量 delayTime2 为 3s
int count=0;
```

```
void setup()
{
    pinMode(ledPin,OUTPUT);
}

void loop()
{
    digitalWrite(ledPin,HIGH);
    delay(delayTime);
    digitalWrite(ledPin,LOW);
    delay(delayTime);
    count++;
    for(;count<20;)              //执行 20 次延时 3s
    {
        delay(delayTime2);
    count=0;
    }
}
```

虽然程序 2-7 可以在一次 loop 语句中完成闪烁 20 次后延时 3s，但是 loop 语句的执行时间过长，loop()函数会经常检查是否有中断或者其他信号。如果处理器被一个循环占用了大多数的时间，则难免会增加程序的响应时间。比较而言，用 if 语句和 count 计数器更方便。

（2） while 循环语句

虽然相比 for 循环语句，while 循环语句更简单一些，但是实现的功能是一致的。while 循环语句的语法为“while(条件语句){程序语句}”。如果条件语句的结果为真时，则执行循环中的程序语句；如果条件语句的结果为假时，则跳出 while 循环语句。相比 for 循环语句，while 循环语句的循环状态可以写到程序语句中，更方便、更易读。

while 循环语句的语法为

```
while(count<20)           //满足( )内的条件时,执行循环中的内容
    {
        ……
    }
```

【实例 2-8】　使用 while 循环语句的闪灯程序。

同样以小灯闪烁 20 次延时 3s 为例，用 while 循环语句也可以实现。

程序 2-8：使用 while 循环语句的闪灯程序代码。

```
int ledPin = 13;
int delayTime = 1000;              //定义延时变量 delayTime 为 1s
int delayTime2 = 3000;             //定义延时变量 delayTime2 为 3s
int count=0;                       //定义计数器变量并初始化为 0
void setup()
{
    pinMode(ledPin,OUTPUT);
}
void loop()
{
        digitalWrite(ledPin,HIGH);
        delay(delayTime2);
        count=0;
        }
    }
    while(count==20)               //当计数器的数值等于 20 时,延时 3s
    {
    }
}
```

第3章 Arduino 基本函数

通常所说的 Arduino 语言是指由 Arduino 核心库文件提供的各种应用程序编程接口（Application Programming Interface，API）的集合。这些 API 是对更底层的单片机支持库进行二次封装所形成的。Arduino 将常用的一些 AVR 函数进行封装，使用起来非常方便。本章开始将介绍 Arduino 的一些基本函数，并逐步接触 Arduino 编程的概念；在硬件方面，将学习 LED 灯、按钮及电阻等方面的内容，包括上拉电阻和下拉电阻的相关知识，这对于正确掌握输入数据和读出数据的方法是非常重要的，同时结合一些实例，帮助读者通过熟练使用 Arduino 编程完成一些小实验项目。

3.1 数字 I/O

Arduino Uno 具有 D0~D13 共 14 个数字接口。每一个接口都有两种工作模式，即输入模式和输出模式。

Arduino 通过 I/O 接口处理数字信号。当数字接口用作输入模式，输入信号的电压大于或等于某一电压值（如 2.5V）时，处理器读到的接口数据为 1（真）；若小于 2.5V，则处理器读到的接口数据为 0。使用输入模式可以用来检测外界数字信号的开关状态，如判断一个按键是否被按下。

当数字接口用作输出模式时，输出的数字开关量可以控制其他设备。例如，可以控制某一 LED 灯的亮/灭，当设置该 LED 灯对应的数字接口输出为 1 时，相应引脚的电压被处理器设置为 5V，LED 灯被点亮；当设置数字接口的输出为 0 时，相应引脚的电压被处理器设置为 0V，LED 灯熄灭。

数字接口工作在何种模式需要使用 pinMode 函数进行设置。

3.1.1 pinMode 函数

函数声明：pinMode(pin,value)。

参数说明：pin 为数字接口号，取值范围为 0~13；当指定数字接口为输入模式时，value 的值为 INPUT；当指定数字接口为输出模式时，value 的值为 OUTPUT。

函数的作用：设置数字接口的工作模式，将指定的接口定义为输入或输出模式，用在 setup() 函数中，在使用数字接口之前，应该先调用 setup() 函数确定接口的工作模式。

注：数字输入/输出接口 D0、D1 也可作为串口的 RX 和 TX 使用，当通过串口与

Arduino 进行通信时，串口的 RX 和 TX 数据会输出到 D0、D1 接口，如果对 D0、D1 接口进行输入/输出操作，将会影响与 Arduino 的信息传输。

3.1.2　digitalRead 函数

函数声明：digitalRead(pin)。

参数说明：pin 为接口名称，即数字接口号，取值范围为 0~13。

函数的作用：数字接口用作输入模式时，读取数字输入接口的状态，结果为数值型 1 或 0，分别表示输入状态为高电平和低电平，并将该值作为返回值。

3.1.3　digitalWrite 函数

函数声明：digitalWrite(pin,value)。

参数说明：pin 为数字接口号，取值范围为 0~13；value 为需要输出的数字信号的值，数值类型为整型，取值为 0 时，相应的数字接口输出为低电平；取值为 1 时，相应的数字接口输出为高电平。

函数的作用：将数字信号输出到数字接口 D0~D13。

【实例 3-1】用按键控制 LED 灯的亮/灭。

准备工具：

1 个直插 LED 灯，1 个直插 220Ω 的限流电阻，1 个按键，1 个 10kΩ 的电阻，导线若干，Arduino 开发板。

实验步骤：

将按键的信号输出端连接到数字接口 7，将 LED 灯的正极引脚连接到数字接口 11，负极通过 220Ω 的限流电阻用导线串联到 GND 引脚上。LED 灯与 Arduino 开发板的连接如图 3.1 所示。

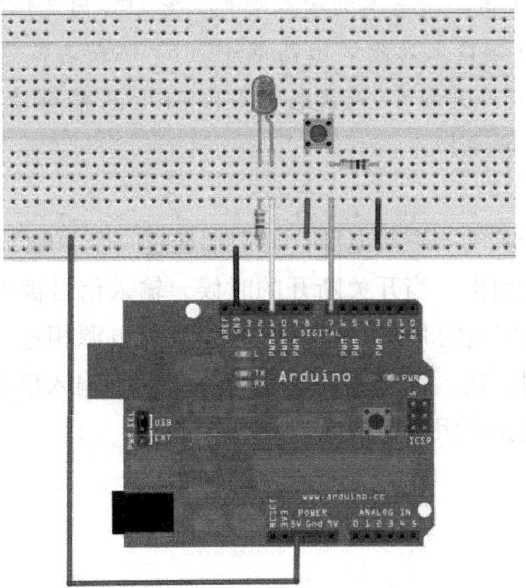

图 3.1　LED 灯与 Arduino 开发板的连接

程序 3-1：用按键控制 LED 灯的亮/灭程序代码。

```
int ledpin=10;                              //定义数字接口 11
int inpin=7;                                //定义数字接口 7
int val;                                    //定义变量 val
void setup()
{
    pinMode(ledpin,OUTPUT);                 //定义 LED 灯的接口为输出接口
    pinMode(inpin,INPUT);                   //定义按键接口为输入接口
}
void loop()
{
    val=digitalRead(inpin);                 //读取数字接口 7 的电平值并赋给 val
    if(val==LOW)                            //检测按键是否被按下,按键被按下时 LED 灯亮起
    {
        digitalWrite(ledpin,LOW);
    }
    else
    {
        digitalWrite(ledpin,HIGH);
    }
}
```

小提示

在数字电路中，开关是一种基本的输入形式。它的作用是保持电路的连接或者断开。由于 Arduino 从数字 I/O 接口上只能读出高电平（5V）或者低电平（0V），因此首先面临的一个问题就是如何将开关的开/关状态转变为 Arduino 能够读取的高/低电平。解决的办法是通过上拉电阻/下拉电阻。

在正逻辑电路中，开关的一端接电源，另一端通过一个 10kΩ 的下拉电阻接地，输入信号从开关和下拉电阻之间引出。当开关断开的时候，输入信号被下拉电阻“拉”向地，形成低电平（0V）；当开关接通的时候，输入信号直接与电源相连，形成高电平。经常用到的按压式开关，被按下时，输入信号为高电平；抬起时，输入信号为低电平，如图 3.2 所示。本实验中采用的是上拉电阻。

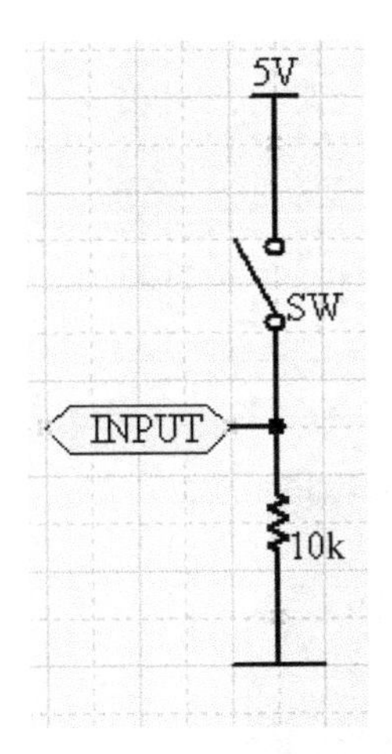

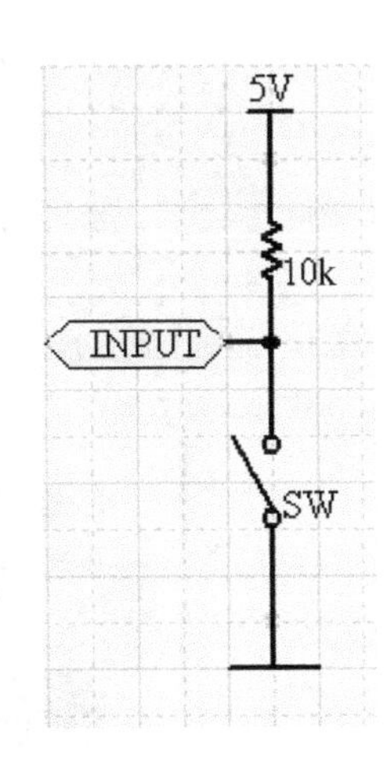

图 3.2　下/上拉电阻示意图

3.2　模拟 I/O

3.2.1　模拟输入

使用数字输入接口可以检测 Arduino 某一接口高、低电平的变化，只有高、低电平两种状态，对于如温度、光线这些模拟量，则无法进行精确的测量。这时就需要用到 Arduino 的模拟输入功能。Arduino 开发板有一排标着 A0~A5 的引脚，为模拟输入接口，用于测量连接到该引脚的电压值。Arduino 的模拟输入接口也可以作为数字接口使用，在编程时，A0~A5 对应的数字接口为 14~19。

函数声明：analogRead(pin)。

参数说明：pin 为模拟输入接口号，取值范围为 0~5。

函数的作用：从指定的模拟接口读取数值，Arduino 对该模拟值进行数字转换，即将输入的 0~5V 电压值转换为 0~1023 间的整数值，并将该整数值作为返回值，如输入 2.5V 电压，则单片机会将其转换为数值 512。

$$(1023\times2.5)\div5 \approx 512$$

模拟输入接口可将模拟量转换为数字量，便于单片机进行处理。

【实例 3-2】模拟值的读取。

准备工具：

可调电阻 1 个，导线若干，Arduino 开发板。

实验步骤：

将可调电阻的信号输入接口连接到 A0 接口上，与 Arduino 开发板的连接如图 3.3 所示。

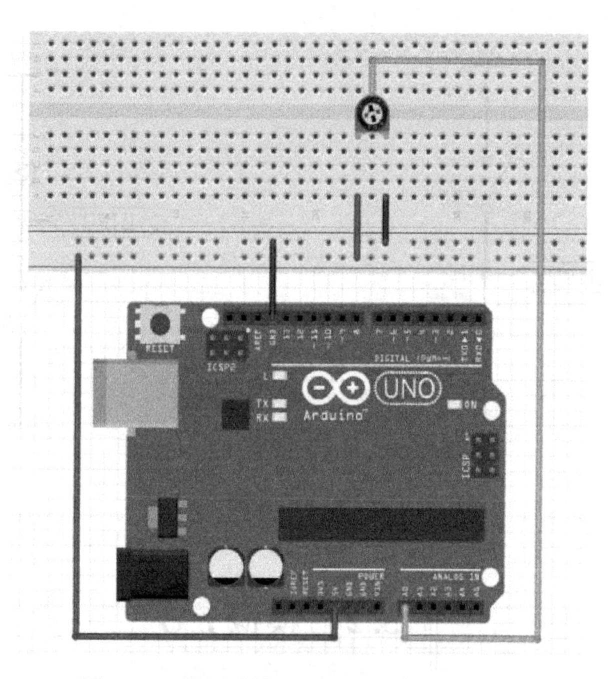

图 3.3　可调电阻与 Arduino 开发板的连接

程序 3-2：将可调电阻的阻值转化为模拟值读取出来后显示在屏幕上的程序代码。

```
int potpin=0;                          //指定模拟接口 A0
int ledpin=13;                         //指定 LED 灯接口 13
float val=0;                           //声明临时变量
float v;
void setup()
{
    pinMode(ledpin,OUTPUT);            //设置接口 13 为输出模式
    Serial.begin(9600);                //设置串口波特率为 9600
}
void loop()
{
    digitalWrite(ledpin,HIGH);         //拉高接口 13,LED 灯点亮
    delay(50);                         //延时 0.05s
    digitalWrite(ledpin,LOW);          //拉低接口 13,关闭 LED 灯
    delay(50);                         //延时 0.05s
    val=analogRead(potpin);            //读取 A0 接口的电压值并赋值到 val
    v=(val*5)/1023;
    Serial.println(val);               //串口发送 val 值
    Serial.println(v);                 //串口发送 val 值
}
```

> **小提示**
>
> 实验借用 Arduino 数字接口 13 自带的 LED 灯，每读一次值，LED 灯就会闪烁一下。当旋转可调电阻旋钮时，就可以看到串口监视器上电压值的数值变化。

3.2.2　PWM 模拟输出

Arduino 本身并没有数字模拟转换器，可以通过数字接口的 PWM 功能输出模拟量。Arduino 开发板上的数字输入/输出接口 3、5、6、9、10、11 都可以提供除了 0V 和 5V 之外的可变输出。这些接口的旁边会标有 PWM（脉冲宽度调制）。PWM 是英文 Pulse Width Modulation 的缩写，简称脉宽调制，是一种在整个工作过程中，开关频率不变，而开关接通的时间可以按要求变化的方法。通过调制开关接通的时间，即脉冲的宽度，可以等效地获得所需要的波形或电压。

数字输出与模拟输出最直观的区别就是，数字输出是二值的，即只有 0 和 1，而模拟输出可以在 0~255 之间变化。就好像一辆汽车，数字输出用于控制汽车跑或者不跑，而模拟输出可以精确地控制汽车跑的速度，可以利用 analogWrite(pin,value)函数来实现。

函数声明：analogWrite(pin,value)。

参数说明：pin 是 PWM 的接口号，对于 Arduino 来说取值范围为 3、5、6、9、10、11；value 为 0~255 之间的数值，分别对应 0%和 100%的占空比。

函数的作用：给一个模拟接口写入模拟值（PWM 脉冲）。硬件 PWM 通过 0~255 之间的任意值来编程。其中，0 为关闭；255 为全功率；0~255 之间的任意一个值都会产生一个约为 490Hz 占空比可变的脉冲序列。Arduino 软件限制 PWM 通道为 8 位计数器。

【实例 3-3】使用 PWM 控制 LED 灯的亮度。

准备工具：

1 个直插 LED 灯，1 个直插 220Ω 电阻，1 个可调电阻，导线若干，Arduino 开发板。

实验步骤：

将 LED 灯的正极引脚连接到 3 号引脚，负极和电阻用导线串联到 GND 引脚上，将可调电阻的信号输入接口连接到 A0 接口上。PWM 控制 LED 灯亮度的硬件连接如图 3.4 所示。

程序 3-3：使用 PWM 控制 LED 灯的闪烁频率程序代码。

```
int potpin=0;                     //定义模拟接口 0
int ledpin=11;                    //定义数字接口 11(PWM 输出)
int val=0;                        //暂存来自传感器的变量数值
void setup()
{
    pinMode(ledpin,OUTPUT);       //定义数字接口 11 为输出
    Serial.begin(9600);           //设置波特率为 9600
```

```
    //注意:模拟接口自动设置为输入
}
void loop()
{
    val=analogRead(potpin);        //读取传感器的模拟值并赋值给 val
    Serial.println(val);           //显示 val 变量
    analogWrite(ledpin,val/4);     //打开 LED 灯 并设置亮度(PWM 输出的最大值为 255)
    delay(10);                     //延时 10ms
}
```

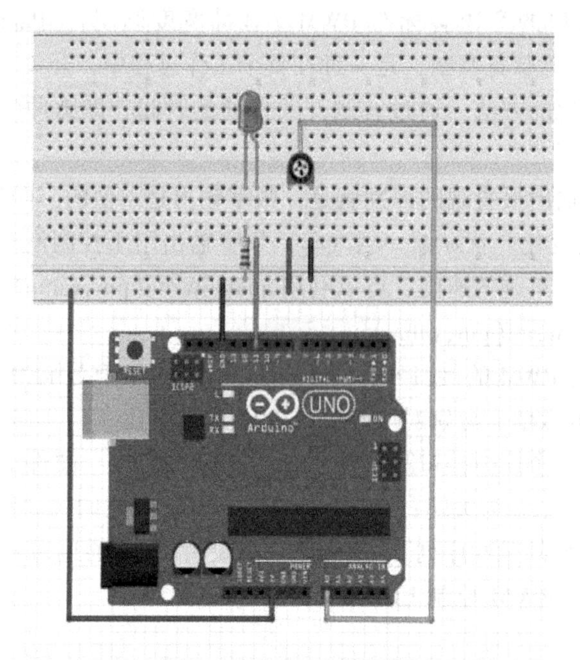

图 3.4　PWM 控制 LED 灯亮度的硬件连接

3.3　数学函数

Arduino 标准库中会有一些数学函数可以直接使用，非常方便。
常见的数学函数见表 3.1。

表 3.1　常见的数学函数

数学函数	函数说明	实　例
max(x,y)	返回两个参数中的较大者	max(3,5)->5
min(x,y)	返回两个参数中的较小者	min(3,5)->3
abs(x)	返回该参数的绝对值	abs(-2) ->2

续表

数学函数	函数说明	实　例
sq(x)	计算该参数的平方值	sq(2)->4
pow(x,y)	返回 x 的 y 次方值	pow(3,2)->9
sqrt(x)	返回 x 的平方根值	sqrt(4)->2
sin(rad) cos(rad) tan(rad)	三角函数，分别得到 rad 的正弦值、余弦值及正切值	sin(2)->0.909297 cos(2)->0.416146 tan(2)->-2.185039
constrain(x,low,high)	如果 x 小于 low，则返回 low；如果 x 大于 high，则返回 high；否则，返回 x	constrain(3,1,5)->3 constrain(0,1,5)->1 constrain(8,1,5)->5
map(x,in_min,in_max,out_min,out_max)	将[in_min，in_max]范围内的 x 等比映射到[out_min，out_max]范围内	map(x,0,1023,0,255)

3.4　时间函数

3.4.1　millis()

millis 函数可以获取 Arduino 从通电（或复位）后到现在的时间，单位为 ms。系统最长的记录时间为 9 小时 22 分，超出的时间将从 0 开始。函数的返回类型为 unsigned long 型，无参数。

3.4.2　delay(ms)

delay 函数是一个延时函数。其参数表示延时时长，单位为毫秒（ms）。函数无返回值，如 delay（500）表示延时 500ms。

3.4.3　delayMicroseconds(value)

delayMicroseconds 函数也表示一个延时函数。其参数表示延时时长，单位为微秒（μs）。

3.5　随机函数

3.5.1　random(howsmall,howbig)

应用 random 函数可生成一个随机数。两个参数 howsmall 和 howbig 可决定随机数的范围。函数的参数及返回值均为 long 型 。random 函数可以接受一个或两个参数，如 random(5)，返回 0~4 之间的随机数；而 random(1,10)，则返回 1~9 之间的随机数。

3.5.2 randomSeed(seed)

randomSeed()函数用来设置随机数种子。随机数种子的设置对产生的随机序列有影响。函数无返回值。

如果在写一段程序的过程中多次使用 random 函数产生随机数，且发现每次都会出现同一串随机数，则 random 函数产生的随机数为伪随机数。之所以会产生伪随机数，是因为产生随机数的初始点是一样的。产生不一样随机数的一个常用方法是，使用读取到的模拟输入数值来设置初始点，即随机数播种，可以利用 randomSeed 函数来实现。

程序 3-4：随机数程序代码。

```
void setup()
{
    Serial.begin(9600);
    randomSeed(analogRead(0));          //将读取到的模拟值作为随机数种子
}
void loop()
{
    int num=random(1,10);               //随机产生一个 1~10 的整型数值
    Serial.println(num);
    Delay(1000);
}
```

3.6 位操作

位是二进制数的最小数位，即 0 或 1，一般用 bit（binary digital）表示比特位。为了方便表示和计算，在十进制的基础上，人们发明了基于二进制的其他表示方法，如八进制、十六进制等。十六进制（Hex）是比较常用的进制表示方法，用四个二进制数表示 0~15。其中，10~15 用 A~F 表示。任何整数均能用一个四位的二进制数来表示。C/C++可以直接将一个十六进制的数值赋值给一个整型变量。Arduino 标准库的函数库中提供了一些函数，可以单独操作一个十六进制数中的某一位。

3.6.1 bitRead(val,num)

参数说明：

val：待操作的整数值。

num：位的编号，从 0 开始到 15，最右边的一位是 0 号位。

函数的作用：返回的是整数 16 位中的某一位。

将 1 赋值给一个名为 n_bit 变量的实例为

```
int x=0x81;                    //10000001
int n_bit=bitRead(x,7);
```

其中，bitRead 函数中的参数 x 为 0x81，从右向左依次为第 0 位到第 15 位，第 2 个参数为第 7 位 1，因此将 1 赋值给 n_bit 变量。

3.6.2　bitWrite(val,num1,num2)

参数说明：

val：待操作的整数值。

num1：待操作整数的位数。

num2：将操作位改成的参数值。

函数的作用：给某个操作数的第 n 位赋值。

将 0 赋值给一个名为 change_bit 变量的实例为

```
int x=2;                            //00000010
int change_bit=bitWrite(x,0,1);
```

其中，将 x 的值，即 2 的第 0 位改成 1，因此整数 x 的值由 2 变成 3。

3.7　串口通信

Arduino 与计算机通信最常用的方式就是串口通信。所有的 Arduino 控制板都至少有一个串口，用于与计算机或其他 Arduino 控制板等设备之间的通信。在一般情况下，Arduino 控制板上的数字引脚 0(RX)和 1(TX)都默认通过 USB/串口转换芯片连接到板载的 USB 接口上，通过 USB 线连接到计算机的 USB 接口，就可以实现 Arduino 控制板与计算机的串口通信。

3.7.1　Serial.begin(speed)

参数说明：speed 为波特率，将串行数据的传输速率设置为位每秒（波特率）。常用的波特率有 300b/s、1200b/s、2400b/s、4800b/s、9600b/s、14400b/s、19200b/s、28800b/s、38400b/s、57600b/s、115200b/s，与计算机通信时可以使用这些波特率，也可以指定其他的波特率。波特率越大，说明串口通信的速率越高。需要注意的是，通信双方设置的波特率要相同。

函数的作用：串口通信初始化。

3.7.2 Serial.available()

返回值：可读取的字节数。

函数的作用：获取从串口读取的有效字节数（字符）。这是已经传输并存储在串行接收缓冲区（最大能够存储64个字节）中的数据。在一般情况下，Serial.available()用于读取串口数据时，可判断串口缓冲区是否有数据，常用的有if(Serial.available()>0)和while(Serial.available()>0)两种。

3.7.3 Serial.read()

返回值：传入串口数据的第一个字节（如果没有可用的数据，则返回-1）。

函数的作用：从串口缓冲区读取传入串口的数据，调用一次只能读取一个字节的数据，而且会将读取的数据从缓冲区内删除。

在使用串口时，Arduino会在SRAM中开辟一段大小为64B的空间，串口接收到的数据会暂时存储在这个空间中。这个存储空间被称为串口缓冲区。当调用Serial.read()语句时，Arduino便会从串口缓冲区中读取一个字节的数据，同时将读取的数据从缓冲区中删除。

3.7.4 Serial.write()

函数声明：Serial.write(val),Serial.write(buf,len)。

参数说明：

val：可以是以单个字节形式发送的值，也可以是以一串字节形式发送的字符串。

buf：以一串字节形式发送的数组。

len：数组的长度。

返回值：输出的字节数，但是否使用这个字节数是可选的。

函数的作用：写入二进制数据到串口。发送的数据以一个字节或者一系列的字节为单位。如果写入的数字为字符，则需要使用print()命令进行代替。

3.7.5 Serial.print()和Serial.println()

函数声明：Serial.print(val)，Serial.print(val,format)。
Serial.println(val)，Serial.println(val,format)。

参数说明：

val：输出的内容，任何数据类型都可以。

format：指定的基数（整数数据类型）或小数位数（浮点类型）。

函数的作用：此函数可以采取多种形式，每个数字以可读的 ASCII 文本形式输出数据到串口。浮点类型输出的同样是 ASCII 字符，默认保留到小数点后两位；bytes 类型输出单个字符；字符和字符串原样输出。Serial. print( ) 输出的数据不换行；Serial. println( ) 除了输出可以识别的 ASCII 文本之外，还输出回车符（ASCII 13 或\r）和换行符（ASCII 10 或\N）。

例如，

```
Serial. print(7),输出为“7”;
Serial. print(1. 23456),输出为“1. 23”;
Serial. print(“N”),输出为“N”;
Serial. print(“Hello”),输出为“Hello”。
```

另外，该函数还可以定义输出几种进制（格式），可以是 BIN（二进制或以 2 为基数）、OCT（八进制或以 8 为基数）、DEC（十进制或以 10 为基数）、HEX（十六进制或以 16 为基数）。

例如，

```
Serial. print(78,BIN),输出为“1001110”;
Serial. print(78,OCT),输出为“116”;
Serial. print(78,DEC),输出为“78”;
Serial. print(78,HEX),输出为“4E”。
```

对于浮点类型的数字，该函数可以指定输出小数位数。

例如，

```
Serial. println(1. 23456,2),输出为“1. 23”;
Serial. println(1. 23456,4),输出为“1. 2345”。
```

3. 7. 6　Serial. end( )

函数的作用：停止串行通信，使 RX 和 TX 引脚用作普通的输入/输出。

小提示

当停止串口通信后，若需要重新启用串行通信，则可以使用 Serial. begin( ) 实现串口的初始化。在一般情况下，使用 Arduino 串口通信时，串口不再用作其他的功能。

接下来通过一个实验来完成简单的串口控制功能，即用计算机发送串口指令来实现 Arduino 上 LED 灯的亮/灭。当接收到的数据为 a 时，点亮 LED 灯，并输出提示；当接收到的数据为 b 时，熄灭 LED 灯，并输出提示。

【实例 3-5】串口控制 LED 灯的亮/灭。

准备工具：

1 个直插 LED 灯，1 个直插 220Ω 的限流电阻，导线若干，Arduino 开发板。

实验步骤：

将 LED 灯的正极引脚连接到数字接口 10，负极通过 220Ω 的限流电阻用导线串联到 GND 引脚上。LED 灯与 Arduino 开发板的连接如图 3.5 所示。

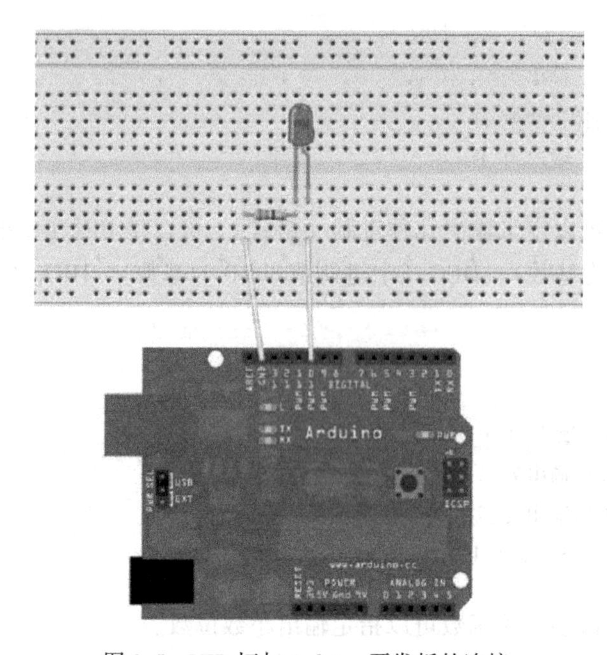

图 3.5 LED 灯与 Arduino 开发板的连接

程序 3-5：用串口控制 LED 灯的亮/灭程序代码。

```
int ledpin=10;                    //指定 LED 灯的接口 10
char ch;
void setup()
{
    pinMode(ledpin,OUTPUT);       //设置接口 10 为输出模式
    Serial.begin(9600);           //设置串口波特率为 9600b/s    //初始化串口
}
void loop()
{
    if(Serial.available()>0)      //如果缓冲区中有数据,则读取并输出
    {
```

```
            char ch=Serial.read();
            Serial.print(ch);
            //开 LED 灯
            if(ch=='a')
            {
                digitalWrite(ledpin,HIGH);
                Serial.println("turn on");
            }
            //关 LED 灯
            else if(ch=='b')
            {
                digitalWrite(ledpin,LOW);
                Serial.println("turn off");
            }
        }
    }
```

下载程序后，打开 Arduino 自带的串口监视器，发送 a 或 b，便可以控制 LED 灯的亮/灭了。

小提示

① 串口监视器的右下角有两个下拉菜单：一个用于设置结束符；另一个用于设置波特率。如果已经设置了结束符，则在最后发送完数据后，串口监视器便会自动发送一组已经设定的结束符，如回车符和换行符。

② 当进行串口通信时，Arduino 控制器上标有 RX 和 TX 的两个 LED 灯会闪烁提示。当接收数据时，RX 灯会点亮；当发送数据时，TX 灯会点亮。

3.8　中断函数

3.8.1　中断的概念

所谓中断，就是指 CPU 在正常运行程序时，由内部/外部事件或程序预先安排的事件使 CPU 中断正在运行的程序，并转到为内部/外部事件或预先安排的事件服务的程序中去，服务完毕后，再返回执行被暂时中断的程序。

3.8.2　中断的分类

根据中断源的位置，中断有两种类型。有的中断源在 CPU 的内部，被称为内部中断。大多数的中断源在 CPU 的外部，被称为外部中断。

外部中断在不同 Arduino 型号上的位置不同，只有外部中断发生在表 3.2 中的接口位置时，才能被 Arduino 捕获。

表 3.2　不同 Arduino 型号的外部中断接口

型　号	端　口					
	int. 0	int. 1	int. 2	int. 3	int. 4	int. 5
UNO\Ethernet	2	3				
Mega2560	2	3	21	20	19	18
Leonardo	3	2	0	1		
Due	所有接口均可					

3.8.3　中断的使用

(1) 外部中断

外部中断函数：attachInterrupt(interrupt,function,mode)。

参数说明：

interrupt：中断接口号，Arduino UNO 有两个外部中断：0（数字接口 2）和 1（数字接口 3）。

function：中断发生时被调用的函数，必须不带参数、不返回任何值，有时被称为中断服务程序。当中断发生时，该函数会取代正在执行的程序。

mode：定义何时发生中断。

下面是四个 contstants 预定有效值：

① LOW：当接口为低电平时，触发中断。

② CHANGE：当接口电平发生改变时，触发中断。

③ RISING：当接口由低电平变为高电平时，触发中断。

④ FALLING：当接口由高电平变为低电平时，触发中断。

小提示

① 在中断函数中，delay()和 millis()的函数将不再起作用。

② 重新分配中断。

中断可以在任何时候通过 attachInterrupt()命令改变，当重新使用 attachInterrupt()时，先前分配的中断就会从对应的接口上移除。

③ 启用/停止中断。

Arduino 也可以忽略所有的中断。如果需要在一段代码中不执行中断，则只需要执行 noInterrupts( ) 命令停止中断。当执行完该段代码以后，则可以使用 interrupts( ) 命令重新启用中断。

④ 删除中断。

终端也可以通过 detachInterrupt(interrupt_number) 命令删除中断。

程序 3-6：使用外部中断让 13 接口的 LED 灯在收到中断时改变闪烁时长的程序代码。

```
int interruptPin=2;
int ledpin=13;
int period=500;
void setup( )
{
    pinMode( ledpin,OUTPUT) ;
    pinMode( interruptpin,INPUT) ;
    digitalWrite( interruptpin,HIGH) ;
    attachInterrupt( 0,goFast,FALLING) ;
}
void loop( )
{
    digitalWrite( ledpin,HIGH) ;
    delay( period) ;
    digitalWrite( ledpin,LOW) ;
    delay( period) ;
}
void goFast( )
{
    period=100;
}
```

注：程序可以使用内置上拉电阻让中断在多数时保持高电平，在实验中，可以把 D2 和 GND 用导线连接起来模拟 1 次中断。

(2) 定时中断

当需要在一个固定的时间间隔后再执行代码时，可以很容易地用 delay( ) 函数来实现，这种操作只是让该段代码暂停一个特定的时间段。特别是需要同时让处理器进行其他处理时，该种操作就是一种浪费。这时就需要用到定时中断函数。

函数声明：void set(unsigned long ms,void(*f) ( )) 。

参数说明：

ms：表示设置的中断函数间隔，单位为 ms。

void(* f)()：表示被调用的中断服务程序的函数名称。中断服务程序不能有参数和返回值。

程序 3-7：用定时中断让 13 接口的 LED 灯每 500ms 变化一次。

```
#include <MsTimer2.h>                       //定时器库的头文件
volatile  state =LOW;
void flash()                                //中断处理函数,改变 LED 灯的状态
{
state=!state;                               //将状态变量求反
}
void setup()
{
    pinMode(13, OUTPUT);
    MsTimer2::set(500, flash);              // 中断设置函数,每 500ms 进入一次中断
    MsTimer2::start();                      //开始计时
}
void loop()
{
    digitalWrite(13, state);
}
```

小提示

① 在程序中，start()是开启定时中断的函数，设定了定时中断开始的位置，通常与关闭定时中断函数 void stop()一起使用，也可以只有 start()函数，表示整个程序都执行定时中断。

② set()和 start()函数都是在 MsTimer2 的作用域中执行的，在使用时都要加上作用域。

③ 在中断函数内部更改的值需要声明为 volatile 类型。

3.9 SPI 接口

3.9.1 概述

SPI（Serial Peripheral Interface）是由摩托罗拉公司推出的一种同步串行外设接口总线。

它可以使主控制单元与各种外围设备通过串行方式进行通信。SPI 一般采用四根线，即两根控制信号线（芯片选择 CS 和时钟 SCLK）和两根数据信号线（SDI 和 SDO）。

在 SPI 技术规范中，数据信号线 SDI 被称为 MISO（Master -In-Slave-Out，主入从出）；数据信号线 SDO 被称为 MOSI（Mas -ter-Out-Slave-In，主出从入）；控制信号线 CS 被称为 SS（Slave-Select，从属选择）；控制信号线 SCLK 被称为 SCK（Serial-Cl -ock，串行时钟）。时钟是基于主设备产生的时钟。

3.9.2　SPI 接口的数据传输

SPI 总线的工作模式有两种，即主模式和从模式。SPI 总线工作在主模式时，允许主设备与多个从设备进行通信。当从设备的 SS 接口被置为低电平时，则该从设备被选中，可以与主设备进行通信；当从设备的 SS 接口被置为高电平时，则断开该从设备与主设备的连接。

如图 3.6 所示，当 SS1、SS2、SS3 中的一个为低电平而另外两个为高电平时，与低电平接口对应的从设备被选中，可以与主设备进行通信。此时应保证未被选中从设备的 MOSI 信号线处于高阻状态；否则，会影响主设备与已选中从设备之间的正常通信。

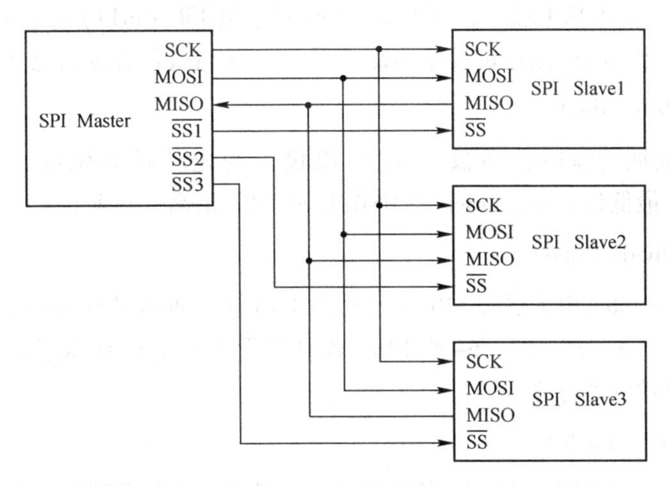

图 3.6　SPI 接口的连接

3.9.3　Arduino SPI 接口

在 Arduino Uno 和其他基于 Atmega168/328 的开发板上，SPI 总线使用接口 10（SS）、接口 11（MOSI）、接口 12（MOSO）及接口 13（SCK）。而在 Arduino Mega 的开发板上，SPI 总线使用接口 50（MOSO）、接口 51（MOSI）、接口 52（SCK）及接口 53（SS）。

Arduino SPI 接口如图 3.7 所示。

图 3.7　Arduino SPI 接口

3.9.4　SPI 类及其成员函数

Arduino 的 SPI 通信是通过 SPIClass 类来实现的。SPIClass 类提供六个成员函数。

(1) begin()

begin()用于初始化 SPI 总线，将 SCK(Pin13)、MOSI(Pin11)及 SS(Pin10)接口设置为输出模式，SCK 和 MOSI 接口被设置为低电平，SS 接口被设置为高电平。

(2) setBitOrder(order)

在设置串行数据传输时，参数 order 可以设置为先传输高位或先传输低位：order 为 LSBFIRST 时，最低位在前；order 为 MSBFIRST 时，最高位在前。

(3) setClockDivider(rate)

setClockDivider(rate)用于设置 SPI 串行通信的时钟。通信时钟是由系统时钟分频得到的。分频值有 2、4、8、16、32、64 或 128。默认设置为 SPI_CLOCK_DIV4，设置 SPI 串行通信时钟为系统时钟的四分之一。

(4) setDataMode(mode)

setDataMode(mode)用于设置 SPI 的数据模式，即时钟极性和时钟相位。

① 时钟极性：表示时钟信号在空闲时是高电平还是低电平。

② 时钟相位：决定数据是在 SCK 的上升沿采样还是在 SCK 的下降沿采样。

SPI 的数据模式包含四种：

① SPI_MODE0（上升沿采样，下降沿置位，SCK 闲置时为 0）；

② SPI_MODE1（上升沿置位，下降沿采样，SCK 闲置时为 0）；

③ SPI_MODE2（下降沿采样，上升沿置位，SCK 闲置时为 1）；

④ SPI_MODE3（下降沿置位，上升沿采样，SCK 闲置时为 1）。

(5) transfer(val)

transfer(val)用于在 SPI 总线上传输一个数据，包括发送和接收。

(6) end()

end()用于停止 SPI 总线的使用（保持接口的模式不变）。

【实例 3-4】使两块 Arduino 开发板通过 SPI 方式通信。

准备工具：

两块 Arduino 开发板，导线若干。

实验步骤：

将其中的一块 Arduino 开发板作为 SPI 主机 A，另一块 Arduino 开发板作为 SPI 从机 B。Arduino SPI 接口通信连接实物图如图 3.8 所示。

图 3.8　Arduino SPI 接口通信连接实物图

程序 3-8：SPI 方式通信程序代码。

```
//从机代码：
#include <SPI.h>
void setup (void)
{
    Serial.begin(9600);                    //开始串口通信
    digitalWrite(SS, HIGH);
    SPI.begin ();                          //SPI 通信开始
    //SPI.setClockDivider(SPI_CLOCK_DIV8);
}
```

```
void loop (void)
{
    char c;
    //片选为从机
    digitalWrite(SS, LOW);          //SS - pin 10
    //发送字串
    for (const char * p = "Hello, world! \n" ; c = * p; p++)
    {
        SPI.transfer (c);
        Serial.print(c);
    }
    //取消从机
    digitalWrite(SS, HIGH);
    delay (1000);
}

//主机代码:
#include <SPI.h>
char buf [100];
volatile byte pos;
volatile boolean process_it;
void setup (void)
{
        Serial.begin (9600);
        //have to send on master in, * slave out *
        pinMode(MISO, OUTPUT);
        //设置为接收状态
        SPCR |= _BV(SPE);       //准备接受中断
        pos = 0;                //清空缓冲区
        process_it = false;
        //开启中断
        SPI.attachInterrupt();
}
//SPI 中断程序
ISR (SPI_STC_vect)
{
        byte c = SPDR;
        //从 SPI 数据寄存器获取数据
```

```
            if (pos < sizeof(buf))
            {
                buf [pos++] = c;
                if (c == '\n')
                process_it = true;
            }
    }
void loop (void)
{
    if (process_it)
    {
        buf [pos] = 0;
        Serial.println (buf);
        pos = 0;
        process_it = false;
    }
}
```

第 4 章　Arduino 硬件资源

Arduino 的官方网站、淘宝及其他平台都有很多规格的开发板，刚刚入门或者准备入门的开发者该如何选择开发板呢？

区分、挑选合适的 Arduino 开发板主要应该从性能、特性及尺寸三个方面入手。

首先看性能，即处理器的内存、时钟频率。Arduino 开发板的硬件处理能力通常完全取决于该开发板的芯片，运行的软件也是由芯片决定的。

其次看特性，包括开发板上除微处理器之外的所有接口，如输入/输出针脚、集成元器件（按钮、LED 灯、电动机驱动等）及可用接口的种类和数量（USB、以太网等）。

最后看尺寸。由于项目的性质不同，因此留给电子部分的体积和重量也大相径庭。

下面就以开发板 Arduino UNO 为基础介绍一些相关的电子元器件和接口。

4.1　电子元器件及 Arduino 的扩展

4.1.1　电子元器件

（1）电阻器

电阻器是在所有的电子装置中应用最为广泛的一种元件，也是最便宜的电子元件之一。它在电路中的主要用途有限流、降压、分压、分流、匹配、负载、阻尼及取样等。在一般情况下，电阻器的封装有贴片和直插两种形式，如图 4.1 所示。

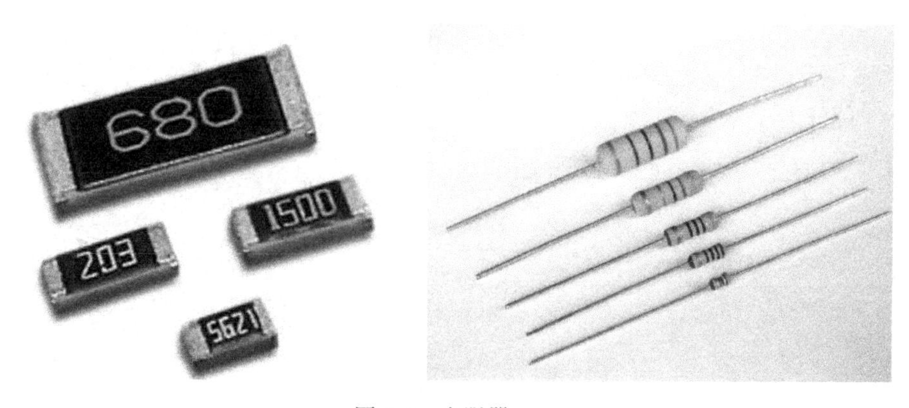

图 4.1　电阻器

热敏电阻器、压敏电阻器及光敏电阻器是特殊电阻器。其电压与电流的关系是非线性的。

① 热敏电阻器。

热敏电阻器是敏感元件的一类，按照温度系数的不同可分为正温度系数热敏电阻器（PTC）和负温度系数热敏电阻器（NTC）。热敏电阻器的典型特点是对温度敏感，在不同的温度下可表现出不同的电阻值。正温度系数热敏电阻器（PTC）随着温度的升高，电阻值增大；负温度系数热敏电阻器（NTC）随着温度的升高，电阻值降低。它们同属于半导体器件。热敏电阻器如图 4. 2 所示。

图 4. 2　热敏电阻器

注意：热敏电阻器既然是可以根据温度改变电阻值的元件，自然也需要模拟接口读取模拟值。

② 光敏电阻器。

光敏电阻器是利用半导体的光电导效应制成的一种电阻值随入射光的强/弱而改变的电阻器，又被称为光电导探测器。光照愈强，电阻值就愈低，随着光照强度的增强，电阻值迅速降低，亮电阻值可小至 1kΩ。光敏电阻器对光线十分敏感，在无光照时呈高阻状态，暗电阻一般可达 1. 5MΩ。随着科技的发展，光敏电阻器将得到极其广泛的应用。

光敏电阻器如图 4. 3 所示。

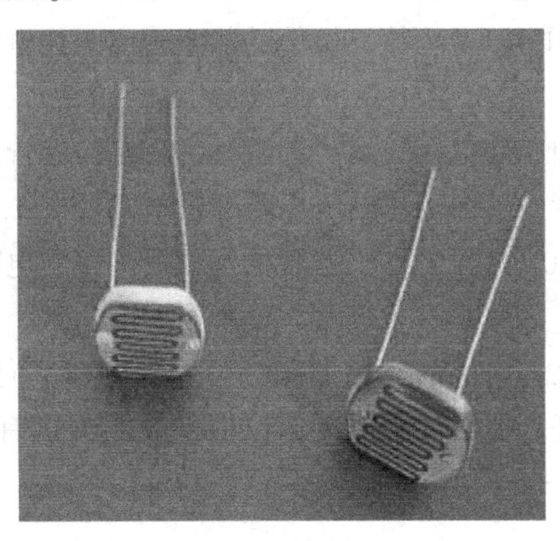

图 4. 3　光敏电阻器

(2) 二极管

二极管是最常用的电子元器件。其最突出的特性就是具有单向导电性，也就是电流只可以从二极管的一个方向流过。二极管的作用有整流、检波及稳压。

二极管是一个由 p 型半导体和 n 型半导体形成的 p-n 结，在界面处的两侧形成空间电荷层，并且自建电场，当不存在外加电压时，可因为 p-n 结两边载流子浓度差引起的扩散电流与自建电场引起的漂移电流相等而处于电平衡状态。

二极管的种类有很多，根据不同用途可分为检波二极管、整流二极管、稳压二极管及开关二极管等。二极管如图 4.4 所示。

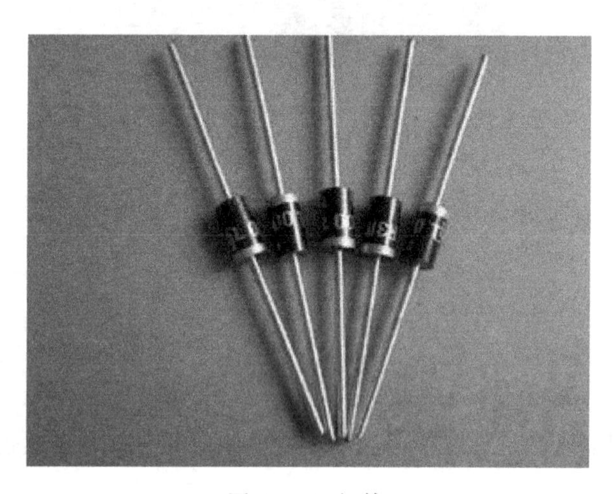

图 4.4　二极管

二极管有如下几个主要参数。

① 额定正向工作电流。

额定正向工作电流是指二极管在长期连续工作时所允许通过的最大正向电流值。因为电流通过二极管时会使管芯发热，温度上升，超过允许温度（硅管为 140℃左右，锗管为 90℃左右）时，会使管芯因过热而损坏。所以，二极管在使用中不要超过额定正向工作电流值。例如，常用的 IN4001-4007 型锗二极管的额定正向工作电流值为 1A。

② 最高反向工作电压。

加在二极管两端的反向工作电压高到一定值时，会将二极管击穿，失去单向导电能力，为了保证使用安全，二极管的反向工作电压不能超过最高反向工作电压值，如 IN4001 二极管的最高反向工作电压为 50V，IN4007 二极管的最高反向工作电压为 1000V。

③ 反向电流。

在规定的温度和最高反向电压的作用下，二极管中存在反向电流。反向电流越小，二极管的单方向导电性能越好。值得注意的是，反向电流与温度有密切的关系，大约温度每升高 10℃，反向电流增大一倍。

(3) 发光二极管（LED）

发光二极管如图 4.5 所示。发光二极管是常见的指示元件，短引脚为负极，长引脚为正极。

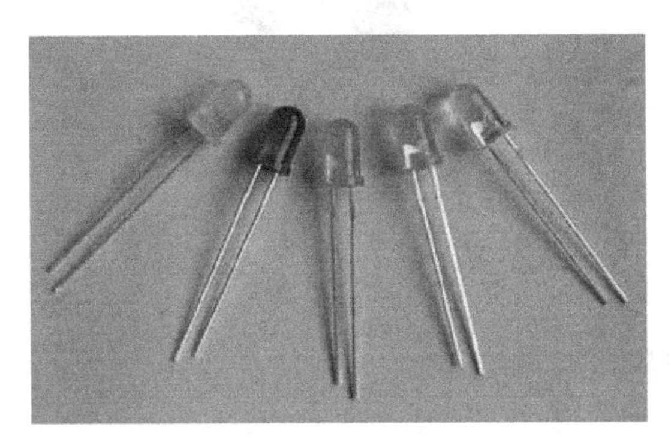

图 4.5　发光二极管

发光二极管按发光强度可分为普通亮度的发光二极管（发光强度<10mcd）和高亮度的发光二极管。高亮度的发光二极管又可细分为发光强度为 10～100mcd 和发光强度>100mcd 的超高亮度的发光二极管。一般发光二极管的工作电流为十几 mA 至几十 mA。低电流发光二极管的工作电流在 2mA 以下（亮度与普通发光二极管相同）。

普通发光二极管的正向偏压，红色为 1.6V，黄色为 1.4V 左右，蓝色和白色至少为 2.5V；工作电流为 5～10mA。

小提示

超亮发光二极管主要有三种颜色，压降参考值如下：

红色发光二极管的压降为 2.0～2.5V；

黄色发光二极管的压降为 1.8～2.0V；

绿色发光二极管的压降为 3.0～3.5V。

超亮发光二极管在正常发光时的额定电流约为 20mA。

(4) 电容器

电容器是一种储存容量的无源元件，可用于隔直、耦合、旁路、滤波、调谐回路、能量转换、控制等电路中。电容器如图 4.6 所示。其单位换算关系为 $1\text{F} = 1\times10^{6}\mu\text{F} = 1\times10^{9}\text{nF} = 1\times10^{12}\text{pF}$。常见的电容器有独石电容器和电解电容器。独石电容器没有正、负极，表面上标写的数值代表容量，如 $104 = 1\times10^{4}\text{pF} = 0.1\mu\text{F}$。电解电容器有正、负极，长脚为正极，短脚为负极，在负极的一侧有一条白色的指示带作为标志，表面上印有额定电压和容量。

图 4.6　电容器

电容器有如下几种常用的功能。

① 滤波。

滤波是电容器的重要功能，在几乎所有的电源电路中都有电容器。理论上（假设为纯电容器），电容器的容量越大，阻抗越小，通过的频率越高。实际上，容量超过 1μF 的电容器大多为电解电容器，有部分的电感成分，频率提高后，反而阻抗会增大。在电路中，有时会看到一个电容量较大的电解电容器并联一个电容量较小的电容器，这时电容量较大的电容器通低频，电容量较小的电容器通高频。电容器的作用就是通高频、阻低频。电容量越大，低频越容易通过；电容量越小，高频越容易通过。在滤波电路中，大容量的电容器过滤低频；小容量的电容器过滤高频。

有人将滤波电容器比作“水塘”。电容器两端的电压不会突变，就好像“水塘”里的水不会因为几滴水的加入或蒸发而引起水量的变化。电容器把电压的变化转为电流的变化，从而缓冲了输出电压。滤波就是充电、放电的过程，可起到稳定输出电压的作用。

② 旁路。

如图 4.7 所示，电容 Ce1 和 Ce2 为旁路电容器，因为电容器的隔直通交特性使 Ce1 不能通过直流信号，通过交流信号时，Ce1 对交流信号近似为短路，所以交流信号不通过 Re1，而直接被 Ce1 旁路了。这样的电容器被称为旁路电容器。Ce2 的旁路作用同理。下面分析旁路电容器的功能。

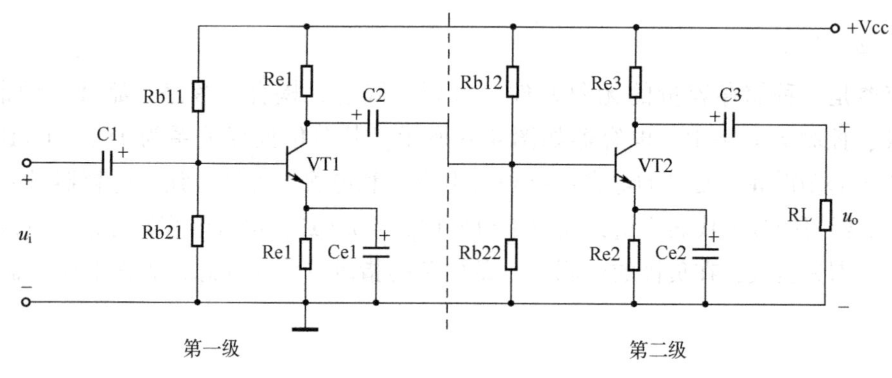

图 4.7　旁路电容器应用电路

旁路电容器的主要功能是产生一个交流分路，即当混有高频和低频的信号经过放大器放大时，如果某一级电路只要求低频信号输入到下一级，而不需要高频信号输入时，可在该级电路的输入端加一个适当大小的接地电容器。较高频率的信号可以很容易通过此电容器旁路（这是因为电容器对较高频率信号的阻抗小）；较低频率的信号由于电容器对它的阻抗较大而被输入到下一级电路中。

③ 去耦。

去耦又叫解耦。如图 4.8 所示，旁路电容器接在信号的输入端，去耦电容器接在信号的输出端。两个电容器都起抗干扰的作用。

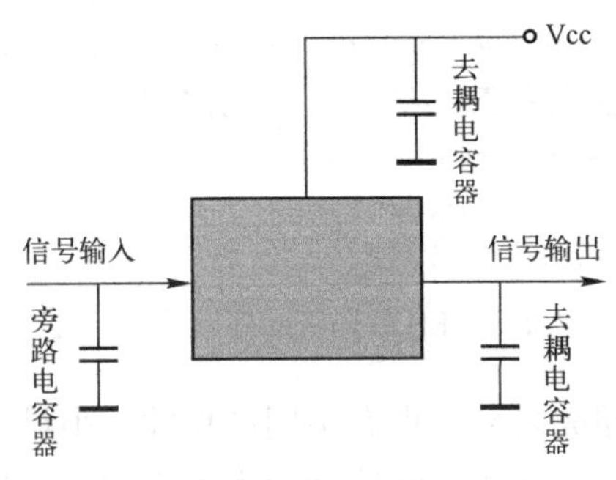

图 4.8　去耦电容器应用电路

去耦电容器起到一个电池的作用，可满足驱动电路电流的变化，避免相互间的耦合干扰。如果将旁路电容器和去耦电容器结合起来，则可更容易理解。旁路电容器实际上也有去耦功能，只是旁路电容器一般是指高频旁路电容器，也就是给高频信号提供一条低阻抗的泄放途径。高频旁路电容器的容量一般比较小，而去耦电容器的容量一般比较大，可依据电路中的分布参数及驱动电流的变化来确定。

旁路就是把输入信号中的干扰作为滤除对象；去耦是把输出信号的干扰作为滤除对象，防止干扰信号返回电源。这应该是旁路和去耦的本质区别。

（5）七段数码管

七段数码管在电子仪器中常用来显示数字、符号，显示清晰，亮度高，价格便宜，广泛应用在各种控制系统中。七段数码管如图 4.9 所示。

图 4.9　七段数码管

七段数码管实际上是由七个发光管组成的 8 字形，加上小数点就是八个发光管。这些段分别由字母 a、b、c、d、e、f、g、d、h 来表示。当数码管特定的段加上电压后，这些特定的段就会发亮，形成可以看到的字样。LED 数码管的外形及内部结构如图 4.10 所示。

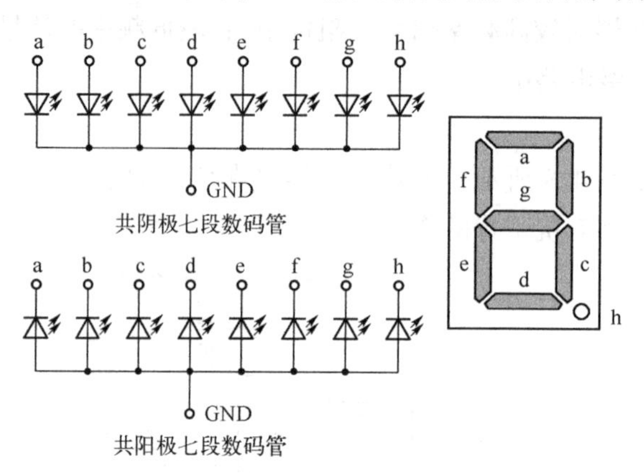

图 4.10　LED 数码管的外形及内部结构

LED 数码管有一般亮和超亮之分，也有不同的尺寸。小尺寸数码管显示的笔画常由一个发光二极管组成；大尺寸数码管显示的笔画常由两个或多个发光二极管组成。在一般情况下，单个发光二极管的管压降为 1.8V 左右，电流不超过 30mA。发光二极管的阳极连接在一起连接到电源正极的数码管被称为共阳数码管；发光二极管的阴极连接在一起连接到电源负极的数码管被称为共阴数码管。常用 LED 数码管显示的数字和字符为 0、1、2、3、4、5、6、7、8、9、A、B、C、D、E、F。

(6) 蜂鸣器

蜂鸣器是一种一体化结构的电子讯响器，广泛应用于计算机、打印机、复印机、报警器、电子玩具、汽车电子设备、电话机、定时器等电子产品中作为发声器件。蜂鸣器根据结构的不同可分为压电式蜂鸣器和电磁式蜂鸣器。无论是压电式蜂鸣器还是电磁式蜂鸣器，都有有源和无源的区分。其中，有源是蜂鸣器本身内含驱动，直接给它一定的电压就可以响；无源是需要靠外部的驱动才可以响的。有源蜂鸣器只要两个引脚接上电压，即可发出声音，工作电流一般为 35mA，电压有 3V、6V、12V 等几种。常见的有源蜂鸣器如图 4.11 所示。

图 4.11　常见的有源蜂鸣器

(7) 三极管

三极管是最重要的半导体器件，是电子电路中的核心器件，被广泛应用在各种电子线路中，是电子线路的灵魂。它最主要的功能是电流放大和开关作用。顾名思义，三极管具有三个电极。三极管由两个p-n结构成，共用的一个电极成为三极管的基极（用字母b表示），其他的两个电极被称为集电极（用字母c表示）和发射极（用字母e表示）。电极的不同组合方式可形成两种类型的三极管：一种是NPN型的三极管；另一种是PNP型的三极管。在三极管的电路图形符号中，带箭头的电极是发射极，箭头朝外的是NPN型三极管，箭头朝内的是PNP型三极管。实际上，箭头所指的方向就是电流的方向。常见的三极管如图4.12所示。三极管的电路图形符号如图4.13所示。

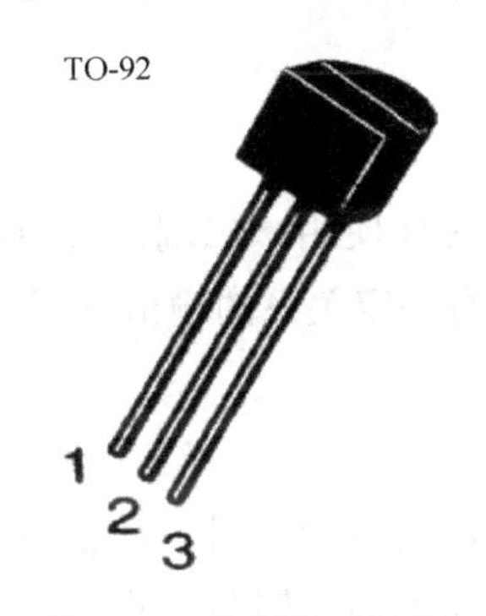

图4.12 常见的三极管

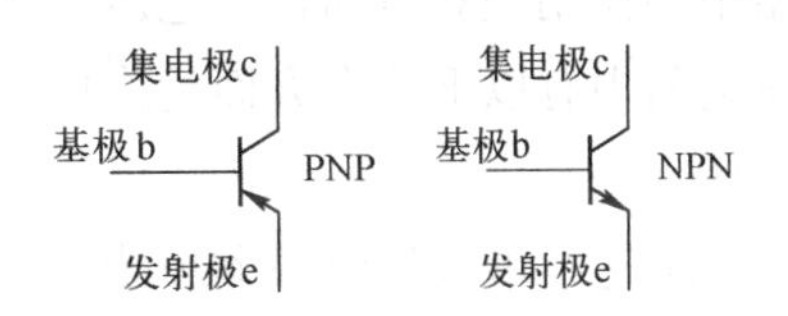

图4.13 三极管的电路图形符号

(8) 倾斜开关

倾斜开关，即垂直悬挂的探头在受到外力的作用且偏离垂直位置17°以上时，内部的金属球触点动作，常闭触点断开；当外力撤销后，垂直悬挂的探头恢复到垂直状态，内部的金属球触点闭合。倾斜开关如图4.14所示。

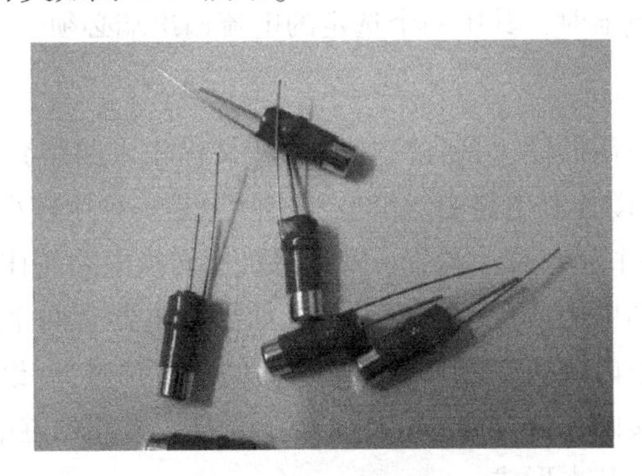

图4.14 倾斜开关

(9) 电位器

电位器是具有三个引出端，阻值可按某种变化规律调节的电阻元件。电位器通常由电阻体和可移动的电刷组成。当电刷沿着电阻体移动时，在输出端即可获得与位移量有一定关系的电阻值或电压值。电位器如图 4. 15 所示。

图 4. 15　电位器

电位器既可以作为三端元件使用，也可以作为二端元件使用。二端元件可用作可变电阻器，在电路中的作用是获得与输入电压（外加电压）有一定关系的输出电压。

电位器在电路中有以下几个方面的作用。

① 用作分压器。

电位器是一个连续可调的电阻器，当调节电位器的转柄或滑柄时，动触点在电阻体上滑动，此时在电位器的输出端可获得与电位器外加电压和可动臂转角或行程有一定关系的输出电压。

② 用作变阻器。

电位器用作变阻器时，应接成两端器件，当调节电位器的转柄或滑柄时，便可获得一个平滑连续变化的电阻值。

③ 用作电流控制器。

电位器用作电流控制器时，其中一个选定的电流输出端必须是滑动触点的引出端。

(10) 继电器

继电器是一种电子控制器件，具有控制系统（又称输入回路）和被控制系统（又称输出回路)，通常应用于自动控制电路中。继电器实际上是一种用较小的电流去控制较大电流的“自动开关”，在电路中起着自动调节、安全保护、转换电路等作用。

继电器线圈在电路图中用一个长方框表示。如果继电器有两个线圈，就画两个并列的长方框，同时，在长方框内或长方框旁标上继电器的文字符号 J。继电器的触点有两种表示方法。其中的一种是直接画在长方框的一侧，较为直观。常用的继电器如图 4. 16 所示。

继电器的触点有三种基本形式。

① 动合型（常开）（H 型)：线圈不通电时，两个触点是断开的；通电后，两个触点闭合；用合字的拼音字头“H”表示。

② 动断型（常闭）（D 型)：线圈不通电时，两个触点是闭合的；通电后，两个触点断开；用断字的拼音字头“D”表示。

图 4.16　常用的继电器

③ 转换型（Z 型），触点组型：共有三个触点，即中间为动触点，上、下各一个静触点；线圈不通电时，动触点和其中的一个静触点断开，另一个静触点闭合；线圈通电后，动触点移动，使原来的断开状态变为闭合状态，原来的闭合状态变为断开状态，达到转换的目的。这样的触点组被称为转换触点，用转字的拼音字头“Z”表示。

（11）光耦

光耦是以光为媒介传输电信号的器件，通常把发光器（红外线发光二极管 LED）和受光器（光敏半导体管）封装在同一管壳内。当输入端加电信号时，发光器发出光线，受光器接受光照后产生光电流，从输出端流出，从而实现了“电-光-电”的转换，以光为媒介把输入端的信号耦合到输出端的光电耦合器，可起到良好的隔离作用。由于光耦具有体积小、寿命长、无触点、抗干扰能力强、输出与输入之间绝缘、单向传输信号等优点，因此在数字电路中获得广泛的应用。光耦及内部结构示意图如图 4.17 所示。

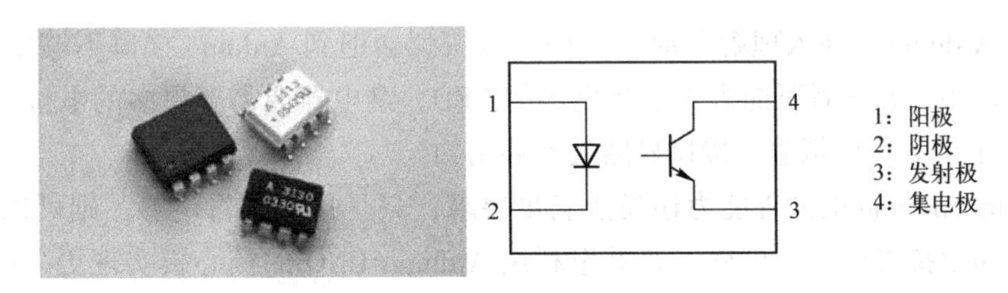

图 4.17　光耦及内部结构示意图

（12）LCD1602 液晶显示器

液晶显示器是很多电子产品中的常用器件，如在计算器、万用表、电子表及很多的家用电子产品中，显示的主要是数字、专用符号和图形。液晶显示器的分类方法有很多种，通常按显示方式可分为段式、字符式、点阵式等。

LCD1602 液晶显示器是工业字符型的液晶显示器，是一种专门用于显示字母、数字、符号等点阵式的液晶显示器，目前常用的有 16×1、16×2、20×2 及 40×2 等模块。LCD1602

液晶显示器如图 4.18 所示。

图 4.18　LCD1602 液晶显示器

LCD1602 液晶显示器的使用非常方便，数据线有 8 条，控制线有 3 条，共需要 11 根 IO 接口线。液晶显示模块的 VCC 和 GND（第 1 和第 2 个引脚）需要连接，背光的 VCC 和 GND 可以不连接。

小提示

LCD1602 液晶显示器的使用需要注意的一点就是 VO 接口。当 VO 接口接高电平时，LCD1602 液晶显示器的对比度最小；接低电平时，LCD1602 液晶显示器的对比度最高（会出现“鬼影”）。电位器可以调节 VO 接口的电压。如果想增加整个系统的稳定性，则应该在 11 条 IO 接口线上加一个上拉电阻。当然，如果不这样做，LCD1602 液晶显示器往往也可以工作。

4.1.2　Arduino 的扩展

随着对 Arduino 的深入理解和应用，相信很快就会遇到 Arduino 接口不够用的情况了。例如，在项目中，开发者可能需要控制更多的 LED、继电器或需要更多的电位器，Arduino UNO 开发板上的 6 个模拟输入接口显然是不够用的。

如果此时 Arduino 的处理能力还尚能满足要求，只是接口数目不够，则可以对 Arduino 的数字接口和模拟接口进行扩展。如果想利用 Arduino UNO 的核心板实现更多的功能，如控制舵机、GPRS 模块、WiFi 模块等，就需要加装各种功能模块扩展板。各种功能模块扩展板也是 Arduino 的重要组成部分。Arduino 开发板的设计都是可以安装扩展板的，即盾板进行扩展。它们是一些电路板，包含网络模块、GPRS 模块、语音模块及传感器模块等其他元件，可被设计为类似积木，通过一层层的叠加实现各种各样的扩展功能。例如，智能搬运机器人的硬件平台由 Arduino UNO 核心控制器、金属杆件车体、伺服电动机、超声波传感器、QTI 传感器及颜色传感器等组成。Arduino UNO 扩展应用实物图如图 4.19 所示。图 4.20 为 Arduino UNO 扩展应用总体框图。

图 4. 19　Arduino UNO 扩展应用实物图

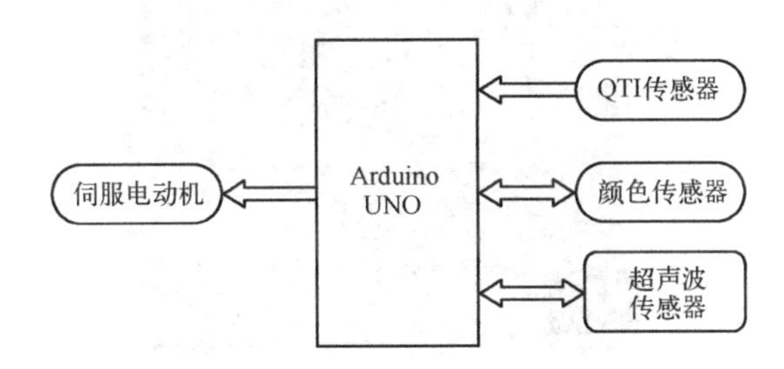

图 4. 20　Arduino UNO 扩展应用总体框图

Arduino 智能搬运小车的设计、Arduino 自动化气象站的设计及 Arduino 飞行器的设计都是以 Arduino UNO 为扩展控制器的，再加载其他的功能模块。其详细内容的介绍请参考第 9 章、第 10 章及第 11 章中的内容。

不管最终实现的是什么功能，主控制器 Arduino UNO 的外接芯片或模块通信都是通过丰富的 I/O 接口进行的。Arduino UNO 使用的单片机型号为 ATmega328。其主要的外围接口包括通用 I/O 接口、外部中断、定时/计数器、USRAT 及 TWI 模拟输入等。下面将详细介绍这些外围接口。

4.2　数字 I/O 接口

数字 I/O 接口可以输入和输出数字信号。数字信号只有两种状态，即高电平和低电平。高、低电平是通过一个参考电压（AREF）确定的。高于 AREF 的电平被认为是高电平；低于 AREF 的电平被认为是低电平。Arduino 默认的参考电压大约为 1. 1V，可以通过 AREF 接口设置外部参考电压。

Arduino UNO 的核心板接口 0 和 1 被复用为 RX 和 TX 接口，可以用来传输数据，如两个 Arduino 开发板之间的通信。

每个数字接口都可以提供最高 40mA 的电流和 5V 的电压，足够用来点亮一个 LED 灯，但是不足以驱动电动机。因此，在使用过程中，一定要注意每个数字接口的极限电压和电流，如利用 Arduino UNO 的数字 I/O 接口控制 LED 灯的闪烁，如图 4.21 所示。

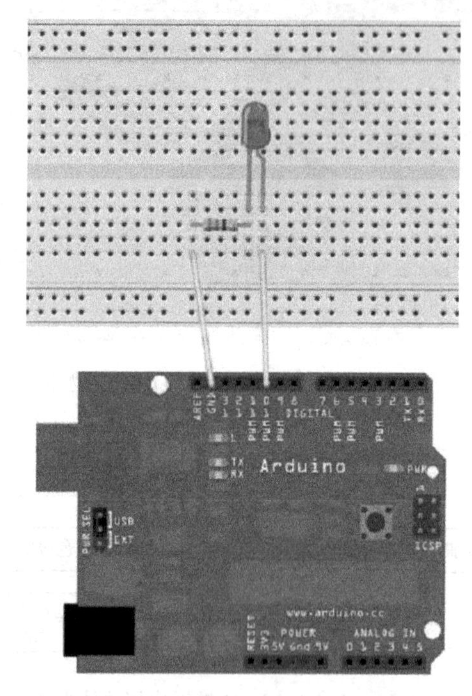

图 4.21　数字 I/O 接口的应用

数字 I/O 接口控制 LED 灯闪烁的程序代码如下。

程序 4-1：数字 I/O 接口应用实例的程序代码。

```
void loop()
{
digitalWrite(ledPin, HIGH);          //点亮 LED 灯
delay(1000);                         //延时 1s
digitalWrite(ledPin, LOW);           //熄灭 LED 灯
delay(1000);                         //延时 1s
}
```

小提示

一般发光管的工作电流为 5~25mA，在 20mA 时最亮。知道电流就可以计算出限流电阻，如果不是要求太亮，电流控制在 5mA 以上即可。因此，使用发光二极管 LED 时要连接限流电阻，否则电流过大会烧毁发光二极管。

4.3　模拟 I/O 接口

在 Arduino 开发板上，编号前带有“A”的引脚是模拟输入引脚，具有 ADC（Analog-Digital Converter 模/数转换器）功能，可以将外部输入的模拟信号转变为芯片运算可以识别的数字信号，从而实现读入模拟值的功能。Arduino UNO 可以接受 0~5V 的模拟信号。

模拟 I/O 接口可以输入模拟信号和数字信号，不能输出模拟信号。Arduino 开发板的模拟输入功能有 10 位精度，可以将 0~5V 的电压值转变为 0~1023 的整数形式。模拟信号的输入功能需要使用 analogRead( ) 函数。

例如，将可调电阻器的阻值转化为模拟值读取出来，可通过 Arduino 开发软件自带的串口监视窗口将观察的数值显示在屏幕上。模拟 I/O 接口应用的实物连接图见图 3.3，使用的是模拟 0 接口。

当旋转可调电阻器的旋钮时，就可以通过串口监视窗口观察数值的变化，读出模拟值后，再进行相应的算法处理，就可以实现需要的功能。

程序 4-2：模拟 I/O 接口应用实例。

```
void loop( )
{
val = analogRead( potpin) ;          //读取模拟接口 0 的值,并将其赋给 val
Serial. println( val) ;              //显示出 val 的值
}
```

4.4　PWM

有一部分的数字 I/O 接口（接口编号带有~）具有 PWM 的输出能力。PWM 的中文译名是脉冲宽度调制，是利用微处理器的数字输出来控制模拟电路的一种技术。

脉冲宽度调制（PWM）是一种对模拟信号电平进行数字编码的方法，由于计算机不能输出模拟电压，只能输出 0V 或 5V 的数字电压值，因此可以通过使用高分辨率的计数器，利用方波占空比被调制的方法对一个具体的模拟信号电平进行编码。PWM 信号仍然是数字的，因为在给定的任何时刻，满幅值的直流供电要么是 5V（ON），要么是 0V（OFF）。电压或电流是以一种通（ON）或断（OFF）的重复脉冲序列被加到模拟负载上去的。通的时候即是直流供电被加到负载上的时候，断的时候即是供电被断开的时候。只要带宽足够，任何模拟值都可以使用 PWM 进行编码。输出电压值是通过通和断的时间进行计算的。PWM 占空比如图 4.22 所示。

Arduino 开发板有 6 个 8 位精度的 PWM 接口，分别为接口 3、5、6、9、10、11。注意，在这些接口的数字标号前面都有一个“~”符号加以区别，可以使用 analogWrite( ) 控制 PWM 接口输出 500Hz 左右的 PWM 调制波。分辨率为 8 位，即 2 的 8 次方等于 256 级精度。

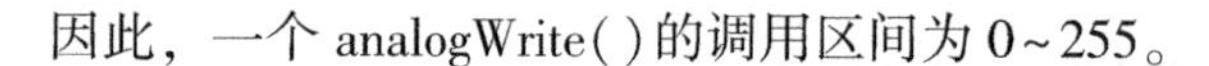
因此，一个 analogWrite( )的调用区间为 0~255。

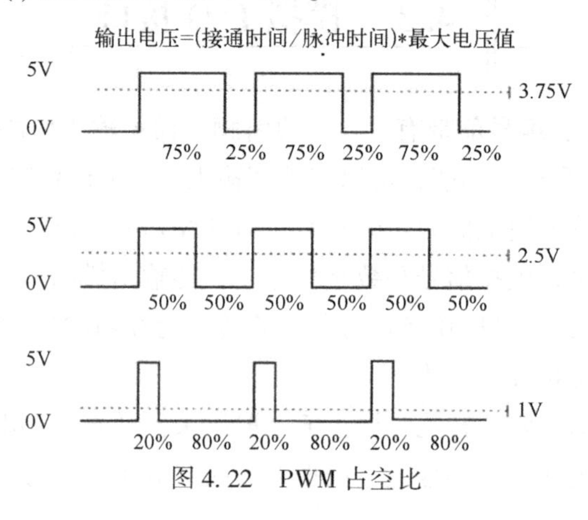

图 4.22　PWM 占空比

通过 PWM 技术可以得到 0~5V 之间任意数字的电压值，而不仅仅是 0V 和 5V。这主要是通过 Arduino 语句的 analogWrite(pin, value)命令来实现的，意思是输出模拟电压。其 pin 表示输出的接口号是多少，value 是数字信号的输出值，为 0~255。不同的 value 数值表示的占空比不同。

Arduino 开发板采用 PWM 模式，不同数字信号输出值的对应电压值为 U(输出电压)=(value/255)×5V。例如，analogWrite(9, 255)表示接口 9 的输出电压 U=(255/255)×5V=5V；analogWrite(9, 64)表示接口 9 的输出电压 U=(64/255)×5V=1.25V。

如果想要输出任意值的电压，则此时需要求解 value 值，即数字信号的输出值（对应接通时间），value=(U×255)/5。如果要得到 U=1.8V 的电压，那么用数字信号表示的数值 value=U×255/5V=91.8。

所以，当 U=1.8V 时，value=91.8，通过 analogWrite(9, 91.8)即可在接口 9 输出 1.8V 的连续电压值。

利用 PWM 输出控制 LED 灯由亮到暗连续变化的连接如图 4.23 所示。

程序 4-3：PWM 应用实例的程序代码。

```
voidloop( )
{
//brightness 为 PWM 信号的输出值,为 0~255; LD 表示亮度
analogWrite(9, brightness);          //把 brightness 的值写入 9 号接口
brightness = brightness+LD;          //改变 brightness 值,使亮度在下一次循环发生改变
if(brightness==0||brightness==255)
{
LD=-LD;                              //在亮度最高(5V)与最低(0V)时进行转换
}
delay(50);                           //延时 50ms,即保持 brightness+LD 状态 50ms
}
```

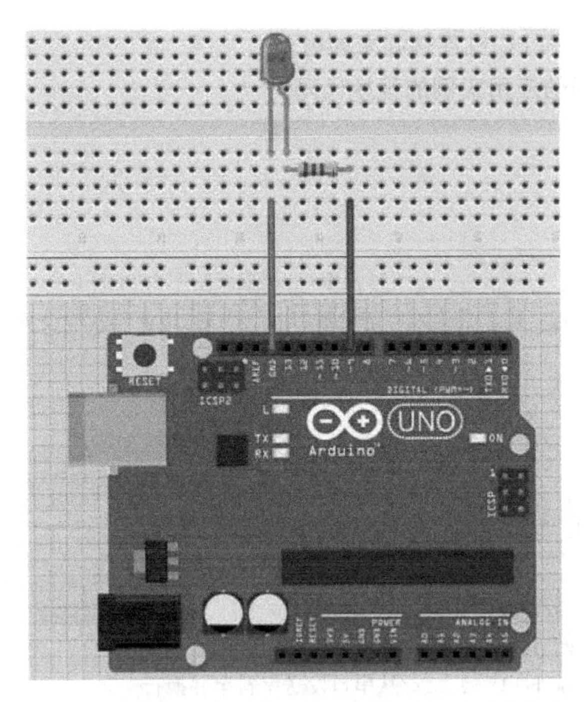

图 4.23　利用 PWM 输出控制 LED 灯由亮到暗连续变化的连接

4.5　串口通信

Arduino UNO 不仅有 14 个数字接口和 6 个模拟接口，还有 1 个更为常用的串口。许多实际的应用场合会要求在 Arduino UNO 与其他设备之间实现相互通信，最常见通常也是最简单的办法就是使用串行通信。在串行通信中，两个设备之间一个接一个地来回发送数字脉冲，它们之间必须严格遵循相应的协议以保证通信的正确性。在 PC 机上，最常见的串行通信协议是 RS-232 串行协议；在各种微控制器（单片机）上，最常见的串行通信协议是 TTL 串行协议。由于 RS-232 串行协议和 TTL 串行协议的电平有很大的不同，因此在实现 PC 机与微控制器的通信时必须进行相应的转换。RS-232 串行协议与 TTL 串行协议电平之间的转换一般采用专用芯片，如 MAX232 等。Arduino UNO 是 USB 版本的，即是通过 USB 转成 TTL 串口下载程序的，数字接口 PIN 0 和 PIN 1 就是 TTL 串口 RX 和 TX。

在串口通信中，最重要的一点就是通信协议。在一般情况下，串口通信协议都会有波特率、数据位、停止位、校验位等参数。开发者不会设置也不用怕，在 Arduino 语言中，Serial. begin( )函数就能使开发者轻松完成设置，只需要改变该函数的参数即可，如 Serial. begin(9600)表示波特率为 9600b/s，其余参数默认即可。

Arduino 语言还提供了 Serial. available( ) 判断串口缓冲器状态、Serial. read( )读串口、Serial. print( )串口发送及 Serial. println( )带换行符串口发送四个函数。

下面用一段程序代码演示一下串口相关函数的用途。实验不需要外围电路，只需要用串口线将 Arduino NNO 和 PC 机连接起来即可。

程序 4-4：串口通信应用实例的程序代码。

```
char word;
void setup( )
{
Serial. begin(9600);                // 打开串口,设置波特率为 9600 b/s
//这里要与软件设置相一致。当接入特定设备(如蓝牙)时,也要与其他设备的波特率达到一致。
}
void loop( ) {
if (Serial. available( ) > 0)       //判断串口缓冲器是否有数据装入
{
word =Serial. read( );              //读取串口
if( word= = 'R')                    //判断输入的字符是否为 R
{
Serial. print( "Xiaoming " );       //从串口发送字符串
Serial. println( "is a good boy!" );  //从串口发送字符串并换行
}
}
}
```

4.6 中断

中断示意图如图 4.24 所示。

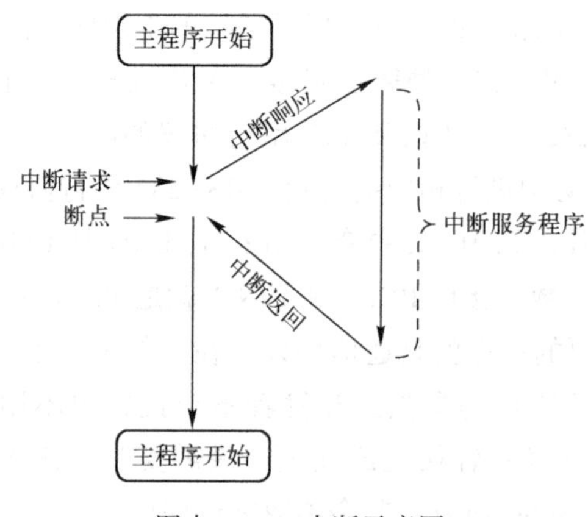

图中 4.24　中断示意图

这一过程相当于你正在家里看书，这时门铃响了，你不得不暂停看书起身去开门，发现是送快递的小哥，你签收完快递并放好包裹后继续看书。这就是生活中的中断现象，也就是一个正在做的事情被外部的事情打断，当执行完外部事情后，继续做原本的事情。生活中的中断现象如图 4.25 所示。

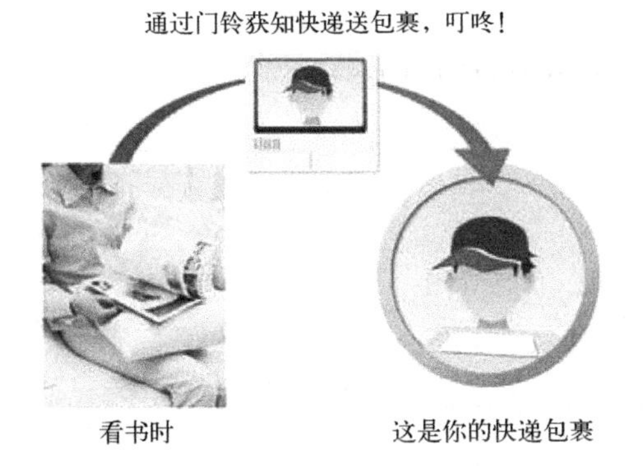
通过门铃获知快递送包裹，叮咚！
看书时
这是你的快递包裹

图 4.25　生活中的中断现象

下面分析一下这个中断过程。这里的主旋律——看书，就是主程序。门铃声就是一个中断信号，让你不得不去执行一个小插曲——开门拿快递这个中断函数。完成这个小插曲后，你又要投入到主旋律——看书这个主程序上。

为什么要使用中断呢？

为了说明这个问题，再举一个实例。假设有一个朋友准备来拜访你，由于不知道何时到达，你只能在大门口等待，因此什么事情也干不了。如果在大门口装一个门铃，你就不必在大门口等待而可以先去做其他的工作，朋友来了以后，可以按门铃通知你，此时你中断手头的工作去开门，这样就可以避免因等待而浪费时间。计算机也是一样，如键盘输入，如果不采用中断技术，则 CPU 将不断地扫描键盘是否有输入，经常处于等待状态，效率极低。而采用了中断方式后，CPU 可以进行其他的工作，只有键盘有输入并发出中断请求时才予以响应，并暂时中断当前的工作转去执行读取键盘的输入，读完后，又返回执行原来的程序。这样就大大地提高了计算机系统的效率。

中断的好处主要为：

① 实现分时操作，提高 CPU 的效率，只有当服务对象向 CPU 发出中断申请时才去服务，即可以利用中断功能同时为多个对象服务，大大提高了 CPU 的工作效率。

② 实现实时处理，利用中断技术，各个服务对象可以根据需要随时向 CPU 发出中断申请，CPU 可及时发现和处理中断请求。

下面以看书过程遭到“中断”为例讲解 loop 函数。

程序 4-5：loop( ) 函数程序代码。

```
void loop( )
{
看书( );
}
```

在没有受到打扰之前，你一直在看书，不断地执行看书（）循环。实际上，在再次回到看书状态之前，你有一个工作就是开门（），具体开门做什么，有可能是送快递，有可能是查煤气。

程序 4-6：开门（）实例的程序代码。

```
void 开门()
{
打开门;
if(门口的人==送快递的)
取包裹();
if(门口的人==查煤气的)
报告煤气读数();
}
```

为了能够顺利执行开门()动作，需要在 Setup 函数中设置 开门()这个动作何时启动。其具体的实现方法是 attachInterrupt(中断通道，中断函数，触发方式)。这里的中断通道就是你的耳朵，触发开门()函数的方式是门铃声。

程序 4-7：中断模式设置的程序代码。

```
void setup()
{
attachInterrupt(耳朵，开门，门铃声)；}
}
```

设置后，你每次听到门铃声时，就会不得不去打开门，并执行相应的动作了。

Arduino UNO 的外部中断引脚为 D2、D3。INT 引脚不仅拥有独立的中断向量，还可以配置为低电平触发（LOW）、上升沿触发（RISING ）、下降沿触发（FALLING）及电平变化触发（CHANGE）。其中，电平变化触发只有在高电平变为低电平、低电平变为高电平时才触发中断。

在定义中断函数后，如果要使用外部中断，则只需要在程序的 Setup 部分配置好中断函数即可。配置函数如下：

attachInterrupt(interrupt，function，mode)；//interrupt 为中断通道编号，function 为中断函数，mode 为中断触发模式。

如果在程序中途不需要使用外部中断了，则可以用中断分离函数 detachInterrupt(interrupt)；来取消中断设置。

程序 4-8：中断函数实例的程序代码。

```
int pin = 13;
volatile int state = LOW;
```

```
void setup()
{
pinMode(pin, OUTPUT);
attachInterrupt(0, blink, CHANGE);  //当 int.0 电平改变时,触发中断函数 blink
}
void loop()
{
digitalWrite(pin, state);
}void blink()                          //中断函数
{
  state = ! state;
}
```

在该程序中，当 int.0 电平改变时，就会触发中断函数 blink，利用外部中断，可以在很多地方提高程序的运行效率。

第 5 章　传感器模块

Arduino 非常常见的应用就是与一些传感器进行互连。这些传感器相当于人类的眼睛和鼻子，用来感知物理世界中各种各样的事物，有的可以检测温度、湿度，有的可以检测光照、声音，有的可以检测障碍物。各式各样的传感器让 Arduino 不停地感知环境，并能对采集到的数据进行分析。

5.1　红外传感器

5.1.1　概述

将红外辐射能转换为电能的光敏元件称为红外传感器，也常称为红外探测器。红外传感器是利用物体产生红外辐射的特性实现自动检测的传感器。

在物理学中已经知道，可见光、不可见光、红外光及无线电波等都是电磁波。红外线又称红外光，具有反射、折射、散射、干涉及吸收等特性。任何物质，只要它本身具有一定的温度（高于绝对零度）就能辐射红外线。测量时，红外传感器不与被测物体直接接触，因而不存在摩擦，具有灵敏度高、响应快等优点。

红外技术是在最近几十年中发展起来的一门新兴技术，常用于无接触温度测量、气体成分分析及无损探伤，在医学、军事、空间技术及环境工程等领域得到广泛的应用。

5.1.2　红外避障传感器

红外避障传感器利用红外反射来检测前方是否有障碍物，具有红外线发射端和接收端。红外避障传感器模块如图 5.1 所示。红外避障传感器工作时，发射端发射出一定频率的红外线，当在检测方向遇到障碍物（反射面）时，红外线反射回来后被接收端接收，经过比较器电路处理之后，绿色指示灯会亮起，同时信号输出接口输出数字信号（一个低电平信号）。红外避障传感器可以通过电位器旋钮调节检测距离，有效距离范围为 2~30cm，工作电压为 3.3~5V，具有干扰小、便于装配、使用方便等特点，可以广泛应用在机器人避障、避障小车、流水线计数等众多场合。

（1）规格参数

① 工作电压：DC3~5V 供电，当电源接通时，红色电源指示灯点亮。

图 5.1　红外避障传感器模块

② 检测距离：2~30cm 可靠。

③ 有效角度：35°。

④ I/O 接口：3 线制接口（GND/VCC/OUT）。

⑤ 输出信号：TTL 电平。

⑥ 调节方式：多圈电阻式调节（顺时针调电位器，增加检测距离；逆时针调电位器，减小检测距离）。

⑦ 尺寸大小：3.2cm×1.4cm。

⑧ 安装孔径：3mm。

(2) 接口定义

① VCC：供电电源，接直流 3~5V（可以直接与 5V 单片机和 3.3V 单片机相连）。

① GND：供电电源地。

③ OUT：检测输出，检测到障碍物时输出低电平，没检测到障碍物时输出高电平。

(3) 工作特点

① 带输出指示，开发板上有两个指示灯：一个是电源指示灯；另一个是输出指示灯，检测到障碍物时，输出低电平，同时开发板上的绿色指示灯点亮。

② 距离可调：通过调节电位器可以调节检测距离。

(4) 红外避障传感器的应用试验

① 试验原理：红外避障传感器模块共引出 3 个引脚，分别为电源 VCC、地线 GND 及输出 OUT，在实际应用时，可将 3 个引脚分别对应接在 Arduino UNO 开发板的电源、地线及一个数字引脚上（如引脚 D3）。Arduino UNO 开发板与红外避障传感器模块的对应接线见表 5.1。利用数字引脚 13 自带的 LED 灯，当红外避障传感器检测到有障碍物时，LED 灯亮；反之，则灭。利用其原理可用于对障碍物进行检测。

表 5.1　Arduino UNO 开发板与红外避障传感器模块的对应接线

序　号	Arduino UNO 开发板引脚	红外避障传感器模块引脚
1	D3	OUT
2	5V	VCC
3	GND	GND

② 硬件连接：本试验的硬件部分只需要一块红外避障传感器模块和若干导线。实际的硬件接线图如图 5.2 所示。

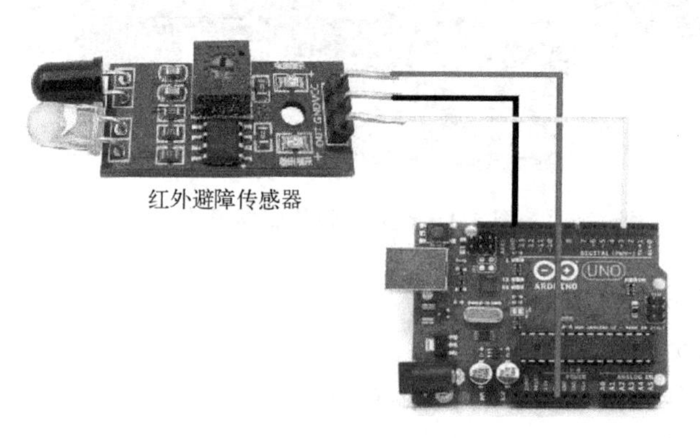

图 5.2　实际的硬件接线图

程序 5-1：红外避障传感器的应用实例程序代码。

```
int Led=13;                          //定义 LED 灯的接口(D3)
int buttonpin=3;                     //定义红外避障传感器模块的接口
int val;
void setup()
{
pinMode(Led,OUTPUT);                 //定义 LED 灯为输出接口
pinMode(buttonpin,INPUT);            //定义为红外避障传感器模块的输出接口
}
void loop()
{
  val=digitalRead(buttonpin);        //读取数字接口 3 的值并赋给 val
if(val==LOW)                         //当红外避障传感器模块检测到障碍物时输出为低电平
    digitalWrite (Led,HIGH);         //提示有障碍物,LED 灯亮
else
    digitalWrite (Led,LOW);
}
```

小提示

红外避障传感器常安装在小车上，判断前方是否有障碍物，可通过电位器设置阈值，正前方有障碍时绿灯亮起，OUT 引脚输出为低电平；反之，输出为高电平。

由于在日光中也含有红外线，所以大多数便宜的红外避障传感器在户外使用时就会遇到问题。

5.1.3 红外寻线传感器

红外寻线传感器的原理与红外避障传感器相同，都是根据红外反射原理设计的传感器。红外寻线传感器模块如图 5.3 所示。红外寻线传感器模块的发射功率比较小，遇到白色时，红外线被反射，遇到黑色时，红外线被吸收，可以检测到白底中的黑线，也可以检测到黑底中的白线，可以实现黑线或白线的跟踪。当检测到黑线时，红外寻线传感器模块输出低电平；当检测到白线时，红外寻线传感器模块输出高电平。

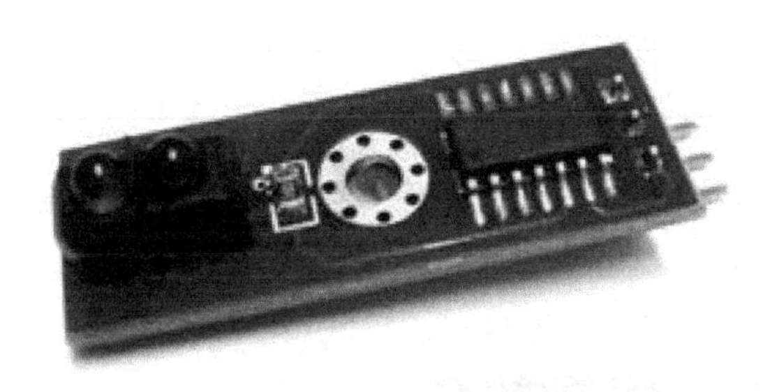

图 5.3　红外寻线传感器模块

(1) 应用范围

① 智能小车或机器人寻线（包括黑线和白线），沿着黑线路径走被称为寻迹。

② 智能小车避悬崖，防跌落。

③ 智能小车避障碍（注：因传感器的检测距离太小，灵敏度不够高，故不能检测太接近黑色的物体）。

④ 反光材料检测，如纸张、磁带卡、非接触式 IC 卡等。

(2) 使用方法

红外寻线传感器检测到物体时（有反射时）输出高电平，检测不到物体时（没有反射时）输出低电平，可通过判断信号的输出端是低电平或高电平来判断是否存在物体。

(3) 性能参数

① 检测反射距离：1~25mm。

② 工作电压：5V。

③ 输出形式：数字信号（0 和 1），TTL 电平。

④ 工作电流：18~20mA。

⑤ 设有固定的螺栓孔，方便安装。

⑥ 小板 PCB 尺寸：3.5cm×1cm。

(4) 红外寻线传感器的应用试验

① 试验原理：红外寻线传感器模块共引出 3 个引脚，分别是电源 VCC、地线 GND 及输

出 OUT，在实际应用时，可将 3 个引脚分别对应连接在 Arduino UNO 开发板的电源、地线及一个数字引脚上（如引脚 D3）。Arduino UNO 开发板与红外寻线传感器模块的对应接线见表 5.2。利用数字引脚 13 自带的 LED 灯，当红外寻线传感器模块检测到反射信号时（白色），LED 灯亮；反之（黑色），则灭。

表 5.2　Arduino UNO 开发板与红外寻线传感器模块的对应接线

序　　号	Arduino UNO 开发板引脚	红外寻线传感器模块引脚
1	D3	OUT
2	5V	VCC
3	GND	GND

② 硬件连接。本试验的硬件部分只需要一块红外寻线传感器模块和若干导线。实际的硬件接线图如图 5.4 所示。

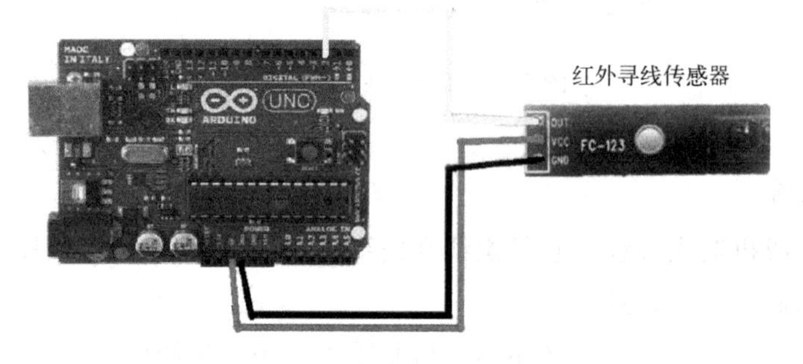

图 5.4　实际的硬件接线图

程序 5-2：红外寻线传感器的应用实例程序代码。

```
int xunxianPin =3;            //定义红外寻线传感器的接口
int ledPin = 13;              //定义 LED 灯的接口
int val;                      //定义数字变量 val
void setup()
{
  pinMode(ledPin, OUTPUT);              //定义 LED 灯为输出接口
  pinMode(xunxianPin, INPUT);           // 定义红外寻线传感器为输出接口
}
void loop()
{
 val = digitalRead(xunxianPin);         //读取红外寻线传感器接口信息并赋值给 val
  if (val == LOW)                       //当红外寻线传感器检测到有反射信号时,LED 灯亮
  {
```

```
        digitalWrite(ledPin, HIGH);
    }
    else {
        digitalWrite(ledPin, LOW);
    }
}
```

小提示

① 在一张白纸上画一根黑线条（宽约 1cm），或将黑色电工胶带粘贴在白纸上。

② 按接线图接好红外寻线传感器模块，切勿接错。

③ 将红外寻线传感器模块的红外探头对准黑线，高度为 1cm 左右，此时指示灯灭，输出端（OUT）输出 TTL 低电平。

④ 同理，将红外寻线传感器模块的红外探头对准白纸，高度为 1cm 左右，此时指示灯亮，输出端（OUT）输出 TTL 高电平。

5.1.4　红外测距传感器

夏普 GP2D12 红外测距传感器是日本夏普公司推出的一款性价比高、最常用的红外测距传感器，可用来对物体的距离进行测量，实现轮式机器人的避障功能。它由两个主要部件组成，即一个用于发射聚焦光束的红外发光二极管和一个用于检测返回光束角度差异的红外接收器。夏普 GP2D12 红外测距传感器可以连续获得 10～80cm 的读数，不需要像超声波那样添加延时以避免干扰，可以用于机器人的测距、避障及高级的路径规划，是机器视觉及其应用领域的常用器件。夏普 GP2D12 红外测距传感器如图 5.5 所示。

图 5.5　夏普 GP2D12 红外测距传感器

（1）技术规格

① 信号类型：模拟输出（输出电压和探测距离成反比）。

② 探测距离：10~80cm。

③ 工作电压：4.5~5.5V。

④ 标准电流消耗：30 mA。

⑤ 峰值功耗：约为 200mW。

使用红外测距传感器时的一件有趣的事情就是它返回的结果是非线性的，也就意味着从红外测距传感器中获得的距离值会涉及一些数学运算，而不仅仅是简单的乘/除法，如图 5.6 所示。

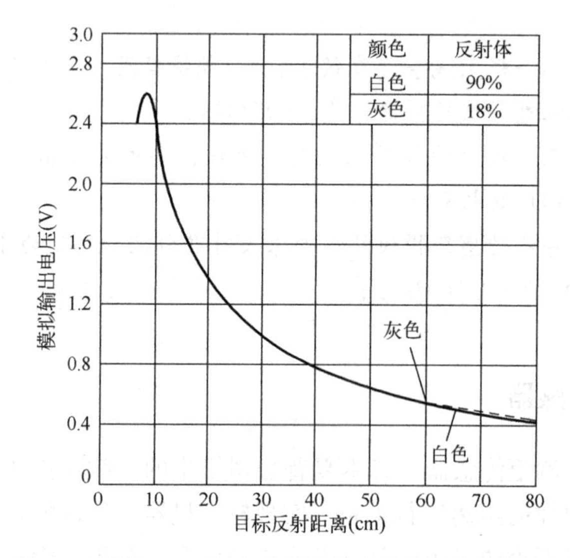

图 5.6　夏普 GP2D12 红外测距传感器检测的参数关系

从如图 5.6 所示的曲线可以看出，输出的电压与距离成反比，而且是非线性关系，距离为 10cm 时有 2.55V 的输出，距离为 80cm 时有 0.42V 的输出。虽然可以通过曲线拟合出输出电压与距离的数学关系式，但是这个关系式里的距离是参考距离值，实际距离值＝（参考距离值-0.42）cm。另外，由于 Arduino 模拟量采样命令 analogRead( ) 的采样数据范围为 0~1023，对应的电压范围为 0~5V，每格数据代表 0.0049V，因此读取的有效数据应该为 86(0.42V)~520(2.548V)，最终可以推导出实际距离与采样数据之间的关系式为

$$实际距离=2547.8/(采样数据\times 0.49-10.41)-0.42$$

其中，采样数据的类型为 float。

这个实际距离与采样数据之间的关系式在下面的程序代码中会再次看到，是在变量 temp 内暂存的浮点数据。

夏普 GP2D12 红外测距传感器基于三角测量原理，按照一定的角度发射红外光束，当遇到物体以后，光束会反射回来，如图 5.7 所示。反射回来的红外光束被 CCD 检测器检测到以后，会获得一个偏移值 L，利用三角关系，在知道发射角度 α、偏移距离 L、中心距离

X 及滤镜的焦距 f 以后，就可以通过几何关系计算出来传感器到物体的距离 D。

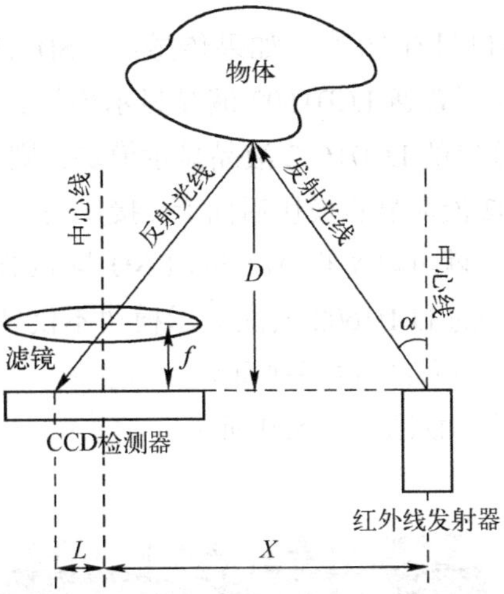

图 5.7　三角测量原理

（2）接口定义

① VCC：供电电源正极，DC4.5～5.5V。

② GND：供电电源地。

③ VO：数据传输口。

（3）红外测距传感器的应用试验

红外测距传感器模块共引出 3 个引脚，分别为电源 VCC、地线 GND 及输出 VO，如图 5.8 所示。在实际应用时，红外测距传感器模块的引脚对应接在 Arduino UNO 开发板的电源、地线及一个模拟引脚上（如引脚 A0），根据距离的远/近输出相应的电压，经 Arduino UNO 开发板的 0 号模拟口输入，转换成数字量，即可根据公式计算得到需要显示的数据。

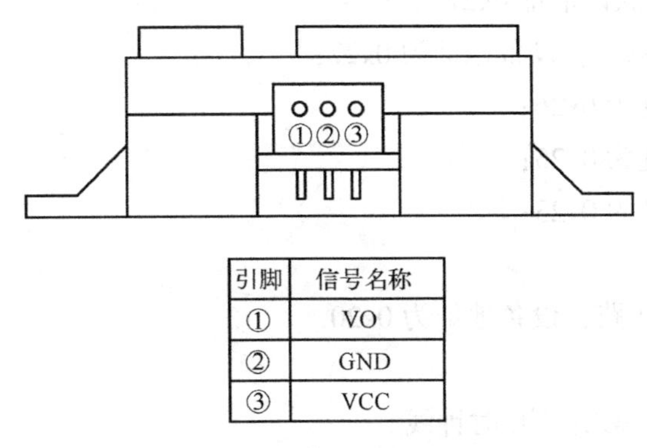

引脚	信号名称
①	VO
②	GND
③	VCC

图 5.8　红外测距传感器模块的引脚

试验还用到了 I^2C 接口的 LCD1602 液晶显示模块。有关 LCD1602 液晶显示模块的使用请查看第 7 章中的内容。

Arduino 控制板的 I/O 接口只有 20 个。如果传感器、SD 卡、继电器等模块很多时，则 I/O 接口就不够用了。如果选用普通 LCD1602 液晶显示模块，则需要 7 个 I/O 接口才能驱动起来；如果选用 I^2C 总线接口的 LCD1602 液晶显示模块，则可以节约 5 个 I/O 接口。

用 4 根杜邦线将 LCD1602 液晶显示模块后面 I^2C 接口的 4 个引脚与 Xbee 传感器扩展板 V5 的 I^2C 专用接口连接起来，就可以实现 Arduino UNO 与 LCD1602 液晶显示模块的 I^2C 硬件连接。这个集成了 I^2C 接口的 LCD1602 液晶显示模块不仅硬件连线方便，而且还有专门的库文件 LiquidCrystal_I2C，编写程序也特别简单。

Xbee 传感器扩展板 V5 的实物图如图 5.9 所示。

图 5.9　Xbee 传感器扩展板 V5 的实物图

Xbee 传感器扩展板 V5 的特性如下。

① 供电电压：2.5~6V。

② 支持 I^2C 协议。

③ 可通过跳线帽设置是否带背光灯。插上跳线帽为带背光灯；拔掉跳线帽为取消背光灯。

④ 对比度可通过蓝色电位器调节，顺时针调节对比度增强，逆时针调节对比度减弱。

⑤ 设备地址可以通过短路 A0/A1/A2 进行修改，默认地址可使用程序进行检测。

地址修改说明（以默认地址 0x27 为例）：

A0、A1、A2 全部悬空，设备地址为 0x27；

短路 A0，设备地址为 0x26；

短路 A1，设备地址为 0x25；

短路 A2，设备地址为 0x23；

……

A0、A1、A2 全部短路，设备地址为 0x20。

⑥ 接线说明：

SDA：I^2C 数据线；SCL：I^2C 时钟线。

红外测距传感器应用试验的接线图如图 5.10 所示。

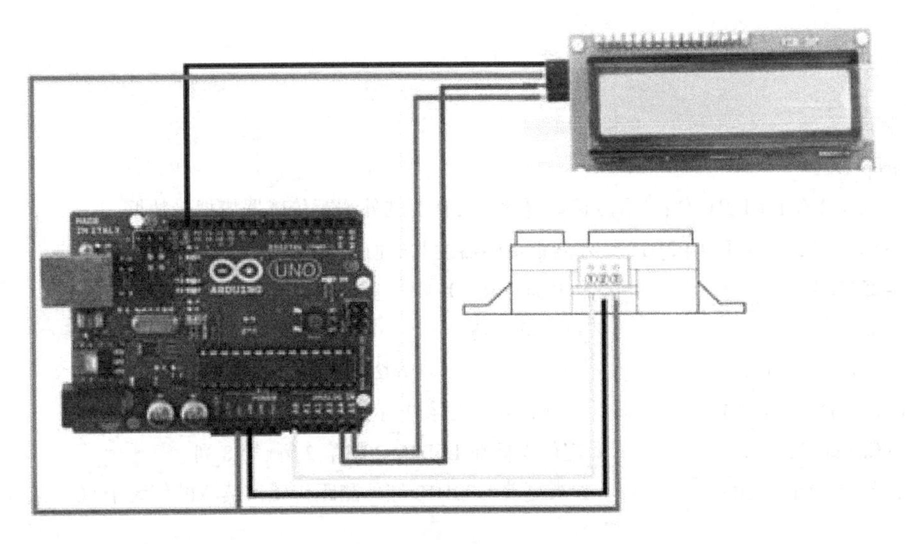

图 5.10　红外测距传感器应用试验的接线图

将夏普 GP2D12 红外测距传感器连接到 Arduino UNO 开发板的 A0 接口、LCD1602 液晶显示模块的 I^2C 引脚连接到 Xbee 传感器扩展板的 I^2C 专用接口，并安装 LiquidCrystal_ I2C 库文件后，就可以编写夏普 GP2D12 红外测距传感器的距离值采集和 LCD1602 液晶显示模块的程序了。

程序 5-3：夏普 GP2D12 红外测距传感器的测距应用实例程序代码。

```
//声明集成 I²C 接口的 LCD1602 编程所需的库文件
#include <Wire. h>
#include <LiquidCrystal_I²C. h>
//设置 LCD1602 的 I²C 地址为 0x27,LCD1602 可以显示为两行,每行 16 个字符的液晶显示器
LiquidCrystal_I²Clcd(0x27,16,2);
int GP2D12 = 0;  //将夏普 GP2D12 红外测距传感器连接在模拟量接口 0
int val;         //存储从夏普 GP2D12 红外测距传感器读到的值
float temp;      //存储由夏普 GP2D12 红外测距传感器读取的值、通过计算处理后的浮点型距离值
int distance;    //存储由夏普 GP2D12 红外测距传感器读取的值、通过计算处理后的整数型距离值
//初始化程序
void setup() {
// LCD1602 的 I²C 通信初始化需要执行两次
lcd. init();         // 给 LCD1602 的 I²C 通信初始化
delay(20);
lcd. init();         // 给 LCD1602 的 I²C 通信初始化
delay(20);
lcd. backlight();    //点亮 LCD1602 背光灯
```

```
}
//主程序
void loop() {
val = analogRead(GP2D12);        //读取夏普 GP2D12 红外测距传感器模拟量数据
//通过以下算式把夏普 GP2D12 红外测距传感器读取的值处理成浮点型距离值
temp=2547.8                      //((float)val * 0.49-10.41)-0.42;
lcd.clear();                     // LCD1602 清屏
lcd.setCursor(0, 0);             // 定位光标在 LCD1602 的第 0 行、第 0 列
lcd.print("Distance:");          //在 LCD1602 的第 0 行、第 0 列开始显示"Distance:"
lcd.setCursor(7, 1);             // 定位光标在 LCD1602 的第 2 行、第 8 列
if(temp>80||temp<10)             //如果夏普 GP2D12 红外测距传感器读取的值大于 80 或者小于 10,
{
lcd.print("OverRange");          //则在 LCD1602 的第 1 行、第 7 列开始显示"OverRange"
}
//如果夏普 GP2D12 红外测距传感器读取的值为 10~80,
else
{
distance=int(temp);              //把浮点型距离值取整
lcd.print(distance);             //则在 LCD1602 的第 2 行、第 8 列开始显示距离
lcd.print("cm");                 //在距离值后显示单位"cm"

}
delay(500);                      //延时 500ms
}
```

(4) 试验效果

当被探测物体的距离小于 10cm 时，输出电压急剧下降，从输出电压的读数来看，被探测物体的距离反而变得越来越远了，但是实际上并不是这样的。如果直接应用在机器人上进行测距，则一般来说，控制程序会让机器人全速移动，其结果就是“砰”的一声，机器人会与被探测物体相撞。其实只需要改变一下夏普 GP2D12 红外测距传感器的安装位置，使其与机器人外围的距离大于最小探测距离（10cm）就可以了。

小贴士

① 当有多个夏普 GP2D12 红外测距传感器同时连接到 Arduino UNO 开发板时，由于供电量的增加，可能会造成电压不稳定而使测量结果产生偏差，因此可以从硬件角度，通过在 VCC 与 GND 之间连接电容的方式来稳定对夏普 GP2D12 红外测距传感器的供电，

减小因供电电压波动对测量结果产生的偏差，或者在GND与数据线之间连接一个电容来减小供电电压的波动，提高测量结果的准确性。

② 针对测量时可能产生的干扰和偏差，可以通过软件进行改进和预防，通过多次测量记录，排除异常的输入量后，取均值得到较为稳定、更为接近实际值的测量结果，根据实际使用的要求定义有效值的范围，并滤除超出范围的测量结果。有效值的范围可根据使用情况自行界定。

③ 测量时，测量结果可能会受环境光的影响，在安装使用时，应尽可能避免夏普GP2D12红外测距传感器正对灯光使用，通常可将夏普GP2D12红外测距传感器的发射接收端水平放置，减少环境光带来的干扰。

总体来说，在测量精度要求不高、测量范围在1m以内时，夏普GP2D12红外测距传感器对被探测物体距离值的定位非常简单有效，操作简便，实用性强。

5.1.5　红外遥控传感器

红外线遥控是目前使用最广泛的一种通信和遥控手段。由于红外线遥控的装置具有体积小、功耗低、功能强、成本低等特点，因而继彩色电视机、录像机之后，在录音机、音响设备、空调器及玩具等其他小型电器装置上也纷纷采用红外线遥控。在高压、辐射、有毒气体、粉尘等环境下，工业设备采用红外线遥控不仅安全可靠，而且能有效地隔离电气干扰。

（1）红外遥控系统

通用的红外遥控系统由发射和接收两大部分组成，采用编/解码专用集成电路芯片进行操作控制，如图5.11所示。发射部分包括键盘矩阵、编码调制、LED红外发送器；接收部分包括光/电转换放大器、解调电路、解码电路。

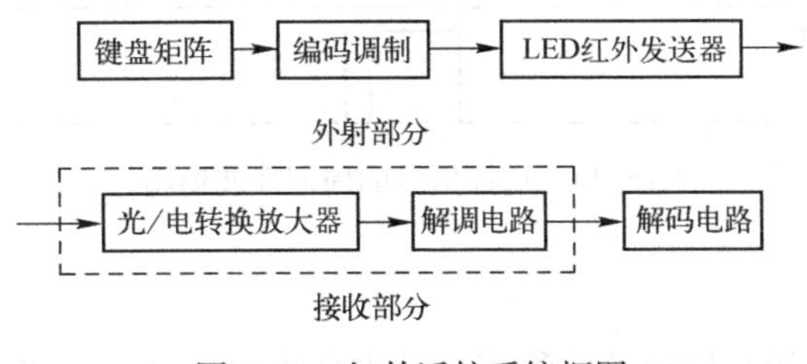

图5.11　红外遥控系统框图

（2）遥控发射器及其编码

遥控发射器的专用芯片很多，根据编码格式可以分为两大类。下面以运用比较广泛、解码比较容易的一类专用芯片加以说明，如以日本NEC的μPD6121G组成的发射电路为例说明编码原理。当遥控发射器的按键被按下后，就有遥控编码发出，所按的按键不同，遥控编码也不同。

遥控编码采用脉宽调制的串行码，以脉宽为 0. 565ms、间隔为 0. 56ms、周期为 1. 125ms 的组合表示二进制的“0”；以脉宽为 0. 565ms、间隔为 1. 685ms、周期为 2. 25ms 的组合表示二进制的“1”，如图 5. 12 所示。

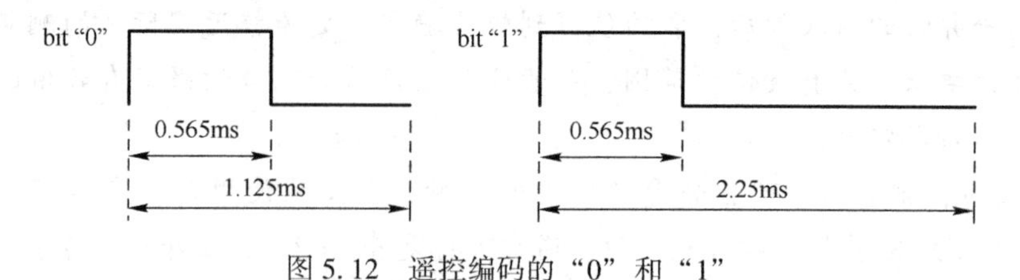

图 5. 12　遥控编码的“0”和“1”

由“0”和“1”组成的 32 位二进制码经 38kHz 的载频进行二次调制来提高发射效率，达到降低电源功耗的目的后，再通过红外发射二极管产生红外线向空间发射，遥控编码波形图如图 5. 13 所示。

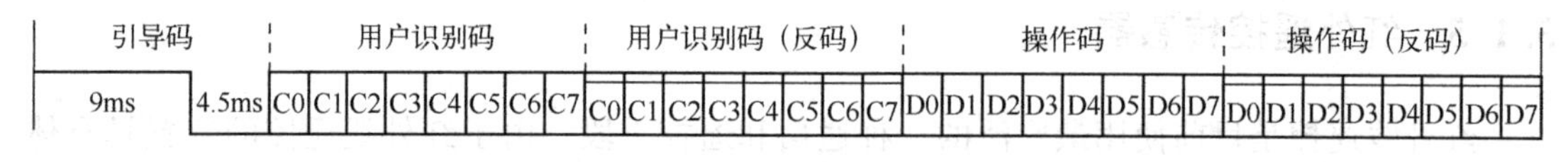

图 5. 13　遥控编码波形图

遥控编码是连续的 32 位二进制码组。其中，前 16 位为用户识别码，能区别不同的电器设备，防止不同电器设备的遥控编码互相干扰，μPD6121G 芯片的用户识别码固定为十六进制数 01H；后 16 位为 8 位操作码（功能码）及其反码。

遥控器的按键被按下后，可周期性发出同一种 32 位二进制码，周期约为 108ms。一组二进制码本身的持续时间随包含“0”和“1”个数的不同而不同，持续时间一般为 45～63ms。图 5. 14 为遥控信号的周期性波形图。

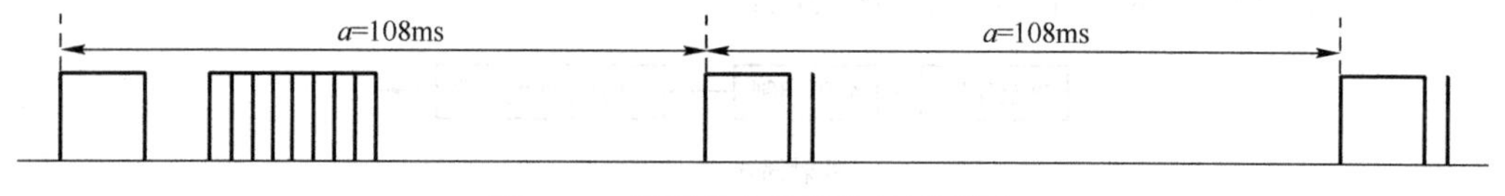

图 5. 14　遥控信号的周期性波形图

（3）红外接收模块

图 5. 15 为常用红外接收模块的实物图。其内部含有高频滤波电路，专门用来滤除红外线合成信号的载波信号（38kHz），并送出接收到的信号。红外线合成信号进入红外接收模块后，在输出端就可以得到发射器发出的遥控编码，只要经过单片机解码程序进行解码，就可以得知按下了哪一个按键，做出相应的控制处理后，即可完成红外遥控的动作。

（4）红外解码

红外遥控器发出的信号是一连串的二进制脉冲码，为了使其在无线传输过程中免受其他红外信号的干扰，通常将其调制在特定的载波频率上后，再经红外发射二极管发射出去。

红外接收装置需要滤除其他杂波，只接收特定频率的信号并将其还原为二进制脉冲码，也就是解调。

图 5.15　常用红外接收模块的实物图

红外遥控器的接收头主要由光电接收管（PD）、芯片（IC）、支架及胶体（色素、环氧树脂）共同组合封装而成。其工作原理是由内置的光电接收管将红外发射管发射出来的红外光信号转换为微弱的电信号，经由 IC 内部放大器进行放大，通过自动增益控制、带通滤波、解调、波形整形后，还原为红外遥控器发射出的原始遥控编码，经由接收头的信号输出脚输入到电器设备中的编码识别电路。

如果想解码红外遥控器，则必须了解该遥控器的编码方式。本章选用遥控器的编码方式为 NEC 协议。

下面介绍一下 NEC 协议的特点：

① 8 位地址位，8 位命令位；

② 为了提供可靠性，地址位和命令位被传输两次；

③ 脉冲位置调制；

④ 载波频率 38kHz；

⑤ 每一位的传输时间为 1.125ms 或 2.25ms。

红外解码程序的主要工作过程为等待红外线信号出现，跳过引导信号，开始收集连续 32 位的表面数据，并存入内存的连续空间。位信号的解码原则为：用判断各个位的波宽信号决定高、低信号。位解码的原理图如 5.16 所示。

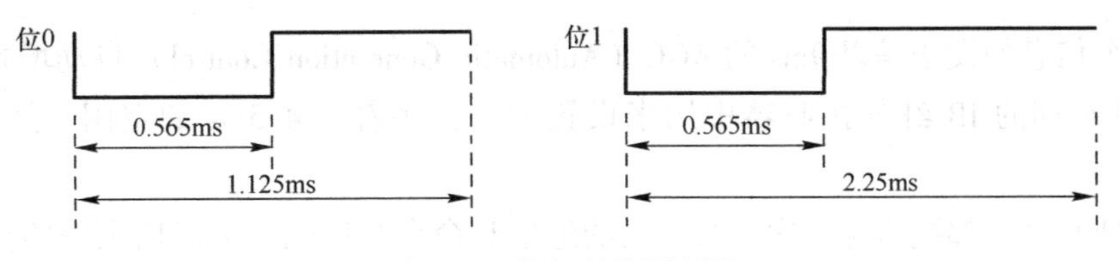

图 5.16　位解码的原理图

① 解码为 0：低电平的宽度为 0.565ms+高电平的宽度为 0.56ms。

② 解码为 1：低电平的宽度为 0.565ms+高电平的宽度为 1.685ms。

小提示

① 解码的关键是如何识别“0”和“1”。从位的定义可以看出，“0”“1”均从 0.565ms 的低电平开始，不同的是高电平的宽度不同，“0”为 0.56ms，“1”为 1.685ms，所以必须根据高电平的宽度区别“0”和“1”。如果从 0.56ms 的低电平过后开始延时，则在 0.56ms 以后，若读到的电平为低，则说明该位为“0”；反之，则为“1”。为了可靠起见，延时必须比 0.56ms 长些，但又不能超过 1.12ms，否则如果该位为“0”，则读到的已是下一位的高电平，因此取（1.12ms+0.56ms）/2=0.84ms 最可靠，一般取 0.84ms 左右即可。

② 根据编码的格式，应该等待 9ms 的起始码和 4.5ms 的结果码完成后才能读码。

当长按红外遥控器时，发出的脉冲是什么样的呢？发出的脉冲不单是“0”或“1”，此时的脉冲为重复码。重复码的格式是由 9ms 的 AGC 高电平、2.25ms 的低电平及一个 560μs 的高电平组成的，如图 5.17 所示。

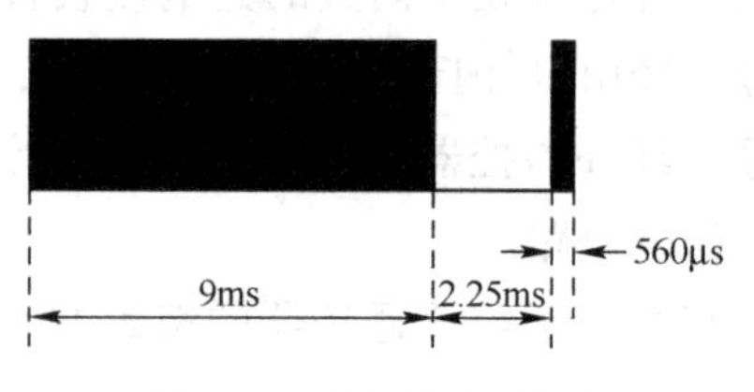

图 5.17　重复码的格式

按下按键后立刻松开时的发射脉冲如图 5.18 所示。图中显示的是 NEC 协议的典型脉冲序列。

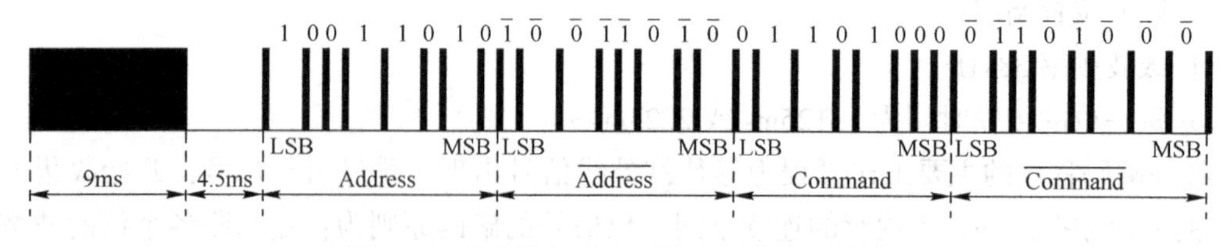

图 5.18　按下按键后立刻松开时的发射脉冲

① 一个信息的发送是以 9ms 的 AGC（Automatic Generation Control）自动增益控制脉冲开头的，在早期的 IR 红外接收器中用来设置增益，接着是 4.5ms 的空闲，然后是地址、命令。

② 地址和命令都被传送两次，第二次的地址和命令是反码，可以用来校验接收到的信息。总的传送时间是固定的。每一位都有反码传送。

当按下按键一段时间后再松开时的发射脉冲为：一个命令发送一次，即使遥控器的按键仍然被按下，如图 5. 19 所示。当按键一直被按下时，第一个 110ms 的脉冲与图 5. 19 中一样，之后，每 110ms 传送重复代码一次。重复代码是由一个 9ms 的高电平、一个 2. 25ms 的低电平及 560μs 的高电平组成的，直到按键被松开。

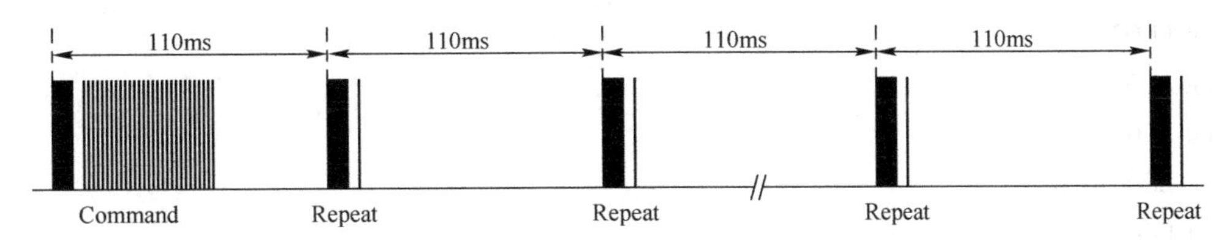

图 5. 19　按下按键一段时间后再松开时的发射脉冲

(5) 红外遥控传感器的应用试验

① 试验原理：红外遥控传感器的模块共有 3 个引脚，分别为电源 VCC、地线 GND 及输出 OUT，在实际应用时，可将红外遥控传感器模块的引脚接在 Arduino UNO 开发板的电源、地线及一个数字引脚上（如引脚 D11），LED 灯通过电阻接到数字引脚 2、数字引脚 3、数字引脚 4、数字引脚 5、数字引脚 6、数字引脚 7，通过编写红外遥控代码实现对 LED 灯的亮/灭控制。

② 硬件连接：本试验的硬件部分需要一块红外接收传感器模块、红外遥控器、6 个 LED 灯、6 个 220Ω 电阻及若干导线。硬件接线图如图 5. 20 所示。

③ 程序代码。

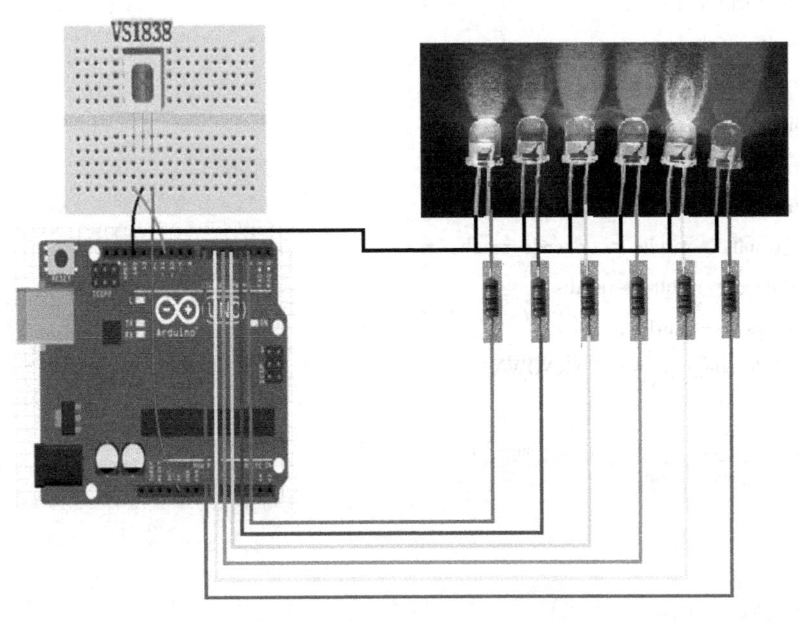

图 5. 20　硬件接线图

程序 5-4：红外遥控程序代码。

```
#include <IRremote. h>
int RECV_PIN = 11;
int LED1 = 2;
int LED2 = 3;
int LED3 = 4;
int LED4 = 5;
int LED5 = 6;
int LED6 = 7;
long on1 = 0x00FFA25D;
long off1 = 0x00FFE01F;
long on2 = 0x00FF629D;
long off2 = 0x00FFA857;
long on3 = 0x00FFE21D;
long off3 = 0x00FF906F;
long on4 = 0x00FF22DD;
long off4 = 0x00FF6897;
long on5 = 0x00FF02FD;
long off5 = 0x00FF9867;
long on6 = 0x00FFC23D;
long off6 = 0x00FFB047;
IRrecv irrecv( RECV_PIN) ;
decode_results results;
// Dumps out the decode_results structure.
// Call this after IRrecv::decode( )
// void * to work around compiler issue
// void dump( void * v) {
// decode_results * results = ( decode_results * ) v
void dump( decode_results * results) {
int count = results->rawlen;
if ( results->decode_type = = UNKNOWN)
{
Serial. println( " Could not decode message" ) ;
}
else
{
if ( results->decode_type = = NEC)
{
```

```
Serial.print("Decoded NEC: ");
}
else if (results->decode_type == SONY)
{
Serial.print("Decoded SONY: ");
}
else if (results->decode_type == RC5)
{
Serial.print("Decoded RC5: ");
}
else if (results->decode_type == RC6)
{
Serial.print("Decoded RC6: ");
}
Serial.print(results->value, HEX);
Serial.print(" (");
Serial.print(results->bits, DEC);
Serial.println(" bits)");
}
Serial.print("Raw (");
Serial.print(count, DEC);
Serial.print("): ");
for (int i = 0; i < count; i++)
{
if ((i % 2) == 1) {
Serial.print(results->rawbuf[i] * USECPERTICK, DEC);
}
else
{
Serial.print(-(int)results->rawbuf[i] * USECPERTICK, DEC);
}
Serial.print(" ");
}
Serial.println("");
}
void setup()
{
pinMode(RECV_PIN, INPUT);
pinMode(LED1, OUTPUT);
```

```
pinMode( LED2, OUTPUT) ;
pinMode( LED3, OUTPUT) ;
pinMode( LED4, OUTPUT) ;
pinMode( LED5, OUTPUT) ;
pinMode( LED6, OUTPUT) ;
pinMode( 13, OUTPUT) ;
Serial. begin( 9600) ;

irrecv. enableIRIn( ) ;  // Start the receiver
}

int on = 0;
unsigned long last = millis( ) ;

void loop( )
{
if ( irrecv. decode( &results) )
{
// If it's been at least 1/4 second since the last
// IR received, toggle the relay
if ( millis( ) - last > 250)
{
on = ! on;
// digitalWrite( 8, on ? HIGH : LOW) ;
digitalWrite( 13, on ? HIGH : LOW) ;
dump( &results) ;
}
if ( results. value = = on1 )
digitalWrite( LED1, HIGH) ;
if ( results. value = = off1 )
digitalWrite( LED1, LOW) ;
if ( results. value = = on2 )
digitalWrite( LED2, HIGH) ;
if ( results. value = = off2 )
digitalWrite( LED2, LOW) ;
if ( results. value = = on3 )
digitalWrite( LED3, HIGH) ;
if ( results. value = = off3 )
digitalWrite( LED3, LOW) ;
```

```
if ( results. value == on4 )
digitalWrite( LED4, HIGH) ;
if ( results. value == off4 )
digitalWrite( LED4, LOW) ;
if ( results. value == on5 )
digitalWrite( LED5, HIGH) ;
if ( results. value == off5 )
digitalWrite( LED5, LOW) ;
if ( results. value == on6 )
digitalWrite( LED6, HIGH) ;
if ( results. value == off6 )
digitalWrite( LED6, LOW) ;
last = millis( ) ;
irrecv. resume( ) ; // Receive the next value
}
}
```

小提示

① 遥控器按键编码说明：

"0" = 0x00FF6897 ；"—" = 0x00FF9867 ；"C" =0x00FFB04F ；"1" =0x00ff30CF；"2" =0x00FF18E7 ；"3" =0x00FF7A85 ；"4" =0x00FF10EF ；"5" =0x00FF38C7；"6" =0x00FF5AA5 ；"7" =0x00FF42BD ；"8" =0x00FF4AB5 ；"9" =0x00FF52AD。

② "IRremote. h" 是 Arduino 的 IRremote 库头文件，用来启动红外解码；在编译程序前，应将红外遥控代码中的库文件夹 IRremot 复制到 Arduino 安装目录的：Arduino \ libraries 目录下，如缺失库文件，则在编译时可能会出错。

③ 脉冲波形进入一体化接收模块后，因为在一体化接收模块中集成了解码、信号放大和整形等功能电路，所以要注意：在没有红外信号时，一体化接收模块的输出端为高电平；有红外信号时，一体化接收模块的输出端为低电平，即输出端的信号电平正好与发射端的信号电平相反。接收端的脉冲可以通过示波器观看，并可结合看到的波形理解程序。

5.2　DHT11 数字温/湿度传感器

DHT11 数字温/湿度传感器是一款含有已校准数字信号输出的温/湿度复合传感器。它应用专用的数字模块采集技术和温/湿度传感技术，可确保具有极高的可靠性和卓越的长期稳定性。DHT11 数字温/湿度传感器包括一个电阻式感湿元器件和一个 NTC 测温元器件，并与一个高性能的 8 位单片机连接，具有品质卓越、超快响应、抗干扰能力强、性价比高等优点。DHT11 数字温/湿度传感器在极为精确的湿度校验室中进行校准。其校准系数以程序的形式存在 OTP 内存中。DHT11 数字温/湿度传感器在检测信号的处理过程中要调用校准系数，采用单线制串行接口，可使系统集成变得简易快捷。DHT11 数字温/湿度传感器的超小体积、极低功耗、20m 以上信号传输距离成为相关应用甚至最苛刻应用场合的最佳选择。DHT11 数字温/湿度传感器的实物图如图 5.21 所示。DHT11 数字温/湿度传感器常应用在暖通空调、汽车、消费品 、湿度调节器、除湿器、医疗及自动控制等领域。

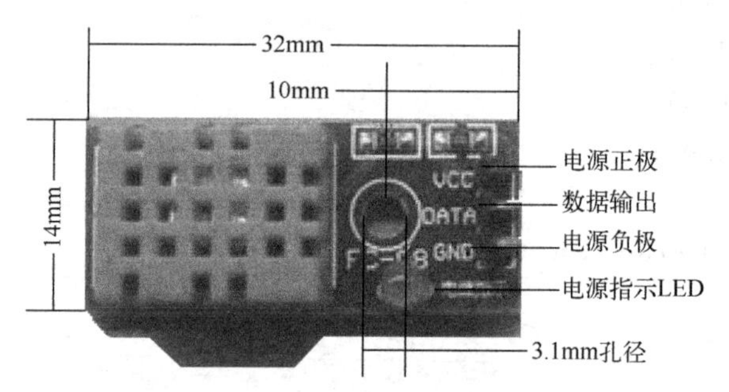

图 5.21　DHT11 数字温/湿度传感器的实物图

(1) 规格参数

① 供电电压：3.3~5.5V DC。

② 输出：单总线数字信号。

③ 测量范围：湿度为 20%RH~90%RH，温度为 0~50℃。

④ 分辨率：湿度为 1%RH，温度为 1℃。

⑤ 互换性：可完全互换 。

⑥ 长期稳定性：<±1%RH/年。

⑦ 测量分辨率分别为 8bit（温度）、8bit（湿度）。

(2) 接口定义

① VCC：供电电源正极为 DC3.3~5V（可以直接与 5V 单片机和 3.3V 单片机连接）。

② GND：供电电源地。

③ DATA：单总线数字信号。

(3) DHT11 数字温/湿度传感器模块的串行接口（双线）

DATA 接口用于微处理器与 DHT11 数字温/湿度传感器之间进行通信和同步，采用单总线数据格式，一次的通信时间为 4ms 左右。单总线数据分为小数部分和整数部分，具体格式将在下面进行说明。

DHT11 数字温/湿度传感器模块的串行接口（双线）操作流程如下。

一次完整的数据传输为 40bit，高位先出。

数据格式：8bit 湿度整数数据+8bit 湿度小数数据+8bit 温度整数数据+8bit 温度小数数据+8bit 校验和。

数据传送正确时，校验和数据等于“8bit 湿度整数数据+8bit 湿度小数数据+8bi 温度整数数据+8bit 温度小数数据”所得结果的末 8 位。

用户的 MCU 发送一次开始信号后，DHT11 数字温/湿度传感器从低速模式转换到高速模式。等待主机开始信号结束后，DHT11 数字温/湿度传感器发送响应信号，送出 40bit 的数据，触发一次信号采集。用户可选择读取部分的数据。在高速模式下，DHT11 数字温/湿度传感器在接收到开始信号后，触发一次温/湿度采集，如果没有接收到主机发送的开始信号，则 DHT11 数字温/湿度传感器不会主动进行温/湿度采集。采集数据后，DHT11 数字温/湿度传感器转换到低速模式。DHT11 数字温/湿度传感器的通信过程如图 5.22 所示。

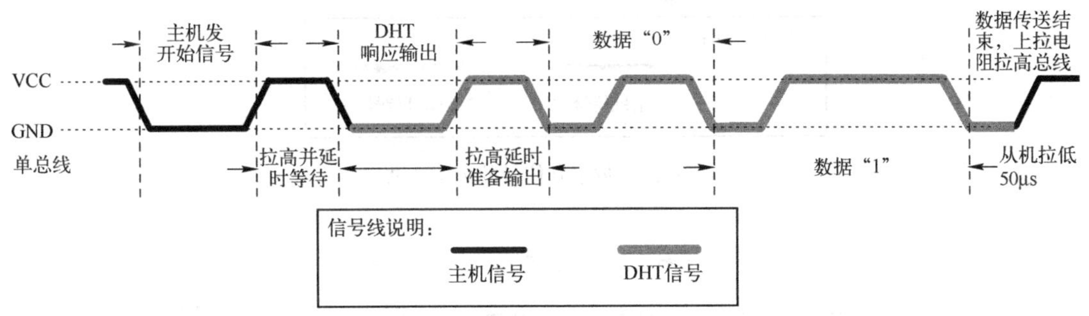

图 5.22　DHT11 数字温/湿度传感器的通信过程

总线在空闲状态时为高电平。主机把总线拉低后，等待 DHT11 数字温/湿度传感器的响应。主机把总线拉低的时间必须大于 18ms，保证 DHT11 数字温/湿度传感器能够检测到开始信号。DHT11 数字温/湿度传感器接收到主机的开始信号，等待主机开始信号结束，然后发送 80μs 的低电平响应信号。主机发送开始信号结束后，延时等待 20～40μs，读取 DHT11 数字温/湿度传感器的响应信号。主机发送开始信号后，DHT11 数字温/湿度传感器可以切换到输入模式或者输出高电平，总线由上拉电阻拉高。DHT11 数字温/湿度传感器通信初始化如图 5.23 所示。

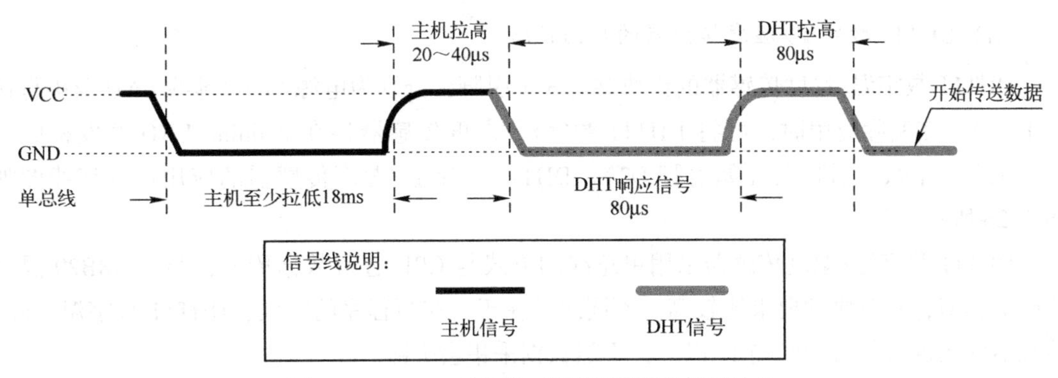

图 5.23　DHT11 数字温/湿度传感器通信初始化

总线为低电平，说明 DHT11 数字温/湿度传感器通信初始化后发送响应信号，随后把总线拉高 80μs，准备发送数据。每一个字节的数据都从 50μs 低电平时隙开始，高电平的长短决定数据位是 0 还是 1。如果读取的响应信号为高电平，则 DHT11 数字温/湿度传感器没有响应，此时需要检查线路是否连接正常。当最后一个字节的数据传送完毕后，DHT11 数字温/湿度传感器拉低总线 50μs，随后总线由上拉电阻拉高进入空闲状态。数字 0 信号的表示方法如图 5.24 所示。数字 1 信号的表示方法如图 5.25 所示。

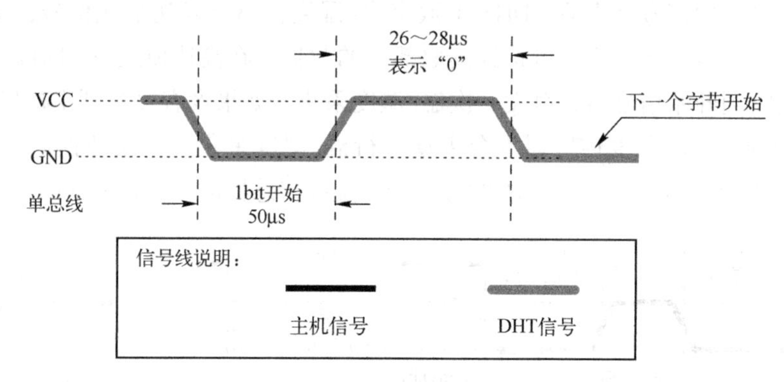

图 5.24　数字 0 信号的表示方法

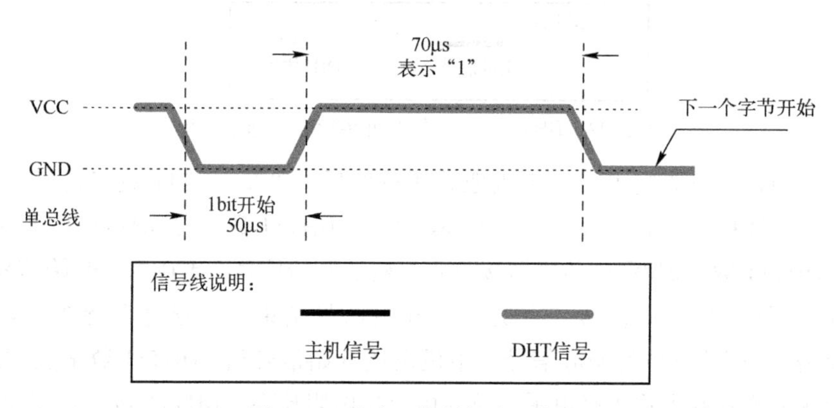

图 5.25　数字 1 信号的表示方法

（4）DHT11 数字温/湿度传感器的应用试验

DHT11 数字温/湿度传感器的模块共有 3 个引脚，分别为电源 Vcc、地线 GND 及串行接口 DATA，在实际应用时，可将 DHT11 数字温/湿度传感器接在 Arduino UNO 开发板的电源、地及一个数字引脚上（如引脚 D2）。DHT11 数字温/湿度传感器的应用试验接线图如图 5.26 所示。

DHT11 数字温/湿度传感器采用单总线的方式与 CPU 进行数据传输，与 DS18B20 温度传感器相似，对时序的要求比较高。不同之处在于，在写程序的时候，DHT11 数字温/湿度传感器的数据采集必须间隔 1s 以上，不然数据采集会失败。

图 5.26　DHT11 数字温/湿度传感器的应用试验接线图

程序 5-5：DHT11 数字温/湿度传感器应用的程序代码。

```
int temp;                          //温度
int humi;                          //湿度
//int tol;                         //校对码
int j;
unsigned int loopCnt;
int chr[40] = {0};                 //创建数字数组,用来存放 40 个 bit
unsigned long time;
#define pin 2
void setup()
{
  Serial.begin(9600);
}
void loop()
{
  bgn:
  delay(2000);
  pinMode(pin,OUTPUT);             //设置 2 号接口模式为:输出
  digitalWrite(pin,LOW);           //输出低电平 20ms(>18ms)
  delay(20);
  digitalWrite(pin,HIGH);          //输出高电平 40μs
  delayMicroseconds(40);
  digitalWrite(pin,LOW);
  pinMode(pin,INPUT);              //设置 2 号接口模式:输入
```

```
    loopCnt=10000;                    //高电平响应信号

    while(digitalRead(pin) ! = HIGH)
    {
      if(loopCnt-- == 0)
      {
//如果长时间不返回高电平,输出提示信息,程序从 bgn 标识处重新开始运行。
        Serial.println("HIGH");
        goto bgn;
      }
    }
    //低电平响应信号
    loopCnt=30000;
    while(digitalRead(pin) ! = LOW)
    {
      if(loopCnt-- == 0)
      {
//如果长时间不返回低电平,输出提示信息,程序从 bgn 标识处重新开始运行。
        Serial.println("LOW");
        goto bgn;
      }
    }
//开始读取 bit1-40 的数值
      for(int i=0;i<40;i++)
    {
      while(digitalRead(pin) == LOW)
      {}
当出现高电平时,记下时间"time"
      time = micros();
      while(digitalRead(pin) == HIGH)
      {}
//当出现低电平,记下时间,再减去刚才存储的 time
//得出的值若大于 50μs,则为'1',否则为'0'
//并存储到数组里去
if (micros() - time >50)
    {
        chr[i]=1;
      }
else{
```

```
        chr[/i][i][i]=0;
    }
   }
 //湿度,8 位的 bit,转换为数值
 humi=chr[0]*128+chr[1]*64+chr[2]*32+chr[3]*16+chr[4]*8+chr[5]*4+chr[6]*2+chr[7];
 //温度,8 位的 bit,转换为数值 temp=chr[16]*128+chr[17]*64+chr[18]*32+chr[19]*16+chr
 [20]*8+chr[21]*4+chr[22]*2+chr[23];
   //校对码,8 位的 bit,转换为数值
 tol=chr[32]*128+chr[33]*64+chr[34]*32+chr[35]*16+chr[36]*8+chr[37]*4+chr[38]*2+
 chr[39];
 //输出:温度、湿度、校对码
   Serial.print("temp:");
   Serial.println(temp);
   Serial.print("humi:");
   Serial.println(humi);
  //在理论上,湿度+温度=校对码
 //如果数值不相等,则说明读取的数据有错。
 }
```

小提示

为了保证 DHT11 数字温/湿度传感器能够进行正常有效的采集数据，建议连接线的长度在短于 20m 时，在信号线上应加 5kΩ 的上拉电阻；连接线的长度大于 20m 时，在信号线上应根据实际情况使用合适的上拉电阻。DHT11 数字温/湿度传感器的供电电压为 3~5.5V，上电后，需要用 1s 的时间滤除不稳定的状态，在此期间无需发送任何指令。建议在电源和地引脚（VDD，GND）之间增加一个 100nF 的电容，用于去耦滤波。

5.3　人体红外感应模块

人体都有恒定的体温，一般为 37℃，可发出特定波长的红外线。波长为 10μm 左右。被动式红外探头就是靠探测人体发射的 10μm 左右红外线进行工作的。人体发射的 10μm 左右红外线通过菲涅尔滤光片增强后聚集到红外感应源上。红外感应源通常采用热释电元器件。热释电元器件在接收到人体红外线后，在温度发生变化时就会失去电荷平衡，向外释放电荷，后续电路经检测处理后就能产生报警信号。

HC-SR501 就是一种基于红外线技术的自动控制模块，采用德国原装进口的 LHI778 探头，灵敏度高，可靠性强，超低电压工作模式，广泛应用在各类自动感应设备中，尤其是由干电池供电的自动控制产品。

HC-SR501 红外人体感应模块具有如下特性。

① 以探测人体辐射为目标，其热释电元器件对波长为 10μm 左右的红外线非常敏感。

② 辐射照面安装有特殊设计的菲涅尔滤光片，仅对人体的红外线敏感，降低环境的干扰。

③ 被动红外探测方式包含两个互相串联或并联的热释电元器件。两个热释电元器件的电极化方向相反，环境背景辐射对两个热释电元器件几乎具有相同的作用，产生的热释电效应可相互抵消，能够有效抑制环境的干扰。

④ 一旦在探测区域内有人入侵，则人体的红外线通过部分镜面聚焦，并被热释电元器件接收。两个热释电元器件接收到的热量不同，热释电的效应也不同，不能抵消，形成的输出信号经处理后用于报警。

⑤ 菲涅尔滤光片根据性能要求的不同具有不同的焦距（感应距离），可产生不同的监控视场。监控视场越多，控制越严密。

HC-SR501 红外人体感应模块实物图如图 5.27 所示。

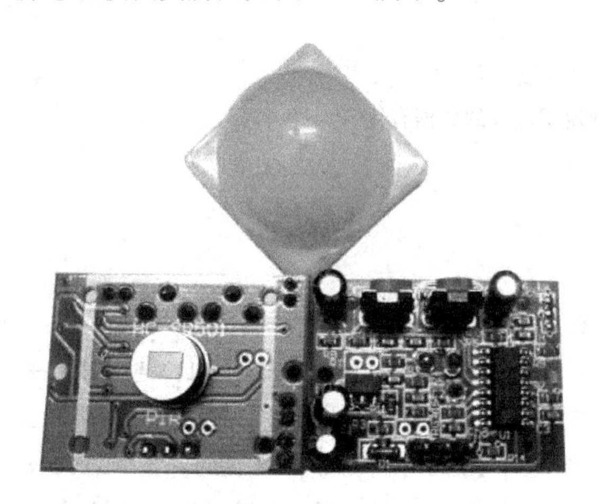

图 5.27　HC-SR501 红外人体感应模块实物图

图中，上面的是罩子，可以扣在左边的板子上；左边的板子为 HC-SR501 红外人体感应模块的热释电元器件，右侧为其背面的电路。HC-SR501 红外人体感应模块是全自动感应的，一旦有人进入感应范围，则可输出高电平，当人离开感应范围时，则自动延时，关闭高电平，输出低电平。

小提示

HC-SR501 红外人体感应模块在使用时需要注意几点：

① 需要 1min 左右的初始化时间，期间会产生 0~3 次的信号，即 OUT 引脚会输出几次高电平。

② 在调试时，人体要远离，否则身体的红外线会影响测试时的灵敏性。

(1) 规格参数

① 工作电压：DC5～20V。

② 静态电流：65μA

③ 电平输出：高电平为3.3V，低电平为0V。

④ 延时时间：0.3～18s可调。

⑤ 封锁时间：0.2s。

⑥ 触发方式：L不可重复，H可重复，默认值为H（跳帽选择）。

⑦ 感应范围：小于120°锥角，7m以内。

⑧ 工作温度：-15～+70℃。

(2) 接口定义

① Vcc：供电电源正极，DC5～20V。

② GND：供电电源地。

③ OUT：检测输出，数据为高、低电平，高电平表示检测到有活动的人，低电平表示没有检测到活动的人。

(3) 模块上的设置

① HC-SR501红外人体感应模块触发方式设置引脚如图5.28所示。

图5.28　HC-SR501红外人体感应模块触发方式设置引脚

图中，L代表不可重复触发方式，H代表可重复触发方式，需要选用哪种触发方式就将其与中间的引脚相连，默认为H。

a. 不可重复触发方式：感应输出高电平后，延时时间一结束，输出将自动从高电平变为低电平。

b. 可重复触发方式：感应输出高电平后，在延时时间段内，如果有人在感应范围内活动，则输出一直保持高电平，直到人离开后，才延时将高电平变为低电平（HC-SR501红外人体感应模块检测到人的每一次活动后，会自动顺延一个延时时间段，并且以最后一次活动的时间为延时时间的起始点）。

② HC-SR501红外人体感应模块延时调节和距离调节的接口如图5.29所示。

图 5.29 HC-SR501 红外人体感应模块延时调节和距离调节的接口

a. 顺时针调节距离电位器，感应距离增大，最大距离约为 7m；反之，距离减小，约为 3m。HC-SR501 红外人体感应模块在每一次感应输出后（高电平变为低电平），可以紧跟着设置一个封锁时间，在此时间段内，不接收任何感应信号。此功能可以实现在感应输出时间和封锁时间两个时间段的间隔工作，可应用在间隔探测产品中，有效抑制负载在切换过程中产生的各种干扰（默认封锁时间为 2.5s）。

b. 顺时针调节延时电位器，感应延时加长，约为 300s；反之，感应延时减短，约为 0.5s。

③ HC-SR501 红外人体感应模块的光敏控制接口如图 5.30 所示。

图 5.30 HC-SR501 红外人体感应模块的光敏控制接口

HC-SR501 红外人体感应模块有预留位置用于设置光敏控制，在白天或光线强时不感应。光敏控制为可选功能。HC-SR501 红外人体感应模块在出厂时未安装光敏电阻。

小提示

HC-SR501 红外人体感应模块只能安装在室内，离地面为 2.0~2.2m，不要直接朝向窗口安装，也不要安装在有强气流的地方，对径向移动的反应最不敏感，对横切方向（与半径垂直的方向）移动的反应最敏感。

（4）工作特点

① 全自动感应：在有人进入感应范围时，输出高电平；离开感应范围时，自动延时，关闭高电平，输出低电平。

② 光敏控制（可选择，出厂时未设置）：可设置光敏控制，在白天或光线强时不感应。

③ 温度补偿（可选择，出厂时未设置）：在夏天，当环境温度升高至 30~32℃时，探测距离稍变短，此时可设置温度补偿。

（5）应用试验

HC-SR501 红外人体感应模块共有 3 个引脚，分别为电源 Vcc、地线 GND 及输出 OUT，在实际应用时，可接在 Arduino UNO 开发板的电源、地线及一个模拟引脚上（如引脚 A5），如图 5.31 所示，同时利用数字引脚 13 自带的 LED 灯进行指示，当 HC-SR501 红外人体感应模块检测到有人时，LED 灯亮；反之，LED 灯灭。

图 5.31　应用试验接线图

程序 5-6：HC-SR501 红外人体感应模块应用程序代码（1）。

```
int PIR_sensor = A5;                //指定 PIR 模拟接口 A5
int LED = 13;                       //指定 LED 接口 13
int val = 0;                        //存储获取到的 PIR 数值
void setup()
{
  pinMode(PIR_sensor, INPUT);       //设置 PIR 模拟接口为输入模式
  pinMode(LED, OUTPUT);             //设置接口 13 为输出模式
  Serial.begin(9600);               //设置串口波特率为 9600
}

void loop()
```

```
  {
    val = analogRead(PIR_sensor);           //读取 A0 口的电压值并赋值到 val
    Serial.println(val);                    //串口发送 val 值

    if (val > 150)                          //判断 PIR 数值是否大于 150,
    {
     digitalWrite(LED,HIGH);                //大于表示感应到有人,LED 灯亮
    }
    else
    {
     digitalWrite(LED,LOW);                 //小于表示没有感应到有人,LED 灯灭
    }
  }
```

也可将 HC-SR501 红外人体感应模块的 OUT 端连接到数字端上（如 D2 上），同时利用数字引脚 13 自带的 LED 灯进行指示，当检测到有人时，LED 灯亮；反之，LED 灯灭。

程序 5-7：HC-SR501 红外人体感应模块应用程序代码（2）。

```
int Sensor= 2;                                   //指定 Sensor 数字接口 D2
int LED = 13;                                    //指定 LED 接口 13
void setup()
 {
    Serial.begin(9600);                          //设置串口波特率为 9600
    pinMode(Sensor, INPUT);                      //设置 Sensor 模拟接口为输入模式
    pinMode(LED, OUTPUT);                        //设置接口 13 为输出模式
 }
 void loop()
{
    int SensorState = digitalRead(Sensor);       //读取 D2 口的值并赋值到 SensorState
    Serial.println(SensorState);                 //串口发送 SensorState 的值
    if (SensorState= =1)                         //判断 SensorState 的值是否是高电平,
   {
    digitalWrite(LED,HIGH);                     //SensorState 的值为高电平表示有人,同时 LED 灯亮
   }
    else
   {
    igitalWrite(LED,LOW);     //SensorState 的值为低电平表示无人,同时 LED 灯灭
   }
}
```

打开串口就可以看到 HC-SR501 红外人体感应模块的检测情况，当检测到人时，输出 1；否则，输出 0。

5.4　超声波测距传感器

超声波测距传感器利用附近物体反射回来的高频声波计算探测距离。其原理类似蝙蝠。蝙蝠的嘴可发出超声波。当超声波遇到小昆虫的时候，蝙蝠的耳朵能够接收反射回波，从而判断小昆虫的位置并予以捕杀。超声波测距传感器的工作方式是通过发送器发射超声波，被物体反射后，由接收器接收判断是否检测到了物体。

通常，超声波测距传感器需要一个微处理器发送和接收信号，经内部处理后，产生一个易被 Arduino 读取的与距离成正比例的输出信号。

5.4.1　超声波测距传感器原理

超声波测距的基本过程类似回声定位，即首先发出一个声音，然后等待回声，如果能正确计时，就能知道声波在传播途中是否遇到障碍物及相应的距离。这其实就是蝙蝠和海豚能在黑夜中和水下发现目标的原因。

超声波是指频率高于 20kHz 的机械波。超声波测距的原理就是通过测量声波在发射后遇到障碍物反射回来的时间差计算发射点到障碍物的实际距离。

测距公式为

$$L=v(T_2-T_1)/2 \tag{5-1}$$

式中，L 为测量的距离；

v 为超声波在空气中的传播速度（在 20℃时为 340m/s）；

T_1 为测量距离的起始时间；

T_2 为收到回波的时间。

速度乘以时间差等于来回的距离，除以 2 可以得到实际距离。虽然超声波的测距量程能达到百米，但测量的精度往往只能达到厘米级。

当要求超声波的测距精度为 1mm 时，就必须将超声波在传播时的环境温度考虑进去，即进行温度补偿。例如，当环境温度为 0℃时，超声波的传播速度为 332m/s；当环境温度为 30℃时，超声波的传播速度为 350m/s。环境温度的变化引起超声波传播速度的变化为 18m/s。在 30℃的环境温度下，超声波如果以 0℃环境温度下的传播速度测量 100m 所引起的测量误差达到 5m，则测量 1m 所引起的测量误差将达到 5mm。

超声波测距传感器包括两个探头：一个用于发出超声波信号；另一个用于监听超声的回波信号。超声波测距传感器还包含一些附加的元器件，如小型微控制器。小型微控制器负责计算发送超声波到接收到回波的时间差。这个时间差被编码为一个电压，时间差越长，电压越高。由于超声波测距传感器以 5V 作为通信电压，因此时间差信号的最大值为 5V，最小值为 0V。

5.4.2 HC-SR04 型超声波测距模块

超声波测距传感器的种类很多：有些带有串口或 I^2C 输出，能直接输出距离值；还有些带有温度补偿功能。本书选用的是市面上性价比较高的 HC-SR04 型超声波测距模块。HC-SR04 型超声波测距模块包括超声波发送器、接收器及相应的控制电路，如图 5.32 所示。HC-SR04 型超声波测距模块能够提供 2～450cm 的非接触式检测距离，测距精度可达 3mm，能很好地满足微小型机器人的避障要求。

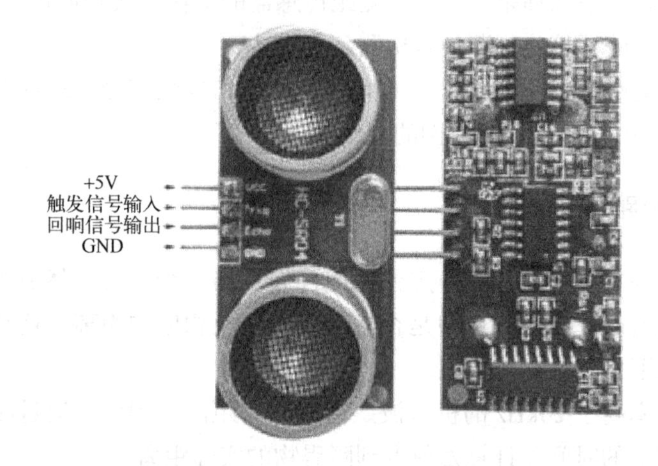

图 5.32　HC-SR04 型超声波测距模块

(1) 主要技术参数

① 使用电压：DC5V。

② 静态电流：小于 2mA。

③ 工作电流：15 mA。

④ 电平输出：高电平为 5V；低电平为 0V。

⑤ 感应角度：不大于 15°。

⑥ 探测距离：2～450cm 。

⑦ 精度：可达 0. 2cm。

⑧ 输入触发脉冲：10μs 的 TTL 电平。

⑨ 输出回响脉冲：输出 TTL 电平信号（高），与射程成正比。

(2) 接口定义

① Vcc：接+5V。

② Trig：发射端输出。

③ Echo：接收端输入。

④ GND：接地。

(3) 工作原理

HC-SR04 型超声波测距模块的工作时序如图 5.33 所示。

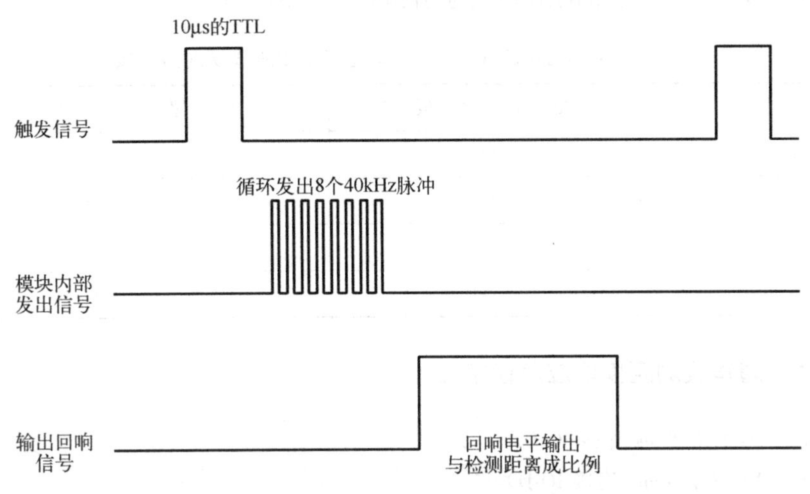

图 5.33　HC-SR04 型超声波测距模块的工作时序

平时，Trig 端为低电平，当需要测距时，给 Trig 端提供一个脉冲宽度大于 10μs 的高电平触发信号，此时，HC-SR04 型超声波测距模块的内部将发送 8 个 40kHz 的周期电平并检测回波，一旦检测到有回波信号，则输出回响信号。回响信号的脉冲宽度与所测距离成正比，即可通过发射信号与收到回波信号之间的时间间隔计算距离，测试距离=高电平时间 * 声速/2。建议测量周期为 60ms 以上，可防止发射信号对回响信号的影响。

5.4.3　利用串口输出的超声波测距试验

本试验比较简单，就是将超声波测距模块测得的数据利用串口在计算机上显示。

本试验所需的硬件有一块 HC-SR04 型超声波测距模块、一块 Arduino UNO 开发板及若干导线。Arduino UNO 开发板与超声波测距模块的连接图如图 5.34 所示。超声波测距模块

图 5.34　Arduino UNO 开发板与超声波测距模块的连接图

共有 4 个引脚，分别为电源 Vcc、地线 GND、Trig（控制端）及 Echo（接收端），在实际应用时，可连接在 Arduino UNO 开发板的电源、地线及两个数字引脚上（如引脚 D8、D9）。Arduino UNO 开发板与超声波测距模块对应引脚见表 5-3。

表 5-3　Arduino UNO 开发板与超声波测距模块对应引脚

序　　号	Arduino UNO 开发板引脚	超声波测距模块引脚
1	5V	Vcc
2	D8	Trig
3	D9	Echo
4	GND	GND

程序 5-8：超声波测距模块应用程序代码。

```
#define Trig 8 //引脚 Tring 连接 IO D8
#define Echo 9 //引脚 Echo 连接 IO D9
float cm; //距离变量
float temp; //
void setup( )
{
 Serial. begin(9600);
 pinMode(Trig, OUTPUT);
 pinMode(Echo, INPUT);
}
void loop()
{
 //给 Trig 发送一个低高低的短时间脉冲,触发测距
 digitalWrite(Trig, LOW);                //给 Trig 发送一个低电平
 delayMicroseconds(2);                   //等待 2μs
 digitalWrite(Trig,HIGH);                //给 Trig 发送一个高电平
 delayMicroseconds(10);                  //等待 10μs
 digitalWrite(Trig, LOW);                //给 Trig 发送一个低电平
 temp = float(pulseIn(Echo, HIGH)); //存储回波等待时间,
 //pulseIn 函数会等待引脚变为 HIGH,开始计算时间,再等待变为 LOW 并停止计时
 //返回脉冲的长度
 //声速是:340m/1s 换算成 34000cm / 1000000μs => 34 / 1000
 //因为发送到接收,实际是相同距离走了 2 回,所以要除以 2
 //距离(厘米)  =  (回波时间 * (34 / 1000)) / 2
 //简化后的计算公式为 (回波时间 * 17)/ 1000
```

```
    cm = (temp * 17 )/1000;                    //把回波时间换算成 cm

    Serial.print("Echo =");
    Serial.print(temp);                        //串口输出等待时间的原始数据
    Serial.print(" | | Distance = ");
    Serial.print(cm);                          //串口输出距离换算成 cm 的结果
    Serial.println("cm");
    delay(100);
}
```

下载程序后，打开串口监视器，将超声波测距模块对准需要测量的物体，即可看到当前超声波测距模块与物体的距离，如图 5.35 所示。

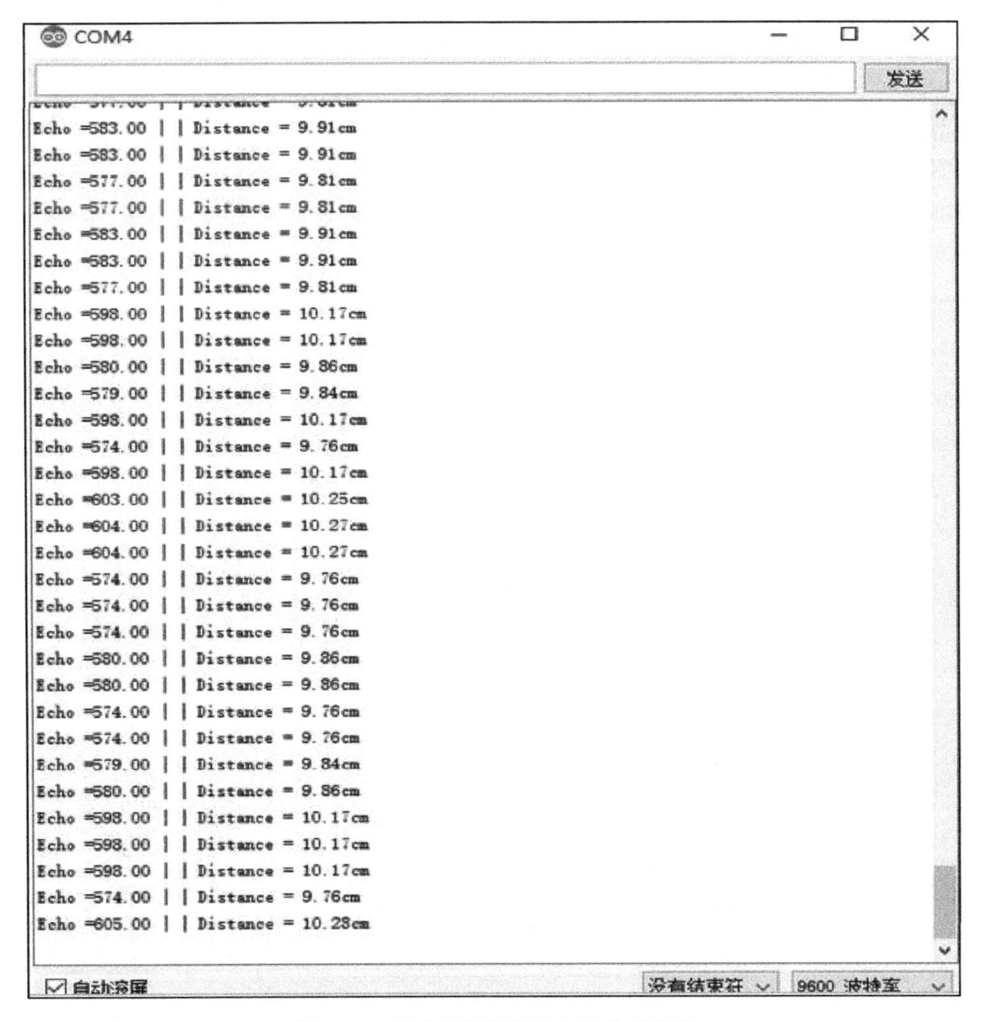

图 5.35　超声波测距模块与物体的距离

小提示

① 调试时，务必要把串口调试 COM 的波特率与程序中的波特率一致，不然会出现乱码现象。设置好串口工具后，可以看出实际测量出来的距离为 9.8cm-10.1cm，表明超声波测距模块测出距离的误差约为 0.2cm。

② 声速是与温度有关系的，温度越高，声速越快。如果需要更高的精度，就需要考虑添加温度传感器对声速进行补偿，而不是采用默认的 340m/s。

第 6 章　电动机驱动控制

无论是机械臂、四旋翼还是智能小车，都离不开电动机的控制。电动机采用一组或多组精密布置的磁铁和线圈绕组，将电能转换为转子旋转运动的动能，驱动轮子或传动装置运动。电动机按照驱动电流的类型可以分为直流电动机和交流电动机。大功率伺服系统多采用交流电动机。小功率控制系统一般采用直流电动机，也有一些小型交流电动机应用在机器人系统中，主要是因为在得到相同扭矩的情况下，交流电动机比直流电动机的体积更小。直流电动机按照功能又可以分为普通直流电动机、步进电动机及舵机等。下面针对使用较多的几种电动机进行介绍。

6.1　直流电动机驱动控制

6.1.1　概述

直流电动机是指采用直流电源驱动的电动机。从广义上讲，步进电动机、舵机都是直流电动机。这里讲述的直流电动机是指最普通的直流电动机。直流电动机适用于控制小型机器人的运动。不同类型直流电动机适用的应用范围不同。最简单的直流电动机为标准的有刷直流电动机，常用在使用传动装置时需要较高扭矩的场合及在齿轮电动机和伺服舵机内部作为驱动机构。

6.1.2　有刷直流电动机（永久磁铁型）

永久磁铁型直流（PMDC）电动机俗称有刷直流电动机，常用在小型电子设备、机器人及玩具中。典型的有刷直流电动机只有一组线圈和两根运行线。这是最简单的有刷直流电动机，可以用来进行简单的驱动和控制，并可以通过颠倒接线端的电压极性改变旋转方向。

1. 换向器

换向器常采用电刷结构，在大多数有刷直流电动机中都有换向器，与旋转的电触头直接接触，用于将电源加到线圈绕组。电流通过线圈产生磁场，与外部磁场相互作用，使转子绕轴线旋转。永久磁铁型有刷直流电动机通常有两个附在电动机壳和线圈绕组内侧的磁铁。换向器安装在输出轴上，一般具有弹性，可确保在旋转时能够与换向器的触点紧密结合。当电刷接触到一个不同的换向器触点时，电流方向随之改变，保证电动机连续旋转。

2. 转速和扭矩

在给定电压的情况下，有刷直流电动机消耗的功率由需要输出的功率决定，并且随着外部消耗功率的提升而增加，电流随之增加。直流电动机的额定电流一般为 50mA ~ 50A，额定转速一般为 1000 ~ 20000r/min，在实际应用中，如爬坡，需要低转速、高扭矩，使用相应的传动装置，通过改变输入转速和输出转速之间的比值，将电动机从高转速、低扭矩的额定状态转换为低转速、高扭矩的状态；反之，在驱动四旋翼飞行器螺旋桨等高转速、低扭矩的场合，也可以通过相应的传动装置来实现。

6.1.3 无刷直流电动机

无刷直流（BLDC）电动机顾名思义就是没有电刷的电动机，没有电刷装置意味着更长的寿命周期和更高的可靠性。无刷电动机需要一个专门的三相驱动器，按照一定的时序给三个线圈依次供电，产生旋转磁场，驱动动力轴旋转，不能与标准的有刷电动机替换工作，使用成本较高。

微小型地面无人系统使用的无刷电动机，其额定转速可以通过额定电压计算得到。例如，额定电压为 1000kV 的无刷电动机，在工作电压为 12V 时，转速为 12000r/min。由于无刷电动机的寿命和可靠性更高，因此常用来替代有刷直流电动机。虽然价格较高，但是使用依然非常广泛。

6.1.4 H 桥控制电路

H 桥是一个典型的直流电动机控制电路，因为电路形状酷似字母 H，故得名 H 桥，由 4 个三极管组成字母 H 的两条垂直线，而电动机就是字母 H 的横杠。

H 桥直流电动机控制示意图如图 6.1 所示。

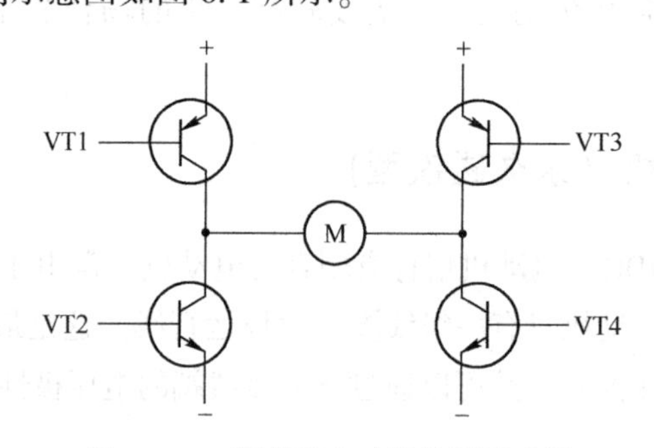

图 6.1　H 桥直流电动机控制示意图

图 6.1 中，左、右两边电路都是由两个三极管组成的，一个三极管可以对正极导通实现上拉，另一个三极管可以对负极导通实现下拉。由此组成双推拉电路结构，当左边的三极管上拉时，右边的三极管下拉，或反过来，右边的三极管上拉时，左边的三极管下拉，两边总是保持相反的输出，可以在单电源输入的情况下控制输出的正、负极性。根据不同成对三极管的导通情况，电流可能会从左至右或从右至左流过直流电动机，从而控制直流电动机的转向。

H 桥直流电动机控制电路的具体分析：要使电动机运转，必须使对角线上的一对三极管导通。例如，要使电动机正向运转，当 VT1 和 VT4 导通时，电流就从电源的正极经 VT1 从左至右穿过电动机，再经 VT4 回到电源的负极，如图 6.2 所示，电流将驱动电动机顺时针转动。

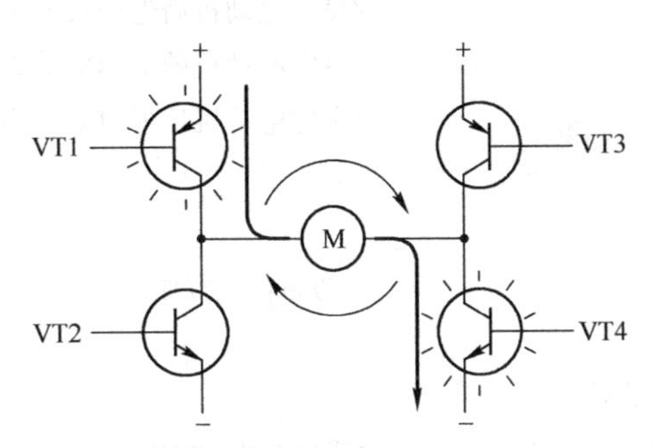

图 6.2　H 桥控制直流电动机顺时针转动

当三极管 VT2 和 VT3 导通时，如图 6.3 所示，电流将从右至左流过电动机，驱动电动机逆时针转动。

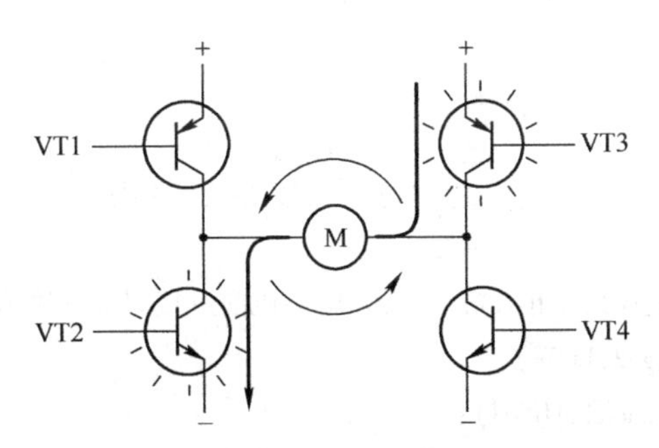

图 6.3　H 桥控制直流电动机逆时针转动

在实际使用时，由于用分立元器件制作 H 桥是比较麻烦的，因此有很多封装好的 H 桥集成电路，只要提供电源和控制信号就可以使用。常用的 H 桥集成电路有 L293D、L298N、TA7257P、SN754410 等。在使用 H 桥集成电路驱动时，由于集成度高，不易散热，一旦电流过载，容易烧毁芯片，这也是集成度高的一个缺点。

6.1.5　程序设计

1. 利用官方库函数进行设计

直流电动机的控制程序可以采用官方提供的库函数 Servo.h 进行编写。驱动电路采用普通分立元器件组成，通过输出接口 8、9、10、11 分别对 4 个三极管进行驱动，对角线三极管的驱动接口分别为 8、9，另一个对角线三极管的驱动接口为 10、11。当需要直流电动机顺时针转动时，由接口 8、9 进行驱动；当需要直流电动机逆时针转动时，由接口 10、11 进行驱动。

程序 6-1　单个直流电动机采用官方库函数驱动的程序代码。

```
#include <Servo. h>
int one_motor_go1=8;                          //设定电动机前进(IN1)为接口 8
int one_motor_back1=9;                        //设定电动机后退(IN2) 为接口 9
int one_motor_go2=10;                         //设定电动机前进(IN3) 为接口 10
int one_motor_back2=11;                       //设定电动机后退(IN4) 为接口 11


void setup( )                                 // 初始化子程序
{
 //初始化电动机驱动 IO 为输出方式
  pinMode( one_motor_go1,OUTPUT);             //接口 8 无 PWM 功能
  pinMode( one_motor_back1,OUTPUT);           // 接口 9 可以使用 PWM
  pinMode( one_motor_go2,OUTPUT);             //接口 10 无 PWM 功能
  pinMode( one_motor_back2,OUTPUT);           //接口 11 可以使用 PWM

}

void run_front(   )                           //电动机前进子程序
{
   digitalWrite( one_motor_go1, HIGH);        // 电动机前进接口 8、9 输出
  digitalWrite( one_motor_go2,LOW);
  digitalWrite( one_motor_back1,HIGH);
  digitalWrite( one_motor_back2, LOW);
  analogWrite( one_motor_back1,100);          //PWM 比例 0~255 调速
}

void run_back(   )                            //电动机后退子程序
{
  digitalWrite( one_motor_go1, LOW);          // 电动机后退接口 10、11 输出
  digitalWrite( one_motor_go2, HIGH);
  digitalWrite( one_motor_back1, LOW);
  digitalWrite( one_motor_back2, HIGH);
  analogWrite( one_motor_ go1,100);           //PWM 比例 0~255 调速
}

void loop( )
{
```

```
    delay(500);
    run_front();                        //前进
    delay(500);
    run_back();                         //后进
}
```

2. 利用 L298x 库函数进行设计

驱动模块 L298 系列在应用时可通过调用库函数“L298x library for arduino”实现驱动。L298x 库函数的参数包括 left1、left2、right1、right2、leftEn、rightEn。其中，leftEn、rightEn 必须定义在可以输出 PWM 的接口上，速度设定范围为-255～255。一个 L298x 模块可以驱动两个直流电动机，内部包含 8 个三极管，也就是说，有两个 H 桥控制电路。因此，L298x 模块可以用于双直流电动机的控制，只需要调用 Arduino 相应的库函数 LispMotor. h 即可实现驱动。这正是 Arduino 强大的地方——开源，共享设计成果，让应用者有更多的精力进行创新设计。L298x 模块有 6 个直流电动机的控制接口，分别设定为 left1（左 1）、left1（左 2）、leftEn（左使能）、right1（右 1）、right2（右 2）、rightEn（右使能）。左侧的两个控制接口连接直流电动机 1 的输入接口，负责为直流电动机 1 提供转动电压（假设直流电动机 1 安装在左侧）。左使能控制接口用来控制直流电动机 1 的开关功能，也可用于 PWM 的驱动控制。同理，右侧的两个控制接口连接直流电动机 2 的输入接口，负责为直流电动机 2 提供转动电压（假设直流电动机 2 安装在右侧）。右使能控制接口用来控制直流电动机 2 的开关功能，也可以用于 PWM 的驱动控制。

相关的应用实例为：Arduino 的输出接口 2 和接口 4 用来控制直流电动机 1，分别连接 L298x 的控制接口 left1 和 left2；输出接口 3 用来控制直流电动机 1 的开关 leftEn3，也可用 PWM 控制直流电动机 1 的转速；输出接口 7 和 8 用来控制直流电动机 2。这个应用实例常用于智能车的前进、转弯控制，具体程序代码见程序代码 6-2。

程序 6-2　用 L298x 库函数驱动双直流电动机的程序代码。

```
#include <LispMotor. h>
intleft1=2;                         //设定电动机 1 前进(IN1)
intleft2=4;                         //设定电动机 1 后退(IN2)
intright1=7;                        //设定电动机 2 前进(IN3)
intright2=8;                        //设定电动机 2 后退(IN4)
intleftEn =3;                       //设定电动机 1PWM 驱动
intrightEn =5;                      //设定电动机 2PWM 驱动
//LispMotor(left1=2 left2=4 right1=7 right2=8 leftEn=3 rightEn=5)函数原型
LispMotor car (2,4,7,8,3,5);        //左右两侧电动机的驱动定义和使能定义

//初始化程序,设定接口模式
```

```
void setup ()
{
  //初始化电动机驱动 IO 为输出方式
  pinMode(left1,OUTPUT);              //
  pinMode(left2,OUTPUT);              //
  pinMode(right1,OUTPUT);             //
  pinMode(right2,OUTPUT);             //
  pinMode(leftEn,OUTPUT);             //
  pinMode(rightEn,OUTPUT);            //
}

//主循环
void loop () {
  //car.control(leftSpeed, rightSpeed);函数原型
  car.control(50, 50);                //直线向前行驶
  delay (2000);                       //持续 2s
  car.control(0, 50);                 //左转,右侧电动机转动,左侧不转
  delay (2000);                       //持续 2s

}
```

小提示

驱动芯片只要功率选择的合适，实现直流电动机的驱动还是比较容易的。在实际的调试中，直流电动机的启动可能需要较大的脉宽，要结合负载的需求通过实验进行确定。直流电动机的停止也需要考虑转动惯性。实验在开始时应首先进行空载测试，然后逐步过渡到加载启动。

6.2 舵机驱动控制

6.2.1 舵机工作原理

舵机（servo）又称伺服电动机，是一种位置伺服的驱动器，适用于需要角度不断变化的控制系统。舵机的控制效果是机器人机电控制系统性能的重要影响因素。舵机主要由外壳、控制电路模块、无核心电动机（空心杯电动机）、减速齿轮组及位置检测器构成，在主控制器遥控指令或现场控制终端指令的控制下，与舵机内部基准电路产生的周期为 20ms、

宽度为 1.5ms 的基准信号进行比较，获得电压差输出，经电路板上的驱动控制模块判断转动方向，驱动无核心电动机转动，通过减速齿轮组将动力传至摆臂，由位置检测器反馈信号，判断是否已经到达指定位置。在一般情况下，舵机转动的角度范围为 0°~180°。

6.2.2 舵机的控制信号及接线方式

1. 舵机的控制信号

舵机的控制一般需要一个 20ms 的时基脉冲。该脉冲的高电平一般为 0.5~2.5ms 的角度控制脉冲。以 180°的舵机为例，控制信号脉宽与旋转角度的对应关系如图 6.4 所示，对应的旋转角度见表 6-1。

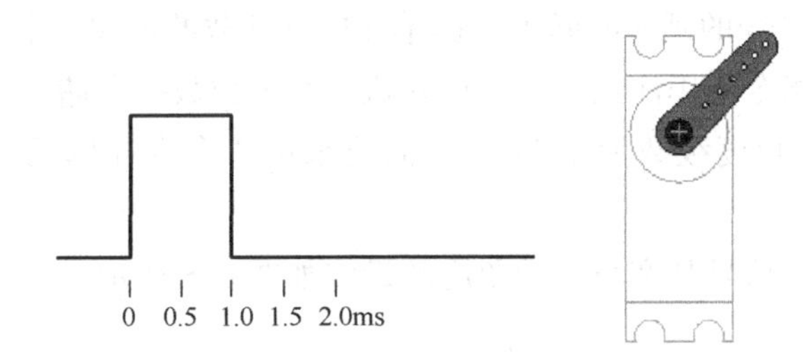

图 6.4　舵机控制信号脉宽与旋转角度的对应关系

表 6-1　舵机控制信号脉宽对应的旋转角度

高电平脉冲宽度（ms）	对应舵机的旋转角度（°）
0.5	0
1.0	45
1.5	90
2.0	135
2.5	180

表 6-1 只是参考数值，具体参数请参见舵机的技术参数。小型舵机的工作电压一般为 4.8V 或 6V，转速也不是很快，一般为 0.22s/60°或 0.18s/60°。如果舵机角度控制脉冲的变化太快，则可能会导致舵机无法响应，在需要快速反应的应用场合，可选用更高性能的舵机。多数舵机的位置等级有 1024 个，假设舵机的有效角度为 180°，则控制的角度精度为 180/1024，约为 0.18°，转换为时间，则脉宽控制精度为 2000/1024μs，约为 2μs。在现场测试舵机时，如果控制精度达不到 1°，并且舵机在抖动，则在排除舵机工作电压没有抖动的情况下，可确认舵机抖动是由控制脉冲的抖动引起的。控制脉冲抖动的原因与选用的脉冲发生器有关。虽然采用 555 定时器设计舵机的驱动脉冲发生器可以控制舵机伺服转动到设定的固定位置，也可以在电路设计时采用电阻网络调节占空比，但是将导致电路网络结构的复杂化，实际实现起来并不简单，而且分立元器件数目多，出现故障的几率相应就

会增大，运行起来也不一定可靠。比较而言，采用单片机实现舵机控制的方案具有电路简单、可靠性高的特点。单片机舵机控制方案通常利用单片机集成的定时器和中断方式实现精确的脉冲宽度控制，可以达到约为 2μs 的脉宽控制精度。这种方式控制单个舵机还是相当有效的，但是随着舵机数量的增加，控制起来就没有那么方便了。虽然市面上有一些单片机的控制板可以控制 32 个舵机，但是控制的精度往往不能达到 2μs。如果需要测试脉宽驱动的精度，则可以采用示波器测量实验板的舵机驱动信号，然后让试验板输出的舵机控制信号以 2μs 的宽度递增，记录下测试的波形数据，通过对比就可以检验实验板的驱动信号分辨率。

控制脉冲精度较高的实验板一般使用 FPPA 或者 CPLD 作为主控芯片，可以将脉宽的精度控制在 2μs 甚至 2μs 以下。这得益于该类芯片独特的内部结构和指令结构。其内部有 delay memory 指令。该指令的延时时间为数据单元中立即数的值加 1 个指令周期，数据 0 除外，详情请参见 delay 指令使用注意事项。单片机采用 8 位数据存储单元结构。memory 中的数据为 0～255。舵机的角度级数为 1024 级，需要采用 2 个内存单元存放舵机角度的控制参数。

90°和 180°舵机控制信号脉宽与旋转角度的设定如图 6.5 所示。

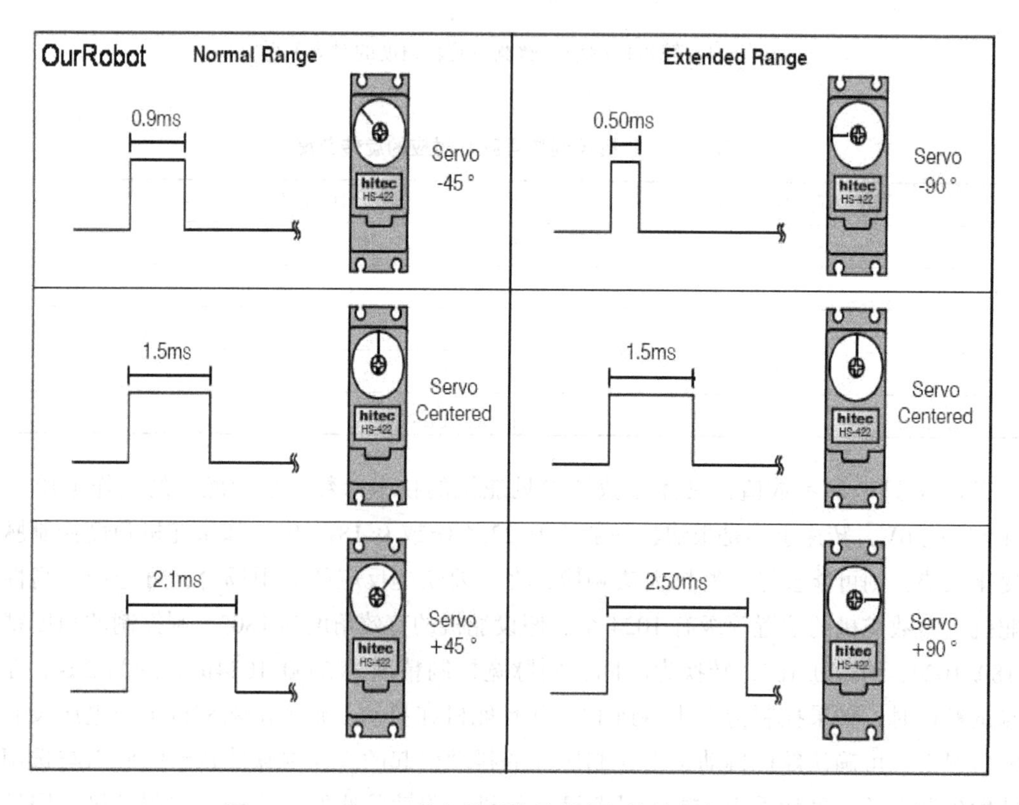

图 6.5　90°和 180°舵机控制信号脉宽与旋转角度的设定

2. 一般舵机的接线方式

舵机有三条引出线，分别为电源线、接地线及信号线。舵机的接线方式主要有两种：一种为电源线（红色）、接地线（棕色）、信号线（橙色）；另一种为电源线（红色）、接地线（黑色）、信号线（白色）。

舵机的接线如图 6.6 所示。

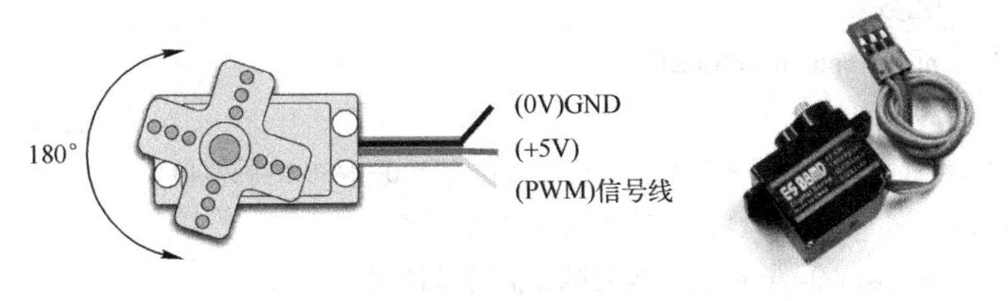

图 6.6　舵机的接线

6.2.3　舵机的控制程序

用 Arduino 控制舵机的方法有两种。第一种是通过 Arduino 普通数字传感器的接口产生占空比不同的方波，模拟产生 PWM 信号进行舵机的定位。第二种是直接利用 Arduino 自带的 Servo 函数进行舵机的控制。这种控制方法的优点是编写程序简单；缺点是只能控制两路舵机。因为 Arduino 自带的 Servo 函数只能利用数字 9、10 接口。Arduino 的驱动能力有限，当需要控制两个以上的舵机时，需要外接电源。

1. 控制程序一

将舵机控制信号的输入接在数字 9 接口上，编写程序代码使舵机转动到用户输入数字所对应的角度位置，并将角度的数值显示在显示屏上。

舵机与 Arduino 开发板的接线如图 6.7 所示。

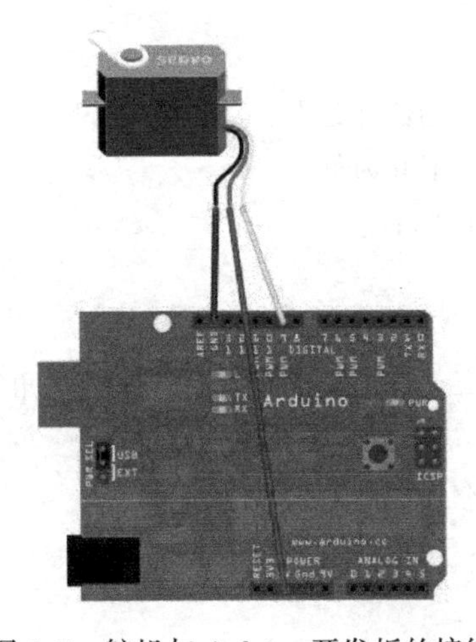

图 6.7　舵机与 Arduino 开发板的接线

程序 6-3　舵机控制程序一的程序代码。

```
int servopin=9;             //定义数字 9 接口连接伺服舵机信号线
int myangle;                //定义角度变量
int pulsewidth;             //定义脉宽变量
int val;
//定义一个脉冲函数
void servopulse(int servopin,int myangle)
{
    pulsewidth=(myangle * 11)+500;//将角度转化为 500-2480 的脉宽值
    digitalWrite(servopin,HIGH);//将舵机接口电平至高
    delayMicroseconds(pulsewidth);//延时脉宽值的微秒数
    digitalWrite(servopin,LOW);//将舵机接口电平至低
    delay(20-pulsewidth/1000);
}
//初始化设置
void setup()
{
    pinMode(servopin,OUTPUT);//设定舵机接口为输出接口
    Serial.begin(9600);//连接到串行接口,波特率为 9600
    Serial.println("servo=o_seral_simple ready") ;
}
//将 0~9 转化为 0°~180°,并让 LED 灯闪烁相应数的次数
void loop()
{
    val=Serial.read();//读取串行接口的值
    if(val>'0'&&val<='9')
  {
    val=val-'0';//将特征量转化为数值变量
    val=val * (180/9);//将数字转化为角度
    Serial.print("moving servo to ");
    Serial.print(val,DEC);
    Serial.println();
   for(int i=0;i<=50;i++) //给予舵机足够的时间转到指定的角度
   {
     servopulse(servopin,val);//引用脉冲函数
   }
  }
}
```

2. 控制程序二

Arduino 软件包含 Servo library 库，可以支持采用库函数进行编程。首先加载库函数的声明文件#include <Servo. h>。调用库函数的方法有两种：一种是直接在 Arduino 软件菜单栏中单击 Sketch>Importlibrary>Servo，调用 Servo 函数；另一种是直接在程序的起始位置输入#include <Servo. h>，在输入时要注意，在#include 与<Servo. h>之间要有空格，否则编译时会报错。

程序 6-4　舵机控制程序二的程序代码。

```
#include   <Servo. h>
  Servo myservo;              //定义舵机对象,最多 8 个
  int pos = 0;                //定义舵机转动位置
//初始化设置
  void setup( )
  {
      myservo. attach(9);//设置舵机控制针脚
  }
  // 旋转舵机 0°~180°,每次延时 15ms
  void loop( )
  {
      for(pos = 0; pos < 180; pos += 1)
      {
        myservo. write(pos);
        delay(15);
      }
     // 旋转舵机 180°~0°,每次延时 15ms
     for(pos = 180; pos>=1; pos-=1)
      {
        myservo. write(pos);
        delay(15);
      }
  }
```

小提示

在调试前，要仔细阅读舵机的参数，在确定舵机的驱动电压和转动范围后才能够进行测试，在一般情况下，舵机在完成量程调试和零点调试后才能够进行其他测试。还要注意，舵机的输出扭矩是否能够满足要求，如果在空载时可以满足控制要求，而在带载荷的情况下转不到相应的位置，就可能是由输出扭矩不够造成的。

6.3 步进电动机驱动控制

6.3.1 步进电动机的原理

步进电动机是一种将电脉冲转化为角位移的执行机构。当步进驱动器接收到一个脉冲信号时，就会驱动步进电动机按设定的方向转动一个固定的角度。这个角度被称为“步距角”。步进电动机的旋转是以固定的角度一步一步运行的，可以通过控制脉冲的个数控制角位移量，从而达到准确定位的目的；同时，也可以通过控制脉冲的频率控制转动的速度和加速度，从而达到调速的目的。步进电动机可以作为一种控制用的特种电动机，利用其没有积累误差（精度为100%）的特点，广泛应用在各种开环控制中。

目前，比较常用的步进电动机包括反应式步进电动机（VR）、永磁式步进电动机（PM）、混合式步进电动机（HB）及单相式步进电动机等。

反应式步进电动机一般为三相，可实现大转矩输出，步距角一般为1.5°，噪声和振动很大。反应式步进电动机的转子磁路由软磁材料制成，在定子上有多相励磁绕组，利用磁导的变化产生转矩。

永磁式步进电动机一般为两相，转矩和体积较小，步距角一般为7.5°或15°。

混合式步进电动机混合了反应式步进电动机和永磁式步进电动机的优点，分为两相和五相：两相混合式步进电动机的步距角一般为1.8°；五相混合式步进电动机的步距角一般为0.72°。

步进电动机的主要技术参数如下。

（1）固有步距角

固有步距角表示控制系统每发一个步进脉冲信号，步进电动机所转动的角度。步进电动机在出厂时给出一个步距角，如86BYG250A型步进电动机给出的步距角为0.9°/1.8°，表示在半步工作时为0.9°，在整步工作时为1.8°。这个步距角可以被称为“电动机固有步距角”。它不一定是步进电动机在实际工作时的真正步距角。真正的步距角与驱动器有关。

（2）相数

相数是指步进电动机内部的线圈组数，常用的有二相、三相、四相、五相步进电动机。步进电动机的相数不同，步距角也不同。在一般情况下，二相步进电动机的步距角为0.9°/1.8°，三相步进电动机的步距角为0.75°/1.5°，五相步进电动机的步距角为0.36°/0.72°。在没有细分驱动器时，用户主要根据步进电动机的相数来满足步距角的要求。如果使用细分驱动器，则相数将变得没有意义，用户只需要在驱动器上改变细分数就可以改变步距角。

（3）保持转矩

保持转矩是指步进电动机在已经通电但还没有转动时，定子锁住转子的力矩，是步进电动机最重要的参数之一。通常，步进电动机在低速时的力矩接近保持转矩。由于步进电动机的输出力矩随速度的增大而衰减，输出功率也随速度的变化而变化，因此保持转矩就成为衡量步进电动机最重要的参数之一。例如，2N · m 的步进电动机，在没有特殊说明的情况下，是指保持转矩为 2N · m 的步进电动机。

（4）启动转矩（DETENT TORQUE）

启动转矩是指步进电动机在没有通电的情况下，定子锁住转子的力矩。DETENT TORQUE 在国内没有统一的翻译方式，容易产生误解。由于反应式步进电动机的转子不是永磁材料，因此没有启动转矩。

（5）空载启动频率

空载启动频率是指步进电动机在空载的情况下能够正常启动的脉冲频率。如果脉冲频率高于空载启动频率，则步进电动机不能正常启动，可能发生丢步或堵转。在有负载的情况下，步进电动机的启动频率应更低。如果要使步进电动机达到高速转动，则脉冲频率应该有加速过程，即启动时频率较低，然后按一定的加速度升到所希望的高频（步进电动机的转速从低速升到高速）。

步进电动机磁极数量的规格和接线规格很多。以四相步进电动机为例，所谓四相，就是步进电动机的内部有 4 对磁极，此外还有一个公共端（COM）接电源。A、B、C、D 是四相的接头。四相步进电动机可以向外引出六条引线（两条 COM 引线共同连接 Vcc），也可以引出五条引线，如图 6.8 所示。

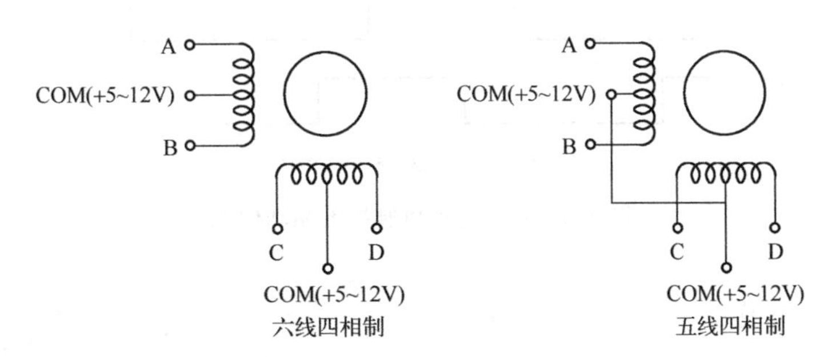

图 6.8　四相步进电动机的两种形式

四相步进电动机按照通电顺序的不同可分为单四拍、双四拍、单双八拍三种工作方式。单四拍与双四拍的步距角相等。单四拍的转动力矩小。单双八拍的步距角是单四拍和双四拍步距角的一半。因此，单双八拍既可以保持较高的转动力矩，又可以提高控制的精度。

步进电动机脉冲的驱动模式如图 6.9 所示。

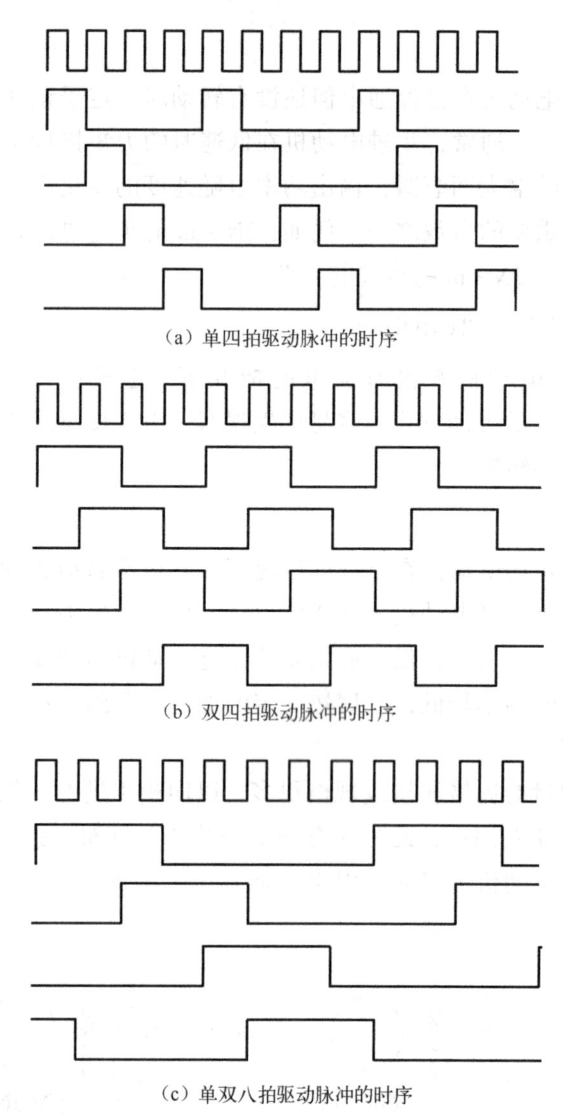

（a）单四拍驱动脉冲的时序

（b）双四拍驱动脉冲的时序

（c）单双八拍驱动脉冲的时序

图 6.9　步进电动机脉冲的驱动模式

小提示

“相”是步进电动机的线圈（也叫绕组）。“线”是步进电动机的接线口。“极性”分为单极性和双极性。如果步进电动机的线圈是可以双向导电的，那么这个步进电动机就是双极性的。相反，如果步进电动机的线圈是只允许单向导电的，那么这个步进电动机就是单极性的。已知“相”“线”“极性”中的任意两项，就可以推导出第三项，如五线四相步进电动机，有 5 个接线口，4 个线圈，由于有 5 个接线头，即接线头的个数为奇数，也就是说有一个接线头是公共接头，因此线圈的导电方式是单向的，即这个步进电动机是单极性的。

1. 步进电动机的接线

不同的步进电动机都有不同的驱动电路，在使用前，一定要仔细查看说明书，确认是四相步进电动机还是两相步进电动机，各个引线应该怎样连接。下面以型号为 MP28GA 的步进电动机，采用 ULN2003APG 驱动芯片为例进行说明。

MP28GA 步进电动机的直径为 28mm，步距角为 5.625°，一圈 360°需要 64 个控制信号脉冲完成，减速比为 1:64，工作电压为 4.5V。MP28GA 步进电动机的连接线如图 6.10 所示。

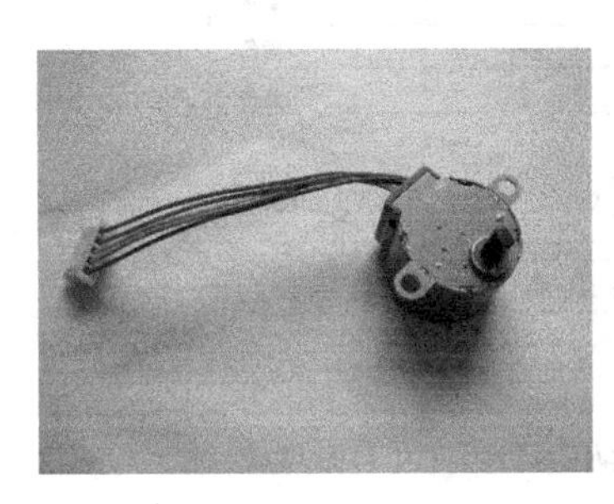

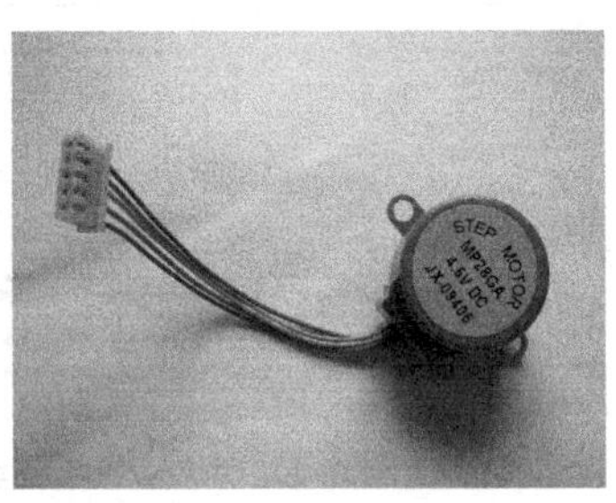

图 6.10 MP28GA 步进电动机的连接线

MP28GA 步进电动机的四相单双八拍驱动见表 6-2.

表 6-2 MP28GA 步进电动机的四相单双八拍驱动

接线端	颜色	分配顺序							
		1	2	3	4	5	6	7	8
5	红	+	+	+	+	+	+	+	+
4	橙	-	-						-
3	黄		-	-	-				
2	粉				-	-	-		
1	蓝						-	-	-

小提示

五线四相步进电动机可以用普通的 ULN2003 芯片驱动，也可以接成两相使用。五线四相步进电动机的空载耗电在 50mA 以下，带 64 倍减速器，输出力矩比较大，可以驱动重负载，非常适合 Arduino UNO 开发板使用。注意：此款五线四相步进电动机带有 64 倍减速器，与不带减速器的步进电动机相比，转速显得较慢，为方便观察，可在输出轴处粘贴一片小纸板。

2. 步进电动机的驱动板

步进电动机不能直接连接工频交流或直流电源，必须使用专用的驱动器与电源连接。小型步进电动机的驱动功率较小，可以使用 UL2003 或 UL2004 驱动板。

ULN2003 驱动步进电动机的原理图如图 6.11 所示。UL2003 驱动板如图 6.12 所示。

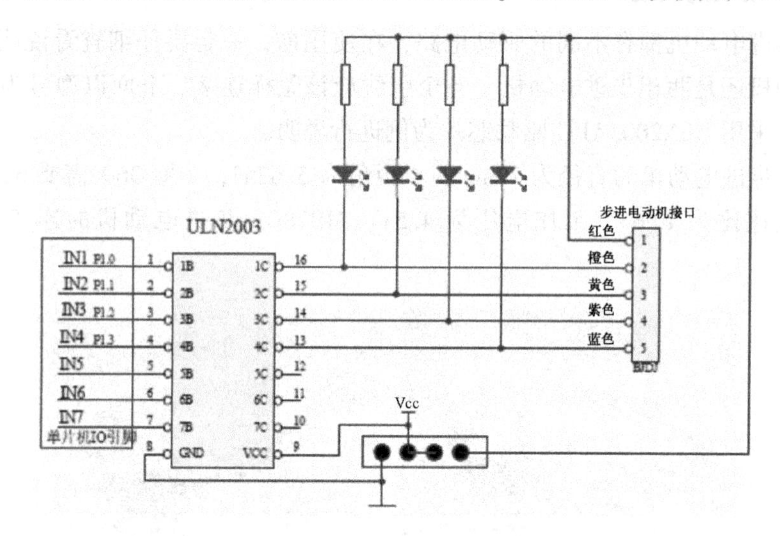

图 6.11　ULN2003 驱动步进电动机的原理图

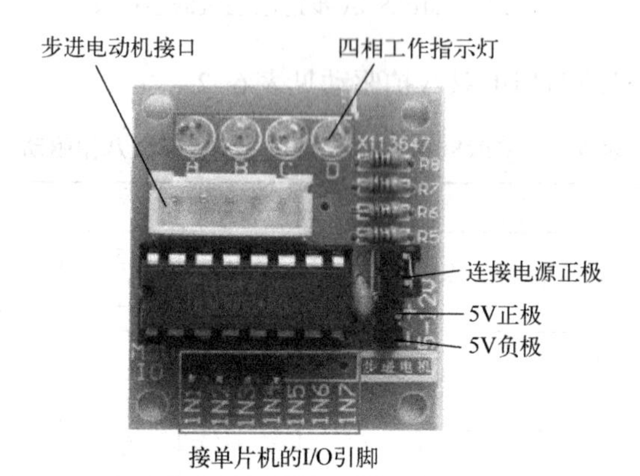

图 6.12　UL2003 驱动板

小型步进电动机与驱动板的连线图如图 6.13 所示。

图 6.13　小型步进电动机与驱动板的连线图

6.3.2　步进电动机的程序设计实例

步进电动机跟随电位器旋转（或其他传感器），使用 0 号模拟接口输入 Arduino 控制板，使用 Arduino IDE 自带的 Stepper. h 库函数编写程序代码。Stepper. h 库函数包含的 4 个子函数如下：

① 两线步进电动机初始化设置函数：Stepper(steps, pin1, pin2)；

② 四线步进电动机初始化设置函数：Stepper(steps, pin1, pin2, pin3, pin4)；

③ 步进电动机速度设置函数：setSpeed(rpm)；

④ 步进电动机步数设置函数：step(steps)。

下面先编写一个一次走一步的程序验证一下硬件系统。该程序可以驱动两级或四级的步进电动机。Arduino 控制板的数字输出 8 脚、9 脚、10 脚、11 脚连接驱动板 UL2003 的 1 脚、2 脚、3 脚、4 脚。执行程序后，步进电动机应当一次走一步。如果硬件系统连线正确，则步进电动机会非常慢地朝一个方向转动，此时可以测试所有接线的正确性。如果步进电动机抖动或在转动中出现停滞现象，则一般是因为接线存在错误。这时请仔细阅读说明书，检查线路的连接顺序。

该程序还可以测试步进电动机每一步转动的角度，或者说转动一定角度时需要的步数，特别是在不知道步进电动机的步距角时，可以测试转到一个特定角度时需要转动的步数。

程序 6-5　步进电动机单步测试的程序代码。

```
#include <Stepper.h>

const int stepsPerRevolution = 200;                    //每一个周期所走的步数
Stepper myStepper(stepsPerRevolution, 8, 9, 10, 11);   // 设置步进电动机的连线
int stepCount = 0;                                     // 步进电动机总步数计数

void setup()
{
  Serial.begin(9600);                                  // 设置串口通信率
}

void loop()
{
  myStepper.step(1);                                   // 一个周期只走一步
  Serial.print("steps:");
  Serial.println(stepCount);
  stepCount++;
  delay(500);                                          //每 0.5s 走一步
}
```

测试完成步进电动机的基本功能后，就可以写一个稍微复杂一些的函数。采用一个电位器或其他传感器输出一个模拟电压信号，通过 Arduino 控制板的模拟信号采集引脚 0 采集这个模拟电压信号，步进电动机就会随着模拟电压信号的大小转动一定的角度。模拟电压信号采集函数使用 analogRead（0）。该函数的参数 0 是指从 0 号引脚读取一个模拟电压信号赋值给变量 val。步进电动机转动的总步数存储在变量 previous 中。当模拟电压信号变化时，步进电动机进行相应的转动反应。例如，当模拟电压信号变大时，步进电动机正向转动相应的步数；当模拟电压信号减小时，步进电动机反向转动相应的步数。

程序 6-6　步进电动机根据模拟电压信号转动的程序代码。

```
#include <Stepper.h>                          // 这里设置步进电动机旋转一圈是多少步
#define STEPS 100                             // attached to 设置步进电动机的步数和引脚
Stepper stepper(STEPS, 8, 9, 10, 11);         // 定义变量用来存储历史读数
int previous = 0;
void setup()
{
  stepper.setSpeed(90);                       // 设置步进电动机每分钟的转速为 90 步
}
void loop()
{
  int val = analogRead(0);                    // 获取传感器的读数
  stepper.step(val - previous);               // 移动步数为当前读数减去历史读数
  previous = val;// 保存历史读数
}
```

也可以采用库函数编写程序代码，程序代码 6-7 是采用 map( ) 函数编写的。map( ) 函数的声明为 map(value, fromLow, fromHigh, toLow, toHigh)，主要功能是将一个数从一个范围变换为另一个范围。例如，在程序代码 6-7 中，map( ) 函数 map(sensorReading, 0, 1023, 0, 100) 就是将 sensorReading 函数从传感器中获取的数值从 0~1023 范围转换为 0~100 的范围。这种转换是非常有必要的，因为人们在看机器系统直接输出的数值是很不适应的，转换为 0~100 范围时会很直观。这个过程也可以看作是一种简单的线性拟合。

程序 6-7　步进电动机根据模拟电压信号控制速度的程序代码。

```
#include <Stepper.h>
const int stepsPerRevolution = 200;                      //步进电动机转动的步长
Stepper myStepper(stepsPerRevolution, 8, 9, 10, 11);     // 步进电动机的接线设置
int stepCount = 0;                                       // 步进电动机的步数计数
void setup()
{
  //由于前面设置了接线,这里就不需要初始化了。
```

```
}
void loop()
{
  int sensorReading = analogRead(A0);                          // 读取传感器的模拟数值
  int motorSpeed = map(sensorReading, 0, 1023, 0, 100);        // 转换数据的范围
    if (motorSpeed > 0)
    {
    myStepper.setSpeed(motorSpeed);                            // 设置转动速度
    myStepper.step(stepsPerRevolution / 100);                  // 设置转动步长
    }
}
```

小提示

步进电动机的调试一定要一步一步地进行，首先测试点动程序，确保步进电动机的接线正确，并测定步进电动机的性能参数，然后才能测试其他程序。步进电动机的精确位置控制程序主要用于需要精确控制转动位置的场合，如控制油门。步进电动机的速度控制程序主要用于需要精确控制速度的场合，如丝杆的控制。

第 7 章　显 示 模 块

随着仪表的智能化和人们对现实信息要求的不断提高，数字显示已经不能清楚地传递纷杂的信息，图形液晶显示模块应运而生。图形液晶显示模块可以生动直观地显示图形、汉字及字符，而且大部分图形液晶显示模块都自带控制器。这些控制器由大规模 CMOS 电路制成，功耗小、工作电压低，有比较统一的总线规范，可以很容易与大规模集成电路连接，广泛应用在各种嵌入式系统中。本章主要讲解如何在 Arduino 系统中连接和使用普通文字和图形的液晶显示模块。

7.1　1602LCD 模块

7.1.1　1602LCD 模块的介绍

液晶显示器的英文为 Liquid Crystal Display，简称 LCD。液晶显示器作为显示器件具有体积小、重量轻、功耗低等优点，日渐成为各种便携式电子产品的理想显示器。LCD 根据显示的内容划分，可以分为段式 LCD、字符式 LCD 及点阵式 LCD 3 种。其中，字符式 LCD 以廉价、显示内容丰富、美观、使用方便等特点成为 LED 数码管的理想替代品，专门用于显示数字、字母、图形符号及少量的自定义符号。字符式 LCD 把控制器、点阵驱动器、字符存储器等制作在一块电路板上后，再与液晶屏一起组成一个显示模块。

1602 LCD 模块就是典型的字符式 LCD 模块，是很多单片机爱好者较早接触的字符式液晶显示器。它的主控芯片为 HD44780 或者其他的兼容芯片。

一般来说，1602LCD 有 16 个引脚（特殊的有 14 个引脚）。其中，16 代表每行可以显示 16 个字符，02 代表总共有 2 行。也就是说，1602LCD 模块最多可以显示 32 个字符。1602LCD 实物图的正面如图 7.1 所示，背面如图 7.2 所示。

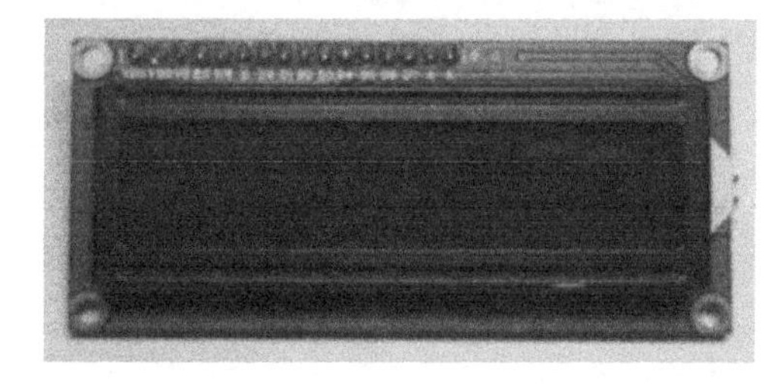

图 7.1　1602LCD 实物图的正面

图 7.2　1602LCD 实物图的背面

由图中可以清楚地看到 1602LCD 模块有 16 个引脚。1602LCD 模块各引脚的功能见表 7-1。

表 7-1　1602LCD 模块各引脚的功能

引　脚　号	符　　号	功　　能	引　脚　号	符　　号	功　　能
1	VSS	电源地	9	D2	数据接口
2	VDD	电源正极	10	D3	数据接口
3	VO	偏压信号	11	D4	数据接口
4	RS	命令/数据	12	D5	数据接口
5	R/W	读/写	13	D6	数据接口
6	E	使能	14	D7	数据接口
7	D0	数据接口	15	BLA	背光正极
8	D1	数据接口	16	BLK	背光负极

7.1.2　1602LCD 模块的常用工作指令

1602LCD 模块在常用工作指令中的 X 是指该位取 0 取 1 均可，通常取 0。1602LCD 模块的 16 进制 ASCII 码见表 7-2。使用时，先读上面一行，再读左边一列。

表 7-2　1602LCD 模块的 16 进制 ASCII 码

高四位 \ 低四位	0000	0001	0010	0011	0100	0101	0110	0111	1000	1001	1010	1011	1100	1101	1110	1111
0010		!	"	#	$	%	&	'	(	)	*	+	,	-	.	/
0011	0	1	2	3	4	5	6	7	8	9	:	;	<	=	>	?
0100	@	A	B	C	D	E	F	G	H	I	J	K	L	M	N	O
0101	P	Q	R	S	T	U	V	W	X	Y	Z	[	¥	]	^	_
0110	`	a	b	c	d	e	f	g	h	i	j	k	l	m	n	o
0111	p	q	r	s	t	u	v	w	x	y	z	{	|	}	→	←
1010		。	「	」	、	・	ヲ	ァ	ィ	ゥ	ェ	ォ	ャ	ュ	ョ	ッ
1011	ー	ア	イ	ウ	エ	オ	カ	キ	ク	ケ	コ	サ	シ	ス	セ	ソ
1100	タ	チ	ツ	テ	ト	ナ	ニ	ヌ	ネ	ノ	ハ	ヒ	フ	ヘ	ホ	マ
1101	ミ	ム	メ	モ	ヤ	ユ	ヨ	ラ	リ	ル	レ	ロ	ワ	ン	゛	゜

（1）1602LCD 模块的工作方式设置指令见表 7-3。

表 7-3　1602LCD 模块的工作方式设置指令

	RS	R/W	DB7	DB6	DB5	DB4	DB3	DB2	DB1	DB0
Code	0	0	0	0	1	DL	N	F	X	X

DL：设置数据接口位数。

DL=1：8 位数据接口（D7~D0）。

DL=0：4 位数据接口（D7~D4）。

N=0：一行显示。

N=1：两行显示。

F=0：5×8 点阵字符。

F=1：5×10 点阵字符。

（2）1602LCD 模块的显示开关控制指令见表 7-4。

表 7-4　1602LCD 模块的显示开关控制指令

	RS	R/W	DB7	DB6	DB5	DB4	DB3	DB2	DB1	DB0
Code	0	0	0	0	0	1	D	C	B	

D=1：显示开；D=0：显示关。

C=1：光标显示；C=0：光标不显示。

B=1：光标闪烁；B=0：光标不闪烁。

说明：显示开/关不影响 DDRAM 已经写入的内容。

（3）1602LCD 模块进入模式设置指令见表 7-5。

表 7-5　1602LCD 模块进入模式设置指令

	RS	R/W	DB7	DB6	DB5	DB4	DB3	DB2	DB1	DB0
Code	0	0	0	0	0	0	0	1	I/D	S

I/D=1：写入新数据后光标右移。

I/D=0：写入新数据后光标左移。

S=1：显示移动。

S=0：显示不移动。

（4）1602LCD 模块设定的显示屏或光标移动方向指令见表 7-6。

表 7-6　1602LCD 模块设定的显示屏或光标移动方向指令

	RS	R/W	DB7	DB6	DB5	DB4	DB3	DB2	DB1	DB0
Code	0	0	0	0	0	1	S/C	R/L	X	X

1602LCD 模块光标移动指令参数设置见表 7-7。

表 7-7　1602LCD 模块光标移动指令参数设置

S/C	R/L	说　明	地址计数器
0	0	向左移动光标	AC=AC-1
0	1	向右移动光标	AC=AC+1
1	0	向左移动光标，光标跟随显示移位	AC=AC
1	1	向右移动光标，光标跟随显示移位	AC=AC

说明：表中指令可以用来移动整个屏幕，实现屏幕的滚动显示效果。

（5）1602LCD 模块的清屏指令见表 7-8。

表 7-8　1602LCD 模块的清屏指令

	RS	R/W	DB7	DB6	DB5	DB4	DB3	DB2	DB1	DB0
Code	0	0	0	0	0	0	0	0	0	1

说明：清除屏幕的显示内容后，光标返回到左上角，执行指令时需要一定的时间。

（6）1602LCD 模块的光标归位指令见表 7-9。

表 7-9　1602LCD 模块的光标归位指令

	RS	R/W	DB7	DB6	DB5	DB4	DB3	DB2	DB1	DB0
Code	0	0	0	0	0	0	0	0	1	X

说明：光标返回到屏幕的左上角，不改变屏幕的内容。

（7）1602LCD 模块的设置 CGRAM 地址指令见表 7-10。

表 7-10　1602LCD 模块的设置 CGRAM 地址指令

	RS	R/W	DB7	DB6	DB5	DB4	DB3	DB2	DB1	DB0
Code	0	0	0	1	a	a	a	a	a	a

（8）1602LCD 模块的设置 DDRAM 地址指令见表 7-11。

表 7-11　1602LCD 模块的设置 DDRAM 地址指令

	RS	R/W	DB7	DB6	DB5	DB4	DB3	DB2	DB1	DB0
Code	0	0	1	a	a	a	a	a	a	a

说明：表中指令用于设置 DDRAM 地址，在对 DDRAM 进行读/写之前，首先要设置 DDRAM 的地址，然后才能进行读/写。

（9）1602LCD 模块的读忙信号和地址计数器 AC 见表 7-12。

表 7-12　1602LCD 模块的读忙信号和地址计数器 AC

	RS	R/W	DB7	DB6	DB5	DB4	DB3	DB2	DB1	DB0
Code	0	1	BF	a	a	a	a	a	a	a

小提示

读忙信号和地址计数器 AC 可用来读取 1602LCD 模块的状态。对于单片机来说，1602LCD 模块属于慢速设备。当单片机向 1602LCD 模块发送一个指令后，1602LCD 模块将执行这个指令。此时，如果单片机再次发送下一个指令，则由于 1602LCD 模块的速度较慢，在前一个指令还未执行完毕时，1602LCD 模块将不能接受这个新的指令，导致新的指令丢失。因此，读忙指令可以用来判断 1602LCD 模块是否忙，能否接收单片机发来的指令。当 BF=1 时，表示 1602LCD 模块正忙，不能接受单片机的指令；当 BF=0 时，表示 1602LCD 模块空闲，可以接收单片机的指令。RS=0 表示是指令；RW=1 表示是读取。

（10）1602LCD 模块写数据到 CGRAM 或 DDRAM 的指令见表 7-13。

表 7-13　1602LCD 模块写数据到 CGRAM 或 DDRAM 的指令

	RS	R/W	DB7	DB6	DB5	DB4	DB3	DB2	DB1	DB0
Code	1	0	d	d	d	d	d	d	d	d

说明：RS=1，数据；R/W=0，写操作。执行指令时，要在 DB7～DB0 上预先设置好要写入的数据，然后执行写命令。

（11）1602LCD 模块从 CGRAM 或 DDRAM 读数据的指令见表 7-14。

表 7-14　1602LCD 模块从 CGRAM 或 DDRAM 读数据的指令

	RS	R/W	DB7	DB6	DB5	DB4	DB3	DB2	DB1	DB0
Code	1	1	d	d	d	d	d	d	d	d

说明：RS=1，数据；R/W=1，读操作。预先设置好 CGRAM 或 DDRAM 的地址，执行读取命令后，数据就被读入 DB7～DB0。

7.1.3　1602LCD 模块的硬件连接

虽然直接与 Arduino UNO 开发板连接的好处是无需转接板，但是造成的后果就是需要大量占用 Arduino UNO 开发板的 IO 接口。如果应用项目外接的传感器不多，则可以采用这种方式。如果应用项目需要外接很多传感器或其他设备，则 IO 接口就会显得不够用。以 1 个 Arduino UNO 开发板、1 个 1602LCD 模块、1 个 10kΩ 旋转变阻器、1 个面包板的连接为例，如图7.3所示。

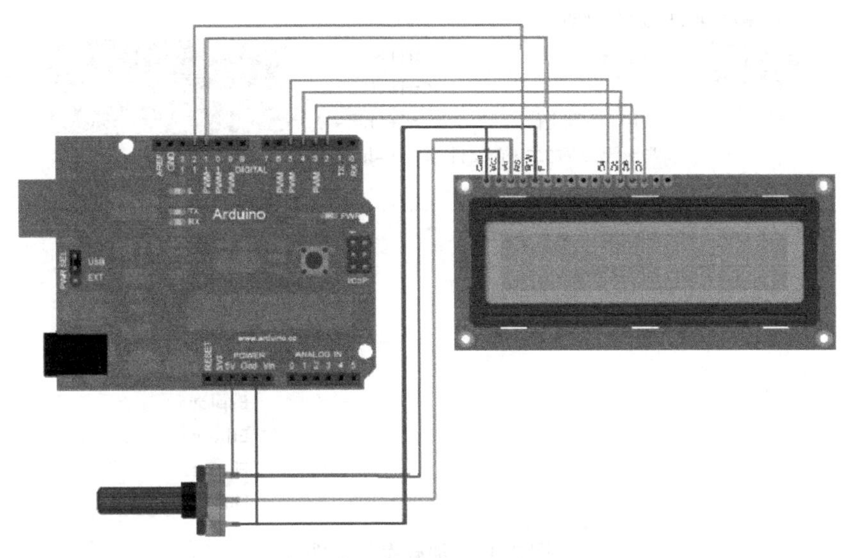

图7.3　连接示意图

小提示

① 1602LCD模块的引脚7～10没有连接。LCD的显示屏可以接4个或8个引脚用于传输数据。图7.3使用4引脚模式，可以空出其他4个引脚备用。从理论上讲，8引脚模式可以提高性能，但并不明显，不值得为此多占用4个Arduino UNO开发板的引脚。

② 在1602LCD模块的引脚3上需要连接一个10kΩ的旋转变阻器，用来调整液晶屏的显示对比度。如果引脚3的电压不正确，则可能看不到任何需要显示的信息。旋转变阻器的一端引脚接地，另一端引脚连接Arduino UNO开发板的+5V，中间引脚连接1602LCD模块的引脚3。很多LCD显示屏的内部都有一个被称为“背光”灯照亮显示屏，在相关的数据手册中会标明是否有背光和是否需要外部电阻防止背光烧坏LCD组件（如果不确定，则可以使用一个220Ω的电阻来确保安全）。背光是有极性的，要保证1602LCD模块的引脚15连接+5V，引脚16接地。

③ 在接通电源前，要检查电路的连接是否正确，因为错误的电源连接会损坏1602LCD模块。

7.1.4　1602LCD模块的调试

1. 简单“Hello World”程序调试

如果要运行Arduino提供的Hello World程序，则首先要［加载库］文件，单击［项目］→［加载库］→［管理库］，如图7.4所示。

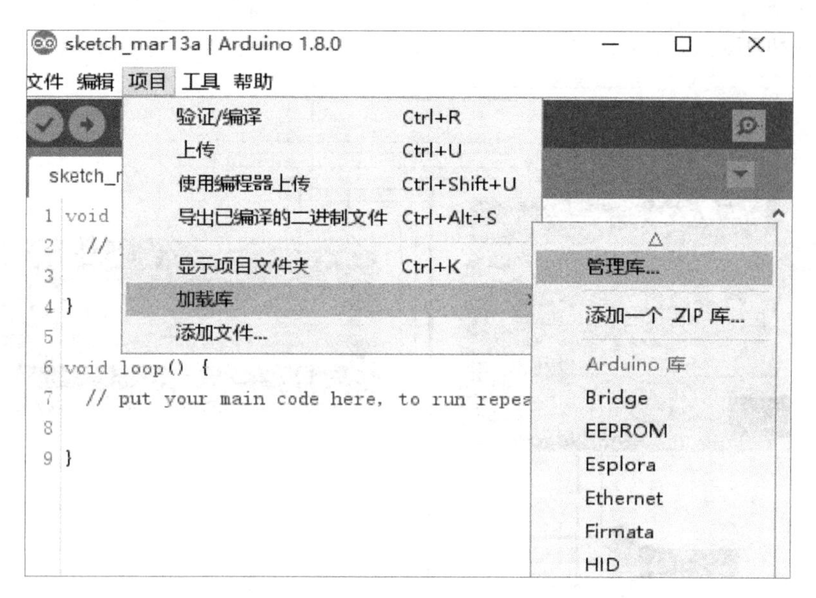

图 7.4 ［加载库］文件

在搜索框内搜索 LiquidCrystal 后，单击［安装］即可，如图 7.5 所示。

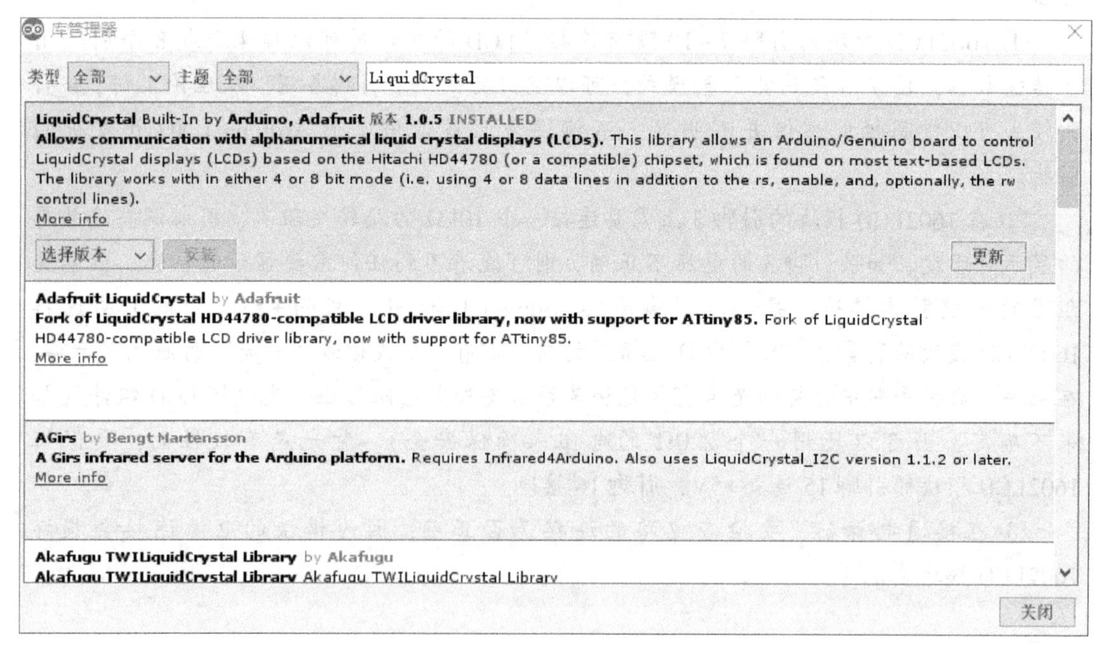

图 7.5 安装 LiquidCrystal 库

将程序 7-1 的实例程序代码烧录到 Arduino UNO 开发板中，如果上述的设置正确，则 LCD 显示屏应该显示“Hello, world!”，并且光标每隔 1s 闪烁一下。

程序 7-1：实例程序代码。

```
#include <LiquidCrystal. h>
//调用库
LiquidCrystal lcd(12, 11, 5, 4, 3, 2);
//用接口引脚的数字初始化库
void setup() {
lcd. begin(16, 2); // 设置 1602LCD 模块的列数和行数:
lcd. print("hello, world!");
//给 1602LCD 模块输入一个信息
}
void loop() {
lcd. setCursor(0, 1); // 将光标设置为第 0 列第 1 行
lcd. print(millis()/1000); // 输出自复位后的秒数
}
```

小提示

LiquidCrystal. h 为 Arduino 液晶显示库的头文件。

2. 格式化文本程序调试

如果想控制 1602LCD 显示屏上显示的文本位置，如在特定的位置显示数值，则可以通过程序 7-2 进行调试。

程序 7-2：在特定位置显示数值的程序代码。

```
#include <LiquidCrystal. h>                          //申明 1602LCD 模块的函数库
//申明 1602LCD 模块引脚所连接的 Arduino UNO 数字接口,8 线或 4 线数据模式,任选其一
//LiquidCrystal lcd(12,11,10,9,8,7,6,5,4,3,2);   //8 数据接口模式连线声明
LiquidCrystal lcd(12,11,10,5,4,3,2);              //4 数据接口模式连线声明
int i;
void setup()
{
 lcd. begin(16,2);                                 //初始化 1602LCD 模块的工作模式
                                                   //定义 1602LCD 模块的显示范围为 2 行 16 列字符
 while(1)
 {
  lcd. home();                                     //把光标移回到左上角,即从头开始输出
  lcd. print("Hello World");                      //显示
```

```
    lcd.setCursor(0,1);                          //把光标定位在第1行,第0列
    lcd.print("Welcome to Arduino");             //显示
    delay(500);
    for(i=0;i<3;i++)
    {
     lcd.noDisplay();
     delay(500);
     lcd.display();
     delay(500);
    }
    for(i=0;i<24;i++)
    {
     lcd.scrollDisplayLeft();
     delay(500);
    }
    lcd.clear();
    lcd.setCursor(0,0);                          //把光标移回到左上角,即从头开始输出
    lcd.print("Hi,"); //显示
    lcd.setCursor(0,1);                          //把光标定位在第1行,第0列
    lcd.print("Arduino is fun");                 //显示
    delay(2000);
  }
}
void loop()
{ }//初始化已完成显示,主循环无动作
```

小提示

① lcd.print 函数类似 Serial.print。此外，LCD 库具有用于控制光标的位置指令。

② lcd.setCursor () 命令允许指定下一个 lcd.print 开始的位置，即可由程序设置列和行的位置。如果列和行从零开始，则 lcd.setCursor (0, 0) 将光标设置在第 1 列的第 1 行，也就是从头开始。

7.2 MINI12864LCD 模块

MINI12864LCD 模块是一款基于 12864 液晶显示器开发的显示模块，采用 SPI 接口的方式，配合 12864LCD 库文件可轻松显示汉字、字符及图形，有背光 LED 控制，可使显示效

果更美观。MINI12864LCD 模块可显示的内容如下：

① 128 列×64 行点阵单色图片；

② 16×16 点阵和 12×12 点阵汉字及图片；

③ 8 字/行×4 行（16×16 点阵汉字）；

④ 16 字/行×8 行（8×8 点阵的英文、数字、符号）。

MINI12864LCD 模块的实物图如图 7.6 所示。MINI12864LCD 模块的接口标识及功能见表 7-15。

图 7.6　MINI12864LCD 模块的实物图

表 7-15　MINI12864LCD 模块的接口标识及功能

<table>
<tr><th>接口标识</th><th>名　称</th><th colspan="2">功　能</th></tr>
<tr><td>R</td><td>RESET</td><td colspan="2">低电平复位，复位完成后回到高电平，MINI12864LCD 模块开始工作</td></tr>
<tr><td>A</td><td>A0</td><td colspan="2">数据和命令选择。L：命令；H：数据</td></tr>
<tr><td>CS</td><td>CS</td><td rowspan="3">SPI</td><td>片选，低电平有效</td></tr>
<tr><td>C</td><td>SCK</td><td>串行时钟</td></tr>
<tr><td>D</td><td>MOSI（SID）</td><td>数据传输</td></tr>
<tr><td>-</td><td>GND</td><td colspan="2">电源地</td></tr>
<tr><td>+</td><td>VCC</td><td colspan="2">DC 3.3~5.5V</td></tr>
<tr><td>L</td><td>LED</td><td colspan="2">背光 LED 使能，低电平有效</td></tr>
</table>

注：SPI 是串行外设接口（Serial Peripheral Interface）的缩写，是一种高速、全双工、同步的通信总线，只占用 4 个引脚，可节省 PCB 的布局空间。

小提示

MINI12864LCD 模块只支持串行输入（一位一位地发出数据）。

7.2.1 MINI12864LCD 模块的通信方式

MINI12864LCD 模块在串行模式下的时序如图 7.7 所示。

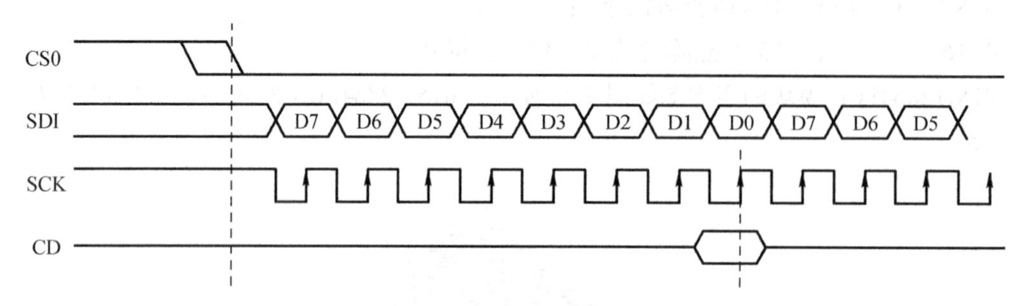

图 7.7 MINI12864LCD 模块在串行模式下的时序

图中，在 2 条竖虚线之间是一次完整的通信过程。第一条虚线从 CS0 变低开始，表明在通信开始时片选要拉低，液晶显示器被选中。在通信结束前，片选一直处于低电平状态，第二条 SDI 数据线可高可低。SCK 时钟线在往右推时第一次被拉低。此时，SDI 数据线出现数据的最高位。在数据被装填好后，SCK 时钟线被拉高，数据的最高位 D7 被发送出去。也就是说，SCK 时钟线被拉低，在装填好要发的数据后再被拉高，数据即可被发送出去。如此反复到第 8 次 D0，当 D0 装填好被拉高的同时，MINI12864LCD 模块会检查 CD 寄存器的选择线，用于确定这 8 个数据是发送给自己执行命令还是显示，一般会在片选信号拉低选中的芯片后，设置好 CD 寄存器选择线的状态。这样，一次通信就完成了。通信结束后，不要忘记将片选信号再拉高，以释放对 MINI12864LCD 模块的控制。

在液晶显示器的寄存器中，寄存器地址的寄存内容与显示屏上显示的内容一一对应。MINI12864LCD 模块在字符显示模式下使用时被分为 8 行，从上到下为 P0~P7，横向对应 127 列，从左到右为 L0~L126。在发送地址时，页地址是直接采用 16 进制的数值发送的，列地址被拆成两个 16 进制的数值，高 4 位和低 4 位分开发送。具体地址可查阅 MINI12864LCD 模块的数据手册。

7.2.2 使用 u8glib 驱动 MINI12864LCD 模块

MINI12864LCD 模块可以与 Arduino 字符显示硬件平台的 SPI 接口连接，也可以使用任意引脚模拟 SPI 接口控制 MINI12864LCD 模块。两种连接方式分别对应两种不同的构造函数。

（1） 硬件 SPI 驱动构造函数 U8GLIB_MINI12864(cs, a0 , reset)

MINI12864LCD 模块在使用硬件 SPI 接口时，通信速度较快，sck 引脚和 mosi 引脚对应连接到 Arduino SPI 接口的 sck 引脚、mosi 引脚。cs 引脚、a0 引脚、reset 引脚等其他引脚可以任意指定。

（2）模拟 SPI 驱动构造函数 U8GLIB_MINI12864(sck，mosi，cs，a0 ，reset)

MINI12864LCD 模块在使用模拟 SPI 接口时，通信速度较慢，所有的引脚都可以连接到 Arduino 的任意引脚上。

为了获得更好的显示效果，在下面的实例中均使用 Arduino 的硬件 SPI 接口连接 MINI12864LCD 模块。MINI12864LCD 模块与 Arduino UNO 开发板连接时的引脚对应情况见表 7-16。

表 7-16　MINI12864LCD 模块与 Arduino UNO 开发板连接时的引脚对应情况

MINI12864LCD 模块引脚	Arduino UNO 开发板引脚
A0	D9
RST	D8
CS	D10
SCK	D13
MOSI	D11
GND	GND
VCC	5V
LED	GND

MINI12864LCD 模块与 Arduino UNO 开发板连接好后，在编写程序代码时应包含 U8glib.h 头文件，并建立一个 lcd 对象，相关语句为

```
#include "U8glib.h"
U8GLIB_MINI12864u8g(10, 9, 8);
```

在建立 u8g 对象后，如果要让 MINI12864LCD 模块显示内容，则还需要一个比较特殊的程序结构，被称为图片循环。图片循环通常会被放在 loop 循环中，代码见程序 7-3。

程序 7-3：u8glib 图片循环结构程序代码。

```
void loop(void)
{
// u8glib 图片循环结构：
  u8g.firstPage();
  do
  {
  draw();
  } while( u8g.nextPage() );
  delay(1000);
}
```

在程序中，draw( ) 函数要包含实现图形显示的语句。

使用 u8glib 实现显示“Hello Arduino”文字的程序代码见程序 7-5。

程序 7-5：使用 u8glib 实现显示“Hello Arduino”文字的程序代码。

```
/*
使用 u8glib 显示字符串
*/
//包含头文件,并新建 u8g 对象
#include "U8glib.h"
U8GLIB_MINI12864u8g(10, 9, 8);
// draw 函数用于包含实现显示内容的语句
void draw()
{
 u8g.setFont(u8g_font_unifont);            // 设置字体
 u8g.drawStr( 0, 20, "Hello Arduino");     // 设置文字及其显示位置
}
void setup()
{
}
void loop()                                // u8glib 图片循环结构:
{
 u8g.firstPage();
 do {
  draw();
   }
while( u8g.nextPage() );
 delay(500);                               // 等待一定时间后重绘
}
```

在下载该程序后，即可看到如图 7.8 所示的显示效果。

小提示

在程序中，draw( ) 函数部分使用 u8g.setFont 和 u8g.drwaStr 两个语句。这是 u8g 实现文字显示的两个步骤。

显示文字首先需要使用 setFont( ) 函数指定显示的字体。setFont(font)的参数 font 即是需要显示的字体。u8glib 支持多种不同大小的字体。程序中使用的 u8g_font_unifont 便是其中的一种字体。读者可以在 https://github.com/olikraus/u8glib/wiki/fontsize 中查询 u8glib 可显示的字体。

图 7. 8　使用 u8glib 显示 “Hello Arduino” 文字的效果

字体被指定好后，可以调用 drawStr( ) 函数输出需要显示的字符。drawStr(x，y，string) 中的参数 x、y 用于指定字符的显示位置，参数 string 为需要显示的字符。LCD 显示屏的左上角为坐标原点，x、y 所指定的位置为字符左下角的坐标。例如，当在 draw( ) 函数中使用以下语句时，会获得如图 7. 9 所示的显示效果。

```
u8g.setFont(u8g_font_osb18);
u8g.drawStr(0, 20, "ABC");
```

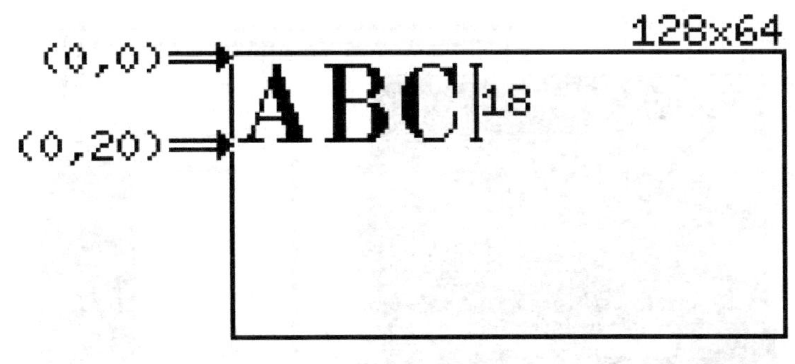

图 7. 9　显示效果

还可以尝试通过以下函数旋转字符的显示方向，即

```
drawStr90(x, y, string);
drawStr180(x, y, string);
drawStr270(x, y, string);
```

第8章　无线模块

Arduino 具备很强的网络通信能力，具有无需 TCP/IP1 连接而通过无线模块建立远程通信的功能。本章将主要介绍能够方便地与 Arduino 建立连接的 HC-06 蓝牙模块和目前应用较广泛的 ESP8266 模块的使用。

8.1　HC - 06 蓝牙模块

HC-06 蓝牙模块可用于与计算机或其他带蓝牙的设备进行通信。蓝牙设备可分为主、从两种模式：作为主设备时，用于查找和连接其他设备；作为从设备时，只能被其他的设备连接。蓝牙设备的通信模式可分为透明传输和 AT 命令两种模式。蓝牙模块主要有 HC-05 和 HC-06 两种模块。HC-05 蓝牙模块是主/从一体化模块，既能向计算机发送指令，也能接受计算机下达的指令。本书将主要介绍 HC-06 蓝牙模块。图 8.1 为 HC-06 蓝牙模块与 Arduino UNO 开发板的接线图。

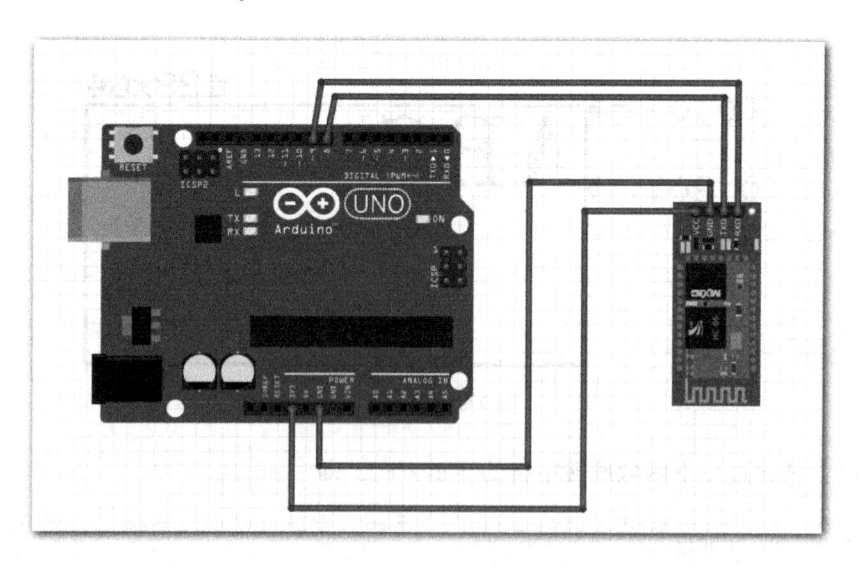

图 8.1　HC-06 蓝牙模块与 Arduino UNO 开发板的接线图

HC-06 蓝牙模块的引出接口包括 VCC、GND、TXD、RXD，预留 LED 灯状态的输出脚。单片机可以通过该输出脚的状态判断 HC-06 蓝牙模块是否已经连接：LED 灯闪烁，表示没有连接；LED 灯常亮，表示已连接并打开接口。HC-06 蓝牙模块的电源电压为 3.6~6V，未配对时的电流约为 30mA，配对后的电流约为 10mA，输入电压禁止超过 7V，在未建立蓝牙连接时，可支持通过 AT 指令设置波特率、蓝牙模块的名称、配对密码及参数掉电保护等功能；在建立蓝牙连接后，可自动切换到透明传输模式。HC-06 蓝牙模块和 Arduino UNO 开发板的接线定义见表 8-1。

表 8-1　HC-06 蓝牙模块和 Arduino UNO 开发板的接线定义

HC-06 蓝牙模块接口	接线定义	Arduino UNO 开发板接口
TXD	TXD 连接单片机的 RX	3 号接口
RXD	RXD 连接单片机的 TX	2 号接口
VCC	VCC 连接+5V	VCC
GND	接地	GND

将 Arduino UNO 开发板通过 USB 接口与计算机连接时，HC-06 蓝牙模块上的红色 LED 灯以每秒 5 次的频率快闪，表示工作正常，但未与主机连接。

下面将运行 Arduino 软件，单击［项目］→［加载库］→［库管理器］，在搜索栏中输入 softserial 后，在下面的库中选择 AltSoftSerial，连接互联网，单击［安装］，安装结束后，关闭窗口。

AltSoftSerial 库的安装如图 8.2 所示。

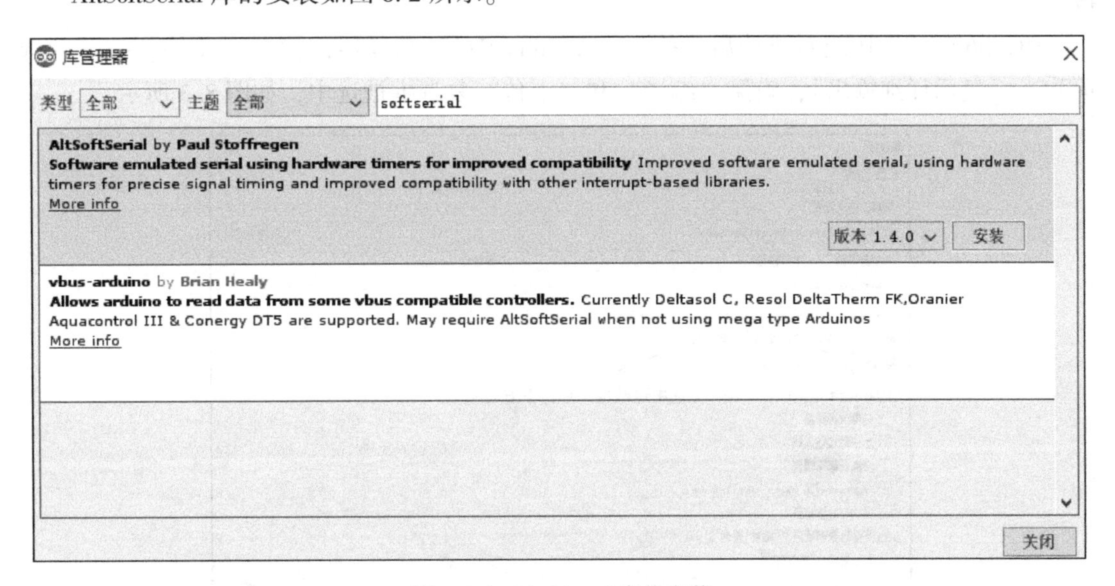

图 8.2　AltSoftSerial 库的安装

HC-06 蓝牙模块的基本参数如下：

① 蓝牙名称：自己命名。

② 蓝牙配对码：1234。

③ 蓝牙模式：从模式。

④ 蓝牙的连接方式：多连接方式。

⑤ 蓝牙的通信波特率：115200b/s。

小提示

针对 Arduino UNO 开发板，其官方下载波特率为 115200b/s，可使用 AT 指令修改 HC-06 蓝牙模块的通信波特率，否则通信无法成功！

了解 HC-06 蓝牙模块的参数后，就可以将 HC-06 蓝牙模块与 Arduino UNO 开发板连接。

HC-06 蓝牙模块上电启动即为工作模式，上电前不用按住黑色小按钮。

8.1.1 HC-06 蓝牙模块与计算机之间的通信

打开计算机的蓝牙，搜索 HC-06 蓝牙模块并进行配对，使计算机与 HC-06 蓝牙模块配对成功。

① 单击计算机的蓝牙管理设备（一般在桌面右下角的任务栏中有显示）。

② 单击［蓝牙］，输入配对码，进行配对即可。

③ 单击［更多蓝牙选项］，找到蓝牙 COM 接口，并记住与 HC-06 蓝牙模块对应的接口。

HC-06 蓝牙模块配对成功后，打开［Arduino IDE］编译器，找到［文件］→［首选项］→［显示详细输出］，确保“编译”和“上传”复选框被选中，如图 8.3 所示。

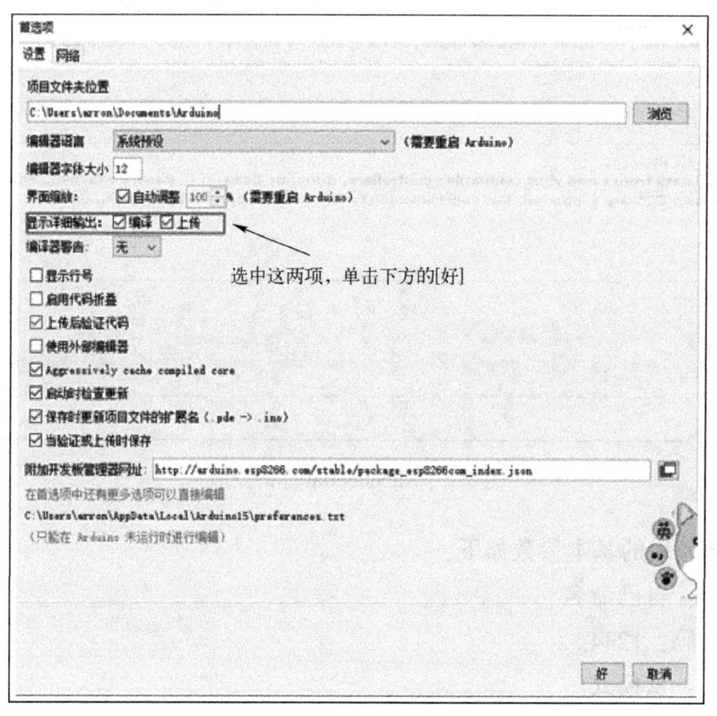

图 8-3　Arduino IDE 编译器

将程序 8-1 的代码输入到 Arduino 中后，单击［烧录］按钮，将代码烧录到 Arduino UNO 开发板中。

程序 8-1：HC-06 蓝牙模块与计算机连接程序代码。

```
#include <SoftwareSerial. h>
//使用软件串口,能将数字接口模拟成串口
SoftwareSerial BT(8, 9);            //新建对象,接收接口为 8,发送接口为 9
char val;                           //存储接收的变量
void setup() {
  Serial. begin(9600);              //与计算机的串口连接
  Serial. println("BT is ready!");
  BT. begin(9600);                  //设置波特率
}
void loop() {
  //如果串口接收到数据,就输出到蓝牙串口
  if (Serial. available()) {
    val = Serial. read();
    BT. print(val);
  }
  //如果接收到蓝牙模块的数据,就输出到显示屏
  if (BT. available()) {
    val = BT. read();
    Serial. print(val);
  }
}
```

连接串口，将程序 8-1 烧录到 Arduino UNO 开发板的内存中，在烧录成功后，单击［工具］→［串口监视器］，HC-06 蓝牙模块的所有数据都会显示在串口监视器中，进入串口，输入 AT 模式指令，查看是否有 OK 返回。如果有 OK 返回，则说明 HC-06 蓝牙模块已经连接并可以使用了。打开计算机的蓝牙功能，查看是否能够检测到 HC-06 蓝牙模块，初始密码为 1234 或0000。程序上传完成后，Arduino UNO 开发板即可通过无线传输下载程序。

小提示

① HC-06 蓝牙模块要在工作模式下使用，设置 AT 指令后，重新供电（不用按黑色小按钮）即可。

② HC-06 蓝牙模块的波特率要与 Arduino UNO 开发板的下载波特率一致，即当 HC-06蓝牙模块的波特率为 115200b/s 时，Arduino UNO 开发板的波特率也要设置为 115200b/s，否则无法成功连接。

③ 计算机的蓝牙或适配器可以成功配对，如果无法成功配对，则可能是由于计算机的蓝牙接口或适配器不适合蓝牙 2.0 协议。

④ 在配对过程中，按一下［RESET］键是很关键的，必须要在满格和显示时按下，在其他的时候按下时会导致程序传输出错！

表 8-2 为 HC-06 蓝牙模块的 AT 模式指令，可以进行简单的设置修改。注意，AT 模式指令一定要大写，“+”不能省略。

表 8-2 HC-06 蓝牙模块的 AT 模式指令

指　令	返　回	功　能
AT	OK	确认连接
AT+VERSION	OKlinvorV1.8	查看版本
AT+NAMEOOO	OKsetname	设置蓝牙名称
AT+PINOOOO	OKsetPIN	设置密码
AT+BAUD1	OK1200	波特率设置为 1200b/s
AT+BAUD2	OK2400	波特率设置为 2400b/s
AT+BAUD3	OK4800	波特率设置为 4800b/s
AT+BAUD4	OK9600	波特率设置为 9600b/s
AT+BAUD5	OK19200	波特率设置为 19200b/s
AT+BAUD6	OK38400	波特率设置为 38400b/s
AT+BAUD7	OK57600	波特率设置为 57600b/s
AT+BAUD8	OK115200	波特率设置为 115200b/s

小提示

通常，Arduino UNO 开发板、Arduino MEGA2560 的波特率为 115200b/s，ATMEL328 的波特率为 57600b/s。ATMEL168、ATMELA8 的波特率为 19200b/s。如果波特率的设置不正确，则会导致连接不正确。

8.1.2 Arduino UNO 开发板使用 HC-06 蓝牙模块与手机连接

Arduino UNO 开发板使用 HC-06 蓝牙模块与手机连接时，首先要设置 HC-06 蓝牙模块的基本参数。HC-06 蓝牙模块基本参数的设置主要包含蓝牙名称、模式及匹配密码等，可以使用 USB-TTL 连接计算机，并通过串口调试软件进入 AT 模式指令进行设置，也可以通过 Arduino UNO 开发板与 HC-06 蓝牙模块的连接进行设置。

程序 8-2：HC-06 蓝牙模块 AT 模式设置的程序代码。

```
#include <SoftwareSerial.h>
// Pin10 为 RX,接 HC06 的 TXD
```

```
// Pin11 为 TX,接 HC06 的 RXD
SoftwareSerial BT(10, 11);
char val;
void setup() {
  Serial.begin(115200);
  Serial.println("BT is ready!");
  BT.begin(115200);
}

void loop() {
  if (Serial.available()) {
    val = Serial.read();
    BT.print(val);
  }
  if (BT.available()) {
    val = BT.read();
    Serial.print(val);
  }
}
```

程序烧录完毕后，将 Arduino UNO 开发板断电，按下 HC-06 蓝牙模块上的黑色小按钮，再给 Arduino UNO 开发板通电，如果 HC-06 蓝牙模块的指示灯按 2s 的频率闪烁，则表明 HC-06 蓝牙模块已经正确进入 AT 模式。

打开 Arduino IDE 的串口监视器，选择正确的接口，将输出格式设置为 Both:NL & CR，波特率设置为 115200b/s，可以看到在串口监视器中显示 的 BT is ready! 信息。

然后，输入 AT 模式指令，如果一切正常，则在串口监视器中会显示 OK。

接下来即可对 HC-06 蓝牙模块的基本参数进行设置，常用的 AT 模式指令为

```
AT+ORGL              #恢复出厂模式
AT+NAME=<Name>       #设置蓝牙名称
AT+ROLE=0            #设置蓝牙为从模式
AT+CMODE=1           #设置蓝牙为任意设备连接模式
AT+PSWD=<Pwd>        # 设置蓝牙匹配密码
```

在正常情况下，发送 AT 模式 指令命令后，在串口监视器中会返回 OK ，如果没有返回任何信息，请检查接线是否正确、HC-06 蓝牙模块是否已经进入 AT 模式。如果上述两点都没有问题，则可能是 HC-06 蓝牙模块有问题，可以找 HC-06 蓝牙模块供应商咨询。

HC-06 蓝牙模块的基本参数设置完成后，可以做一个小实验：通过手机蓝牙控制 Arduino UNO 开发板 LED 灯的亮/灭。

电路设计比较简单，主要包含两部分：

① Arduino UNO 开发板与 HC-06 蓝牙模块的连接；

② Arduino UNO 开发板与 LED 灯的连接。

小提示

ArduinoUNO 开发板上的 TXD 端应与 HC-06 蓝牙模块上的 RXD 端连接。Arduino UNO 开发板上的 RXD 端应与 HC-06 蓝牙模块上的 TXD 端连接。

通过手机蓝牙控制 Arduino UNO 开发板 LED 灯亮/灭的接线图如图 8.4 所示。图中，LED 灯直接连接在 Arduino UNO 开发板的引脚 13 上，在实际的电路连接中，可根据需要，串联几欧姆大小的限流电阻。

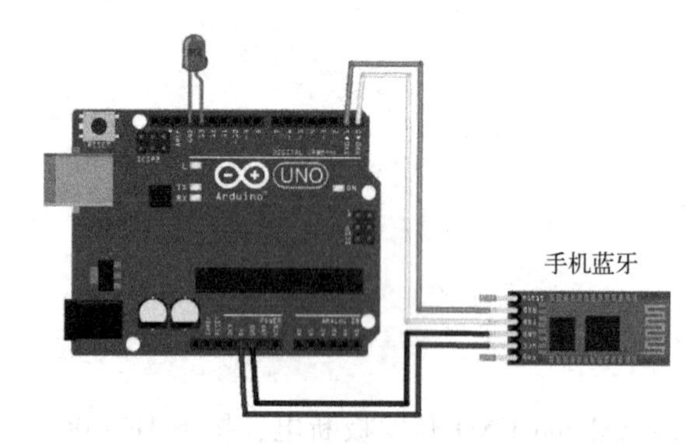

图 8.4　通过手机蓝牙控制 Arduino UNO 开发板 LED 灯亮/灭的接线图

程序 8-3：通过手机蓝牙控制 Arduino UNO 开发板 LED 灯亮/灭的程序代码。

```
void setup()
{
  //设置波特率为 38400
  Serial.begin(38400);
  pinMode(13, OUTPUT);
}
void loop()
{
  while(Serial.available())
  {
    char c=Serial.read();
      if(c=='1')
      {
        Serial.println("BT is ready!");
        //返回到手机调试程序上
```

```
            Serial.write("Serial--13--high");
            digitalWrite(13, HIGH);
        }
    if(c=='2')
    {
        Serial.write("Serial--13--low");
        digitalWrite(13, LOW);
    }
  }
}
```

在 Arduino UNO 开发板上进行调试时，需要下载蓝牙串口调试 APP。

下载蓝牙串口调试 APP 并安装完成后，首先打开手机的蓝牙设置，搜索并匹配蓝牙模块；然后打开 蓝牙串口调试 APP ，让蓝牙串口调试 APP 与蓝牙模块连接，可以在蓝牙串口调试 APP 中输入 1，可以看到 LED 灯点亮，并且能在蓝牙串口调试 APP 中看到返回 Serial--13--high（有些蓝牙串口调试 APP 的返回值可能不是返回在同一行中），再在蓝牙串口调试 APP 中输入 2，可以看到 LED 灯熄灭，在蓝牙串口调试 APP 中返回 Serial--13--low。

8.2　ESP8266 模块

8.2.1　ESP8266 模块的介绍

ESP8266 模块的实物图如图 8.5 所示。

图 8.5　ESP8266 模块的实物图

如果要使用 ESP8266 模块，则首先需要配置 Arduino IDE。打开 Arduino IDE→［文件］→［首选项］，在下面的附加开发板管理网址中输入 http://wechat.doit.am/package_esp8266com_index.json，如图 8.6、图 8.7 所示。

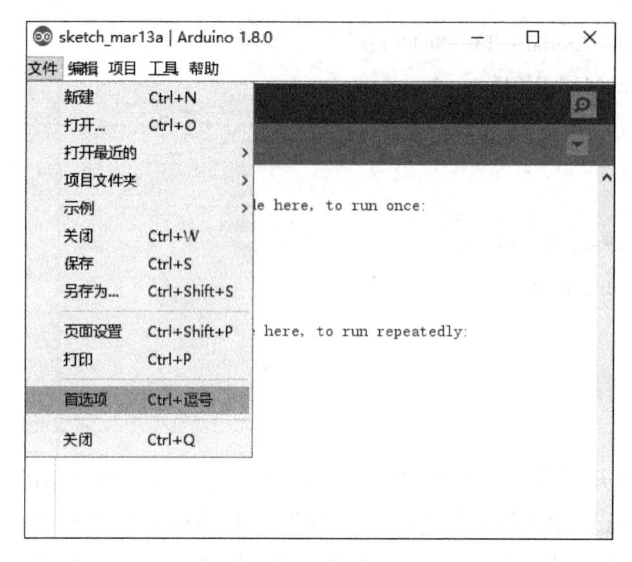

图 8.6 首选项界面

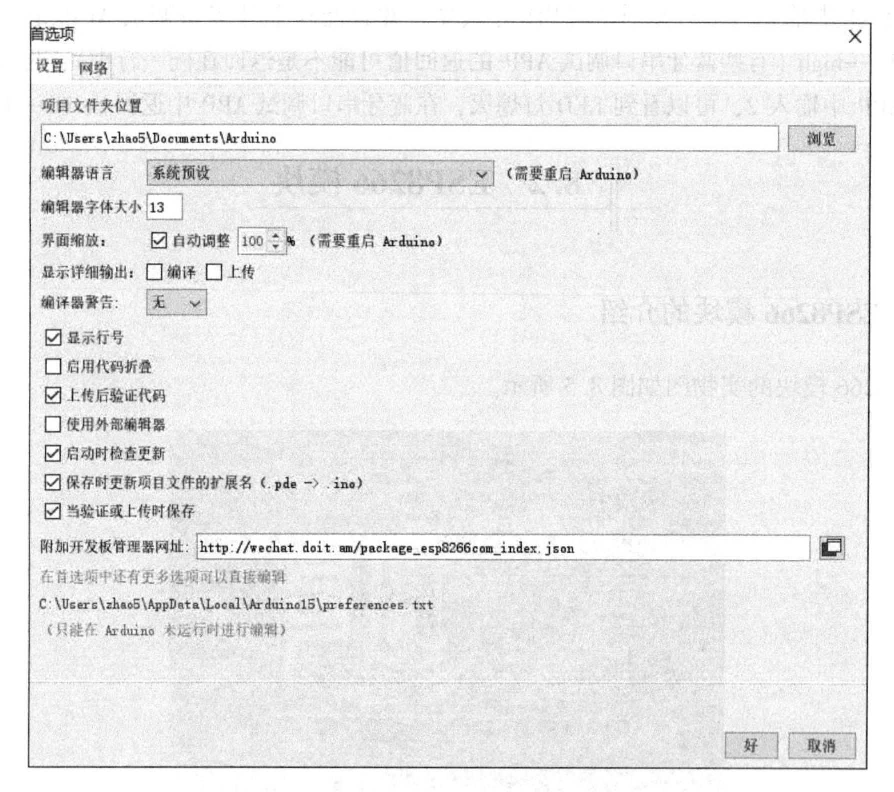

图 8.7 进行 Arduino UNO 开发板的扩充

重启 Arduino IDE，打开［工具］→［开发板］→［开发板管理器］，找到 esp8266 by ESP8266 Community，单击［安装］即可，如图 8.8 所示。

安装成功后，在开发板中就会多出一个 NodeMCU1.0（ESP-12EModule）开发板，如图 8.9 所示，选择即可。

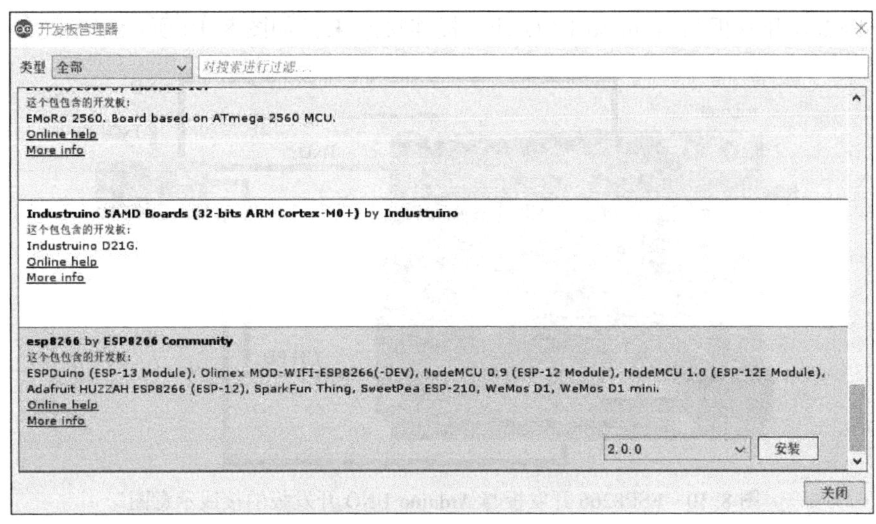

图 8.8　安装 ESP8266 开发板

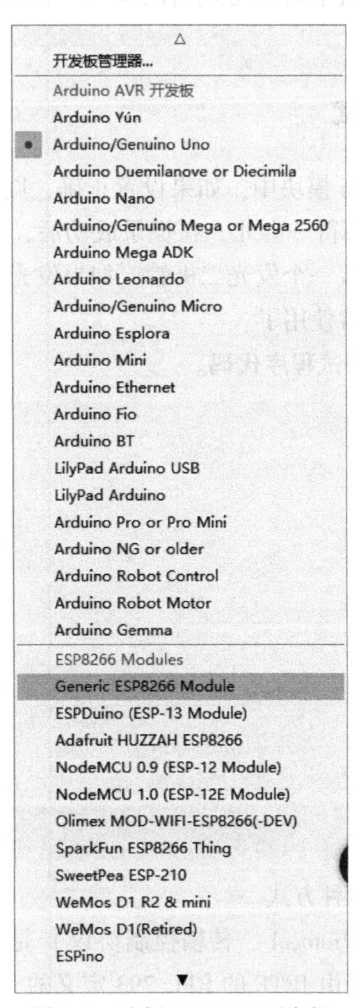

图 8.9　选择 ESP8266 开发板

将 ESP8266 开发板与 Arduino UNO 开发板连接起来，如图 8.10 所示。

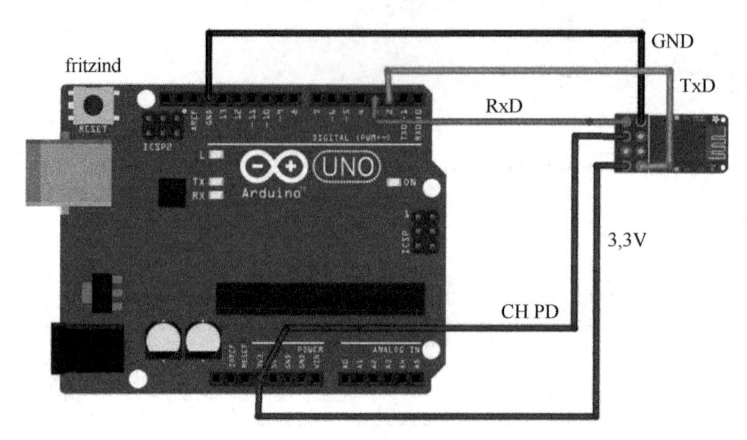

图 8.10　ESP8266 开发板与 Arduino UNO 开发板的接线示意图

将 ESP8266 模块插在计算机上后会出现新的串口，在新的串口上没有出现感叹号，说明安装正确。

8.2.2　ESP8266 模块的调试

将程序 8-4 烧录到 ESP8266 模块中，如果设置正确，则在烧录时，在 ESP8266 模块上的蓝灯会闪烁一段时间；耐心等待一会儿，在烧录成功后，将 ESP8266 模块 GPIO0 接口的接线断开，在 GPIO2 接口上连接一个发光二极管，如果发光二极管每间隔 1s 闪烁一下，则说明 ESP8266 模块已经可以正常使用了。

程序 8-4：ESP8266 模块调试程序代码。

```
void setup()
{
pinMode(2, OUTPUT);
}
void loop()
{
digitalWrite(2, HIGH);
delay(1000);
digitalWrite(2, LOW);
delay(1000);
}
```

WiFi 通信有 TCP 和 UDP 两种方式。

TCP（Transmission Control Protocol，传输控制协议）是一种面向连接的、可靠的、基于字节流的传输层通信协议，是由 IETF 的 RFC 793 定义的，在简化的计算机网络 OSI 模型中，可完成第四层，即传输层所指定的功能。

UDP 是 User Datagram Protocol 的简称，是用户数据报协议，是 OSI（Open System Interconnection，开放式系统互联）参考模型的一种无连接传输层协议，可提供面向事务的简单不可靠信息传送服务。IETF RFC 768 是 UDP 的正式规范。

下面以 TCP 为实例进行讲解，即利用 TCPcleint 在计算机中创建 tcpServer 控制发光二极管。首先要做的是确保所在的环境有可以连接的 WiFi，将程序 8-5 烧录在 ESP8266 模块中。

程序 8-5：利用 TCPcleint 在计算机中创建 tcpServer 控制发光二极管的程序代码。

```
#include <ESP8266WiFi. h>
#define led 2 //发光二极管连接在 ESP8266 模块的 GPIO2 端
const char * ssid        = "test";//这里写入网络的 ssid
const char * password = "12345678";//WiFi 密码
const char * host = "192. 168. 0. 130";//修改为 Server 服务端的 IP,即自己计算机的 IP,确保在同一网络之下
WiFiClient client;
const int tcpPort = 8266;   //修改为自己建立的 Server 服务端的接口号,此接口号是创建服务器时指定的
void setup()
{
Serial. begin(115200);
pinMode(led,OUTPUT);
delay(10);
Serial. println();
Serial. print("Connecting to ");//会通过 usb 转 tll 模块发送到计算机,通过 ide 集成的串口监视器可以获取数据
Serial. println(ssid);
WiFi. begin(ssid, password);//启动
  //在这里检测是否成功连接到目标网络,未连接则阻塞
while (WiFi. status() ! = WL_CONNECTED)
  {
delay(500);
  }
//几句提示
Serial. println("");
Serial. println("WiFi connected");
Serial. println("IP address: ");
Serial. println(WiFi. localIP());
}
void loop()
{
while (! client. connected())//若未连接到服务端,则与客户端连接
  {
if (! client. connect(host, tcpPort))//实际上这一步就是连接服务端,如果连接,则该函数返回 true
```

```
    }
Serial.println("connection....");
delay(500);
    }
  }
  while (client.available())//available()表示是否可以获取数据
  {
    charval = client.read();//read()表示从网络中读取数据。
    if(val=='a'){//pc 端发送 a 和 b 来控制
digitalWrite(led, LOW);
    }
if(val=='b')
    {
digitalWrite(led, HIGH);
    }
  }
}
```

从程序 8-5 代码可以看出，启动的步骤如下：

① WiFi.begin（ssid，password）：连接到指定的 WiFi 网络。

② client.connect（host，tcpPort）：指定客户端要连接的服务器地址。

通过互联网任意找一个串口和网络调试助手如图 8.11 所示。

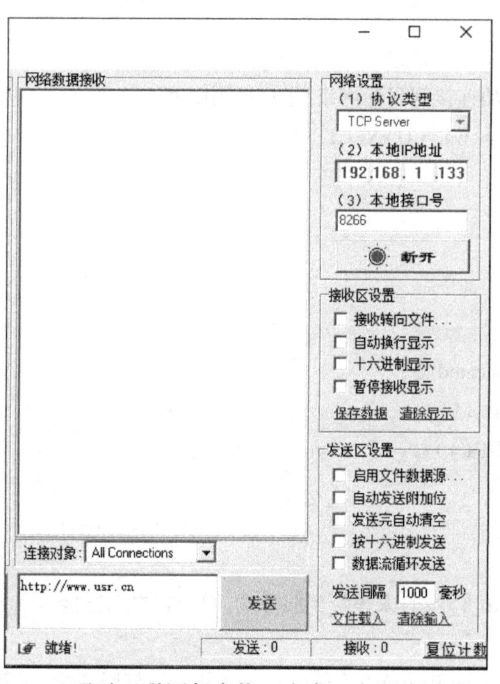

图 8.11　通过互联网任意找一个串口和网络调试助手

图中，在“协议类型”栏填写 TCP Server；在“本地 IP 地址”栏填写本机在本网络中的 IP；“本地接口号”任意指定为 1000~65535，1000 以下大多是系统应用。填好后，给 ESP8266 模块通电，可以在调试工具中看到有客户端连入，通过调试工具发送 a 或 b 即可控制发光二极管的亮/灭。

8.2.3　Arduino UNO 开发板结合 ESP8266 模块访问远程服务器

目前在市面上的主流物联网平台有 Yeelink、乐为、Bylnk 等。其中，Bylnk 为 microduino 量身打造，更易于 Arduino 初学者上手，借助提供的 APP 和接口可以快速实现在手机端接收远程硬件信息。利用现成 APP 的框架总是固定的，接口也有限，样式和功能也有一定的局限性，不能做到完全满足用户的个性化需求。为此，下面将介绍如何使用 ESP8266 模块和 Arduino UNO 开发板在 WiFi 下通过 Web 页面远程控制 LED 灯的亮/灭，实现远程硬件的控制。

1. 配置 Arduino IDE 环境

使用 1.6.4 及以上版本的 Arduino 打开［Arduino IDE］→［文件］→［首选项］，在“附加开发板管理器的网址”一栏写入 http://arduino.esp8266.com/package_esp8266com_index.json 后，重启［Arduino IDE］，依次单击［工具］→［开发板］→［开发板管理器］，在搜索框中输入 esp 就能找到´esp8266 by ESP8266 Community´，单击［安装］。

安装完成后，重启［Arduino IDE］，依次单击［工具］→［开发板］→［Generic ESP8266 Module］，按照下面的信息在工具栏中找到对应项并进行配置。

① Flash Mode：DIO。

② Flash Frequency：40MHz。

③ Upload Using：Serial。

④ CPU Frequency：80MHz。

⑤ Flash Size：4M（1M SPIFFS）。

⑥ Upload Speed：115200。

⑦ Port：对应的 USB 接口（将 Arduino UNO 开发板连接到计算机时，在设备管理器中即会冒出接口号）。

⑧ Programmer：AVRISP mkll。

其他的设置按照默认选择不变。

2. 安装 ArduinoJSON 库

Web 页面程序通常是用 PHP+Apache 进行配置的，如果熟悉这两种工具的使用，则可以访问 Controling LED using ESP8266 HTML app 下载运行。

小提示

Web 页面应用程序的本质就是在主页面上放置两个按钮，单击按钮［ON］会通过 js

调用一张灯亮的图片显示，同时修改 light. json 中的数据为{"light":"on"}；单击按钮［OFF］会通过 js 调用一张灯灭的图片显示，同时修改 light. json 中的数据为{"light":"off"}。

远程控制的形式有很多种（Web 页面应用程序、安卓应用、苹果应用），没必要为了完成测试而实现每种应用，只需要在计算机上新建一个 web project，工程名为 WiFiarduino，建立一个 light. json 文件，内容为{"light":"off"}，在 tomcat 中发布（需要修改接口号为 http 协议默认接口号 80），就能在浏览器端输入 http://localhost/WiFiarduino/light. json 进行查看。

3. 实物连线

ESP8266 模块与 Arduino UNO 开发板的接线定义见表 8-3，连接示意图如图 8.12 所示。

表 8-3　ESP8266 模块与 Arduino UNO 开发板的接线定义

ESP8266 模块接口	Arduino UNO 开发接口
TXD	TX
RXD	RX
VCC	+3. 3V
GND	GND
CH_PD	+3. 3V
GPIO2	+3. 3V
GPIO0	GND

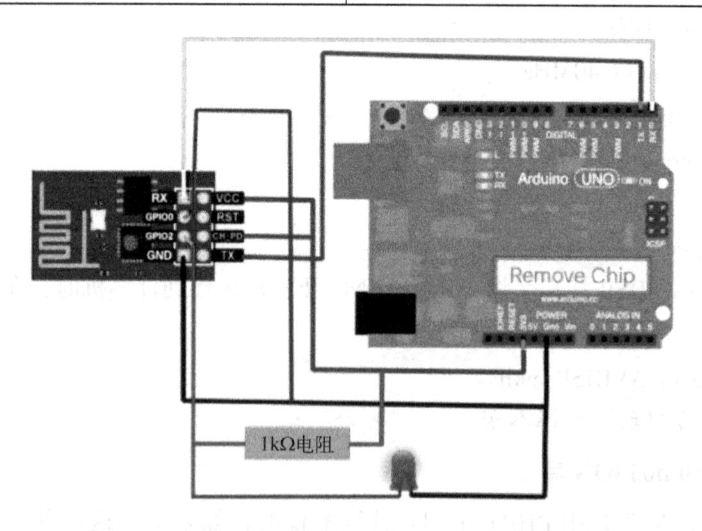

图 8.12　ESP8266 模块与 Arduino UNO 开发板的连接示意图

图中，ESP8266 模块是由低电压（DC 3. 3V）供电的，将 ESP8266 模块的 VCC 端和 CH_PD 端连接到 Arduino UNO 开发板的+3. 3V 上，在 GPIO2 端与+3. 3V 中间连接一个 1kΩ 的电阻。Arduino UNO 开发板的 TX/RX 端用于编程、串口 I/O 及调试。将 ESP8266 模块的

TXD 端与 Arduino UNO 开发板的 TX 端、ESP8266 模块的 RXD 端与 Arduino UNO 开发板的 RX 端对应连接起来。

将 ESP8266 模块设定为 FLASH（烧写）模式，当 GPIO0 接口接地时，ESP8266 模块是以 bootloader 模式（编程模式）启动的，即将 Arduino UNO 开发板中的代码转移到 ESP8266 模块中；在转移完毕后，即可在 Arduino IDE 的底部看到“上传结束”的提示信息，随即代码开始运行；在不需要将 ESP8266 模块一直设定为烧写模式时，直接将 GPIO0 端的接线移除即可，程序将会一直在 ESP8266 模块上执行。

程序 8-6：Arduino UNO 开发板结合 ESP8266 模块访问远程服务器程序代码。

```
#include <ESP8266WiFi. h>
#include <ArduinoJson. h>
const char * ssid     = "myWiFi";                    //修改成可访问的 WiFi 名称
const char * password = "myWiFipassword";            //修改成 WiFi 密码
const char * host     = "192. 168. 1. 10";           //自己的网点域名或 IP
String path = "/WiFiarduino/light. json";            //文件路径
const int pin    = 2;
void setup()
{
  pinMode(pin, OUTPUT);
  pinMode(pin, HIGH);
  Serial. begin(115200);
  delay(10);
  Serial. print("Connecting to ");
  Serial. println(ssid);
WiFi. begin(ssid, password);
  int WiFi_ctr = 0;
while (WiFi. status() ! = WL_CONNECTED)
{
  delay(500);
  Serial. print(".");
  }
  Serial. println("WiFi connected");
  Serial. println("IP address: " + WiFi. localIP());
}
void loop()
{
    Serial. print("connecting to ");
   Serial. println(host);
```

```
WiFiClient client;
    const int httpPort = 80;
    if (! client.connect(host, httpPort)) {
    Serial.println("connection failed");
    return;
    }
   client.print(String("GET ") + path + " HTTP/1.1\r\n" + "Host: " + host + "\r\n" +"Connection:
keep-alive\r\n\r\n");
   delay(500); // wait for server to respond
   // read response
String section="header";
   while(client.available())
{
     String line = client.readStringUntil('\r');
   // Serial.print(line);      // we'll parse the HTML body here
     if (section=="header") { // headers..
     Serial.print(".");
     if (line=="\n") { // skips the empty space at the beginning
     section="json";
     }
   }
   else if (section=="json")
{
     section="ignore";
     String result =line.substring(1);
     int size = result.length() + 1;
     char json[size];
     result.toCharArray(json, size);
     StaticJsonBuffer<200> jsonBuffer;
     JsonObject& json_parsed = jsonBuffer.parseObject(json);
     if (! json_parsed.success())
     {
       Serial.println("parseObject() failed");
       return;
     }
//light 的值是 on,点亮 LED 灯;如果 light 的值是 off,则关闭 LED 灯
     if (strcmp(json_parsed["light"], "on") == 0)
{
     digitalWrite(pin, HIGH);
```

```
        Serial.println("LED ON");
        }
        else {
        digitalWrite(pin, LOW);
        Serial.println("led off");
        }
      }
    }
  Serial.print("closing connection. ");
}
```

小提示

程序代码用到<ESP8266WiFi.h>和<ArduinoJson.h>头文件，实质上是包含在通过ESP8266 模块访问的 light.json 文件中的。如果 json 文件中的 light 值为 on，就点亮 LED 灯；如果 light 的值为 off，就关闭 LED 灯（也可以在本地通过编辑 json 文件中的 light 值控制 LED 灯的亮/灭）。

第 9 章　Arduino 智能搬运小车的设计

智能搬运是在“中国教育机器人比赛”中的一个比赛项目。该比赛项目是模拟在工业自动化过程中自动化物流系统的实际工作过程，可使参赛队员了解自动化物流系统的制作过程。智能搬运是基于 8 位单片机 Atmega328p 小型机器人的比赛项目。小型机器人在比赛场地中移动，将不同颜色的色块分类搬运到对应颜色的位置，并根据小型机器人放置色块的位置精度及完成任务的时间决定分值的高、低。智能搬运系统采用 QTI 寻迹传感器，定位和测距采用超声波传感器，色块颜色采用颜色传感器进行识别分类。

9.1　总体设计方案

智能搬运小车由 Arduino UNO 开发板及外部电路组成，采用 Arduino UNO 开发板作为控制核心，配合红外寻迹传感器、颜色识别传感器、超声波传感器及舵机等外围模块，能够实现小型柱状物料颜色的识别和搬运。智能搬运小车的移动由两轮伺服电动机驱动，万向轮协助转向，并采用多个寻迹传感器辅助完成复杂路线的导航。智能搬运小车的前置超声波传感器能对前方进行扫描，实现方向和距离的定位，安装在车体前端的颜色传感器可根据色块的颜色进行分类，并搬运到相应的颜色区域。智能搬运小车行走的路径如图 9.1 所示。

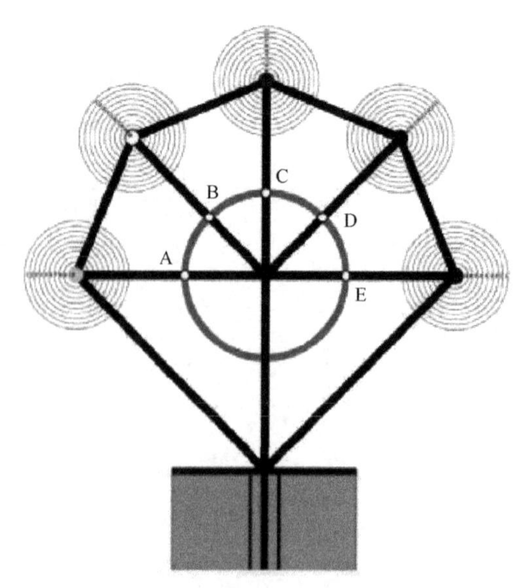

图 9.1　智能搬运小车行走的路径

智能搬运小车在搬运过程中主要分为两个动作：在 A、B、C、D、E 五个点搬运色块，并搬运到中转线上；在中转线上进行颜色的识别，并把不同颜色的色块搬运到相应的颜色分类区后，回到起始位置。

智能搬运小车要实现智能搬运过程，主要包括以下几个方面的内容。

① 车身结构：智能搬运小车主要包括车架、支撑设备及固定装置，在满足各部分功能设计的前提下，在车体上安装硬件设备和连线时，要保持各部件之间的紧凑性，布线要整齐美观，确保智能搬运小车在行走的过程中保持车体的稳定性。

② 搬运系统：智能搬运小车要实现的核心工作就是搬运。智能搬运小车的搬运功能是通过机械臂的配合完成的，在安装机械臂的过程中，要充分考虑机械臂的灵活性和稳定性，防止在搬运过程中，特别是在转弯和调头过程中出现将色块甩出去的情况。

③ 颜色识别系统：智能搬运小车搬运色块的一个典型特征是能够识别色块的颜色，可将不同颜色的色块准确无误地搬运到指定的地点，主要利用颜色传感器实现颜色的识别功能，因此要准备获取不同颜色的阈值范围，防止发生误判情况。

④ 测距系统：为了使智能搬运小车在运行过程中能够准确地识别色块的位置，采用超声波传感器模块实时监测智能搬运小车与色块之间的距离，使智能搬运小车能够始终行驶在安全距离范围内，从而实现定位功能。

⑤ 行走机构：智能搬运小车的行走机构一般包括车轮和电动机，一般要实现直走、转弯、调头及停止等功能，要确保智能搬运小车左右两边电动机的协调性和灵敏性。

⑥ 供电系统：智能搬运小车的供电系统主要为 Arduino UNO 开发板供电。在一般情况下，智能搬运小车使用蓄电池作为电源，配合外部充电装置，应在保证稳定供电的前提下，尽量降低系统设计的成本。

9.1.1　智能搬运小车的结构

智能搬运小车的结构如图 9.2 所示。智能搬运小车的结构主要包括 Arduino UNO 开发板、驱动装置、寻迹装置、避障装置及搬运装置。

9.1.2　智能搬运小车的功能

根据系统的总体结构设计，智能搬运小车可实现 5 种功能，即驱动功能、自动寻迹功能、颜色识别功能、自动测距功能及自动搬运功能。智能搬运小车的系统功能结构如图 9.3 所示。

驱动功能主要用于实现对智能搬运小车车轮的驱动，使智能搬运小车能够正常行驶；自动寻迹功能可使智能搬运小车能够按照既定的路线行走；颜色识别功能可使智能搬运小车能够识别不同颜色的色块；自动测距功能主要用来协助智能搬运小车在行走的过程中对色块的位置进行准备定位；自动搬运功能是智能搬运小车通过推动色块行走来实现搬运的目的。

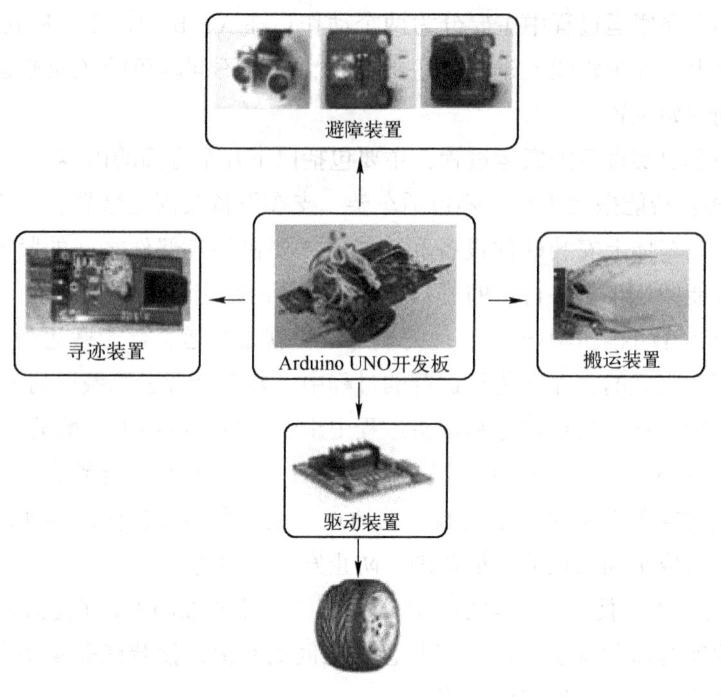

图 9.2　智能搬运小车的结构

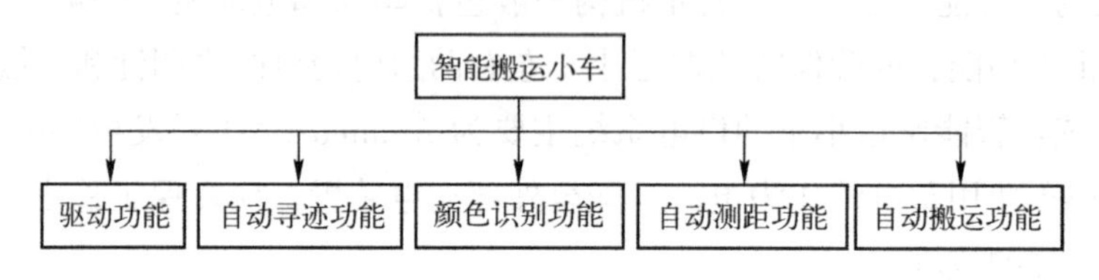

图 9.3　智能搬运小车的系统功能结构

9.2　硬件设计

智能搬运小车的硬件有 Arduino 主控制器、伺服电动机、超声波传感器、QTI 传感器及颜色传感器等。智能搬运小车的硬件结构框图如图 9.4 所示。

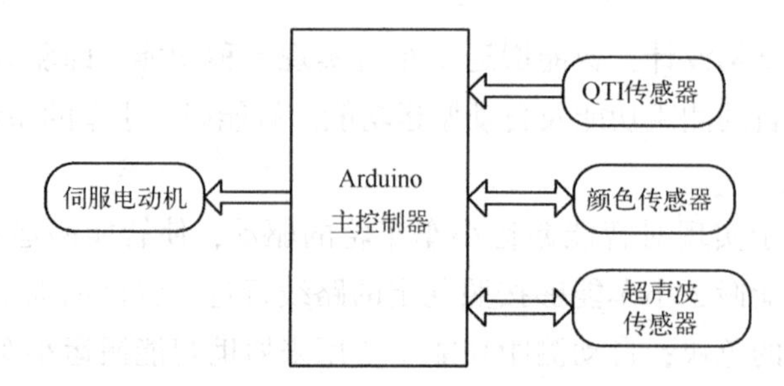

图 9.4　智能搬运小车的硬件结构框图

9.2.1　伺服电动机

伺服电动机是智能搬运小车做移动动作的动力，只能顺时针或逆时针连续旋转，有三根引线，即 B（黑）、R（红）及 W（白），分别代表地线、电源线及信号控制线。智能搬运小车的机械臂由角度舵机控制。

伺服电动机模块的实物图如图 9.5 所示。

图 9.5　伺服电动机模块的实物图

伺服电动机与 Arduino 主控制器的接口连接见表 9-1。

表 9-1　伺服电动机与 Arduino 主控制器的接口连接

Arduino 主控制器接口	伺服电动机接口
PD01	左轮
PD02	右轮

伺服电动机与 Arduino 主控制器连接后，编写简单的代码就可以使智能搬运小车移动起来，可以前进、左转、右转、后退及掉头等。

智能搬运小车在运行过程中的具体控制方式如下。

前进：Arduino 主控制器控制两个伺服电动机正转，同速、同向。

后退：Arduino 主控制器控制两个伺服电动机反转，同速、同向。

左转：Arduino 主控制器控制左伺服电动机停止转动，右伺服电动机以一定的速度使右车轮转动，实现左转。

左旋转：Arduino 主控制器控制左伺服电动机逆时针转动，右伺服电动机顺时针转动，实现大幅度左转。

右转：Arduino 主控制器控制右伺服电动机停止转动，左伺服电动机以一定的速度使左车轮转动，实现右转。

右旋转：Arduino 主控制器控制右伺服电动机逆时针转动，左伺服电动机顺时针转动，实现大幅度右转。

掉头：Arduino 主控制器控制一个伺服电动机正转，另一个伺服电动机反转，实现掉头。

智能搬运小车系统的初始化、IO 设置及伺服电动机输出脉宽的驱动程序代码为

```
#include <Arduino. h>
#include <OpenContinMotor. h>
#include <String. h>
#include <string. h>
#defineservo_left 1
#defineservo_right 2
int i=0;
void Forward( void)            //前进
{
  ContinMotor::PulseOut( servo_left,1540);
  ContinMotor::PulseOut( servo_right,1460);
  delay(10);
}
void Back( void)               //后退
{
  ContinMotor::PulseOut( servo_left,1460);
  ContinMotor::PulseOut( servo_right,1540);
  delay(10);
}
void Stop( void)               //停止
{
  ContinMotor::PulseOut( servo_left,1500);
  ContinMotor::PulseOut( servo_right,1500);
  delay(20);
}
voidGoLeft( void)              //左转
{
  ContinMotor::PulseOut( servo_left,1500);
  ContinMotor::PulseOut( servo_right,1450);
  delay(10);
}
voidGoRight( void)             //右转
{
  ContinMotor::PulseOut( servo_left,1550);
  ContinMotor::PulseOut( servo_right,1500);
```

```
    delay(10);
}
voidTurnLeft(void)                //左旋转
{
    ContinMotor::PulseOut(servo_left,1450);
    ContinMotor::PulseOut(servo_right,1450);
    delay(10);
}
voidTurnRight(void)               //右旋转
{
    ContinMotor::PulseOut(servo_left,1530);
    ContinMotor::PulseOut(servo_right,1540);
    delay(20);
}
void setup(void)
{
    Serial.begin(9600);
    ContinMotor::InitContinMotorPin(servo_left);
    ContinMotor::InitContinMotorPin(servo_right);
}
void loop(void)
{
    Stop();                       //调零
    //Forward();                  //前进
    //GoLeft();                   //左旋转
    //GoRight();                  //右旋转
}
int main(void)
{
    init();                       //初始化处理器内部,必须有
    setup();                      //初始化各外围设备,必须有

    while(1)
    {
        loop();
    }
    return 0;
}
```

主函数通过调用前进、左转、右转、左旋转及右旋转等子函数实现相应的动作，如调用 loop 函数中的前进子函数，则机器人会一直前进，不会停下来。

小提示

① 伺服电动机在使用前一定要先调零，即连续输入 1.5ms 的高电平脉冲、20ms 的低电平脉冲，当伺服电动机静止不动时，则完成调零；否则，要用螺钉旋具微调伺服电动机的调零旋钮（顺时针或逆时针转动）进行调零。

② 伺服电动机的调速：当连续输入 1.7ms 的高电平脉冲、20ms 的低电平脉冲时，伺服电动机沿顺时针以最大的速度旋转；当连续输入 1.3ms 的高电平脉冲、20ms 的低电平脉冲时，伺服电动机沿逆时针以最大的速度旋转；当伺服电动机需要按照顺时针或逆时针的某个角度转动时，则调节相应的输入脉冲宽度即可。

③ 由于伺服电动机的型号参数不可能完全相同，前进、后退等动作很难一致，在移动的过程中不可能走直线，往往有一定的偏差，因此在寻线时需要添加其他的传感器，如 QTI 传感器进行辅助判断。

9.2.2 QTI 传感器

QTI 传感器是采用光电接收器探测物体表面反射光强度的传感器，当 QTI 传感器对着暗淡的物体表面时，反射光强很低；当 QTI 传感器对着明亮的物体表面时，反射光强很高。不同的光强对应着不同的电平输出信号。由此可以约定，当 QTI 传感器探测到黑色物体时输出高电平，探测到白色物体时输出低电平。QTI 传感器有三个引脚，即 GND、Vcc、SIG，分别代表地、电源、信号控制，与 Arduino 主控制器的相关引脚连接就可以获取 QTI 传感器的信号。QTI 传感器的实物图如图 9.6 所示。

图 9.6　QTI 传感器的实物图

QTI 传感器与 Arduino 主控制器的接口连接见表 9-2。

表 9-2　QTI 传感器与 Arduino 主控制器的接口连接

Arduino 主控制器接口	QTI 传感器接口	说　明
A0	QTI1	从智能搬运小车尾部向行驶方向看，由左至右依次为 QTI1～QTI4
A1	QTI2	
A2	QTI3	
A3	QTI4	

QTI 传感器根据红外光信号照射到被测物体表面后反射回来的不同灰度值，简单识别所处的环境，再根据环境做相应的动作。

前行：在黑色轨迹上行走时，保持前行状态。

后退：在黑色轨迹上行走时，保持后退状态。

右转：当寻迹传感器检测到智能搬运小车在黑色轨迹上向左偏离时，可通过 Arduino 主控制器控制智能搬运小车右转，直到智能搬运小车回到正常轨迹上。

左转：当寻迹传感器检测到智能搬运小车在黑色轨迹上向右偏离时，可通过 Arduino 主控制器控制智能搬运小车左转，直到智能搬运小车回到正常轨迹上。

停车：当寻迹传感器检测到前方为全白，即检测到智能搬运小车到站时，可通过 Arduino 主控制器控制智能搬运小车停车。

QTI 传感器采集数据的驱动程序代码为

```
#include <Arduino. h>
#include <OpenQti. h>
#include <String. h>
#include <string. h>

#defineqti1   14
#defineqti2   15
#defineqti3   16
#defineqti4   17
void setup( void)
{
   Serial. begin( 9600) ;
   Qti : : InitSingleQti( qti1) ;
   Qti : : InitSingleQti( qti2) ;
   Qti : : InitSingleQti( qti3) ;
   Qti : : InitSingleQti( qti4) ;
}
void loop( void)
{
```

```
    //打印输出到串口调试助手
    Serial.print(Qti::GetQtiStatus(qti1),DEC);
    Serial.print(Qti::GetQtiStatus(qti2),DEC);
    Serial.print(Qti::GetQtiStatus(qti3),DEC);
    Serial.println(Qti::GetQtiStatus(qti4),DEC);
    Serial.println(1 * Qti::GetQtiStatus(qti1)+2 * Qti::GetQtiStatus(qti2)+4 * Qti::GetQtiStatus(qti3)+8
  * Qti::GetQtiStatus(qti4));
    delay(300);
}
int main(void)
{
    init();          //初始化处理器内部
    setup();         //初始化各外围设备
    while(1)
    {
      loop();
    }
    return 0;
}
```

该代码段仅给出如何在系统初始化、外设初始化后读取 QTI 传感器采集数据的实例程序代码。如果希望智能搬运小车按照设定的路线移动，则需要配合特定的场地或环境条件编写专门的寻迹算法，使智能搬运小车根据识别场地环境的灰度值，按照既定或复杂的路线进行寻线移动。

小提示

QTI 传感器非常适合寻线、探测场地边缘等场合。在安装时，QTI 传感器与探测物体的距离以 10mm 为佳，中间两个 QTI 传感器的中心距离以 11mm 为宜，也可以是中心点对着场地寻线的边缘，旁边两个 QTI 在开槽杆件的两端。若智能搬运小车在前进的过程中出现抖动现象，则可以通过微调 QTI 传感器的安装位置来消除抖动。

9.2.3 超声波传感器

超声波传感器主要用于测距定位或感知是否有障碍物，在智能搬运小车中主要用于定位距离或扫描是否有色块。超声波传感器的测距驱动程序代码为

```
#include<Arduino.h>                    //封装在静态库文件中
#include "OpenUltrasonic.h"
```

```
const int trig = 12;                    //超声波传感器模块的 Trig 引脚
const int echo = 10;                    //超声波传感器模块的 Echo 引脚

unsigned long pulsewidth=0;
unsigned long millimetre=0;
unsigned long dis=0;
uint8_t Trigpin;
uint8_t Echopin;

void InitUltrasonic(uint8_t trig,uint8_t echo)
{
  Trigpin = trig;
  Echopin = echo;
  pinMode(trig,OUTPUT);                 //PB0 置为输出,Trig
  pinMode(echo,INPUT);                  //PB2 置为输入,Echo
  digitalWrite(echo,LOW);
  digitalWrite(trig,LOW);
}
unsigned long DistanceDetection(void)
{
  //首先给 Trig 一个 10μs 的启动脉冲
  delayMicroseconds(5);
  digitalWrite(Trigpin,HIGH);
  delayMicroseconds(10);
  digitalWrite(Trigpin,LOW);
  //读取 Echo 引脚高电平状态的持续时间,指定超时时间为 18.5ms(18500L),即 18.5×0.34m=6.29m
  //3.145mm 距离
  //当超出测量范围时,返回值为 0
  pulsewidth = pulseIn(Echopin,HIGH,18500L);      //pulsewidth 单位为 μs
  millimetre=pulsewidth * 0.34;          //转换成 mm
  return millimetre/2;                   //返回实际距离(单位为 mm),误差为 3mm
}
//初始化
void setup(void)
{
  InitUltrasonic(trig,echo);
  Serial.begin(9600);
}
int main(void)
{
```

```
    init();
    setup();
    delay(1000);
    //Serial.println("Start......");
    while(1)
    {
      dis = DistanceDetection();              //1180mm 为最佳距离,超声波传感器
      Serial.println((float)dis,1);
      delay(50);
    }
    return 0;
}
```

上述 HC-SR04 超声波传感器模块测距驱动程序代码，首先调用 init()函数实现系统和外设初始化，随后调用测距子函数实现超声波测距，以达到避障和距离定位的目的。

小提示

HC-SR04 超声波传感器模块在安装时要平视（在仰视或俯视时都会引起误差），有效测量范围为 2~450cm，测距精度可达 2mm。

9.2.4 颜色传感器

自然界中的各种颜色都是由不同比例的红、绿、蓝三原色混合而成的。颜色传感器就是通过检测某个颜色中的三原色比例进行颜色识别的。智能搬运小车采用的是 TCS230 颜色传感器。TCS230 颜色传感器的实物图如图 9.7 所示。在识别颜色时，TCS230 颜色传感器依次选定颜色滤波器（红、绿、蓝），只有对应颜色的入射光可以通过，其他颜色的入射光被阻止，从而得到对应颜色的光强。

图 9.7　TCS230 颜色传感器的实物图

TCS230 颜色传感器自带两个高亮的白色 LED 灯，可有助于提高颜色识别的准确性；输入引脚 S0、S1 用于选择输出比例因子或电源关断模式，不同的输出比例因子可控制不同的

输出频率，以适应不同的需求；输入引脚 S2、S3 用于选择滤波器的类型；输入引脚 LED 用于点亮两个 LED 灯；OUT 为频率输出引脚，典型输出频率范围为 2Hz(0.5s)～500kHz(2μs)；GND 为接地引脚；+5V 和 VDD 引脚接 5V 电源。在工作时，TCS230 颜色传感器首先打开 LED 灯，选择输出比例因子；然后依次选定不同的颜色滤波器，每选定一个颜色滤波器，就检测由输出引脚输出的不同频率（光强）的方波脉冲数；最后根据得到的三原色脉冲数的比例识别颜色。S0～S3 为 TCS230 颜色传感器的工作控制引脚。表 9-3 给出的是 S0～S3 的组合选项。

表 9-3　S0～S3 的组合选项

S0	S1	输出比例因子	S2	S3	颜色滤波器的类型
0	0	关闭电源	0	0	红色
0	1	1:50	0	1	蓝色
1	0	1:5	1	0	无
1	1	1:1	1	1	绿色

在理论上，白色是由等量的红色、绿色及蓝色混合而成的。TCS230 颜色传感器对三原色的敏感性不同，导致输出的 R、G、B 光强不相等，在使用前必须进行白平衡调整。所谓白平衡，就是告诉智能搬运小车什么是白色，使 TCS230 颜色传感器对“白色”中三原色 R、G、B 的输出是相等的。

通过白平衡调整可以得到在识别颜色时需要用到的选通信道时间基准。白平衡的调整过程为：在 TCS230 颜色传感器前的适当位置（一般为 2cm 左右）放一个白色物体，打开 LED 灯，选择输出比例因子，依次选定红色、绿色及蓝色的滤波器，在每个通道（也称信道）的脉冲计数为 255 时就关闭通道，分别得到在每个通道中所用的时间。这个时间就是识别颜色时要用的时间基准。识别颜色就是根据时间基准计算脉冲数。其具体过程为：打开 LED 灯；选择输出比例因子（与白平衡时相同）；依次选定不同的颜色滤波器，颜色滤波器的选通时间与在白平衡处理过程中获得的相应通道的时间基准相同；根据得到脉冲数识别颜色。

TCS230 颜色传感器与 Arduino 主控制器的接口连接见表 9-4。

表 9-4　TCS230 颜色传感器与 Arduino 主控制器的接口连接

Arduino 主控制器接口	TCS230 颜色传感器接口	说　明
PE4	S0	颜色传感器，地引出脚、电源引出脚连接在开发板上的相应地、电源接口
PE5	S1	
PE6	S2	
PE8	S3	
PE10	LED	
PD2	OUT	

在 RGB 模式下，某一种色彩是由红、蓝、绿三原色组成的。该色彩的三原色会在某个范围内变化，适当扩大三原色的变化范围，测试色彩就不会出错。为了防止出错，可设置出错条件，在出错的情况下再进行三原色值的调整，直到测试出正确的色彩。TCS230 颜色传感器相应的代码设置、颜色识别驱动代码为

```
#include <Arduino.h>
#include "OpenColorSensor.h"
#define Yellow   1     //黄
#define White    2     //白
#define Red      3     //红
#define Black    4     //黑
#define Blue     5     //蓝

//传感器引脚定义
const int colorpin[6]={7,6,5,4,8,3};              //颜色传感器引脚连接

//颜色传感器变量
int refer_time[3]={0,0,0};                         //白平衡得到的基准时间
int clrpulses[3] = {0,0,0};
int currentcolor=0;

char recog_times=0;
char i=0;

volatileint pulses=0;                              //脉冲数
volatileint stdtime=0;                             //时间计数器
int s0,s1,s2,s3,led,out;                           //颜色传感器引脚
volatile bool flag = false;
void Init_INT1(void)
{
    cli();                                         //屏蔽所有中断
    EICRA |= (1<<ISC10)|(1<<ISC11);                //外部中断 1 上升沿触发中断
}
void Init_Timer0(void)
{
    TCCR0A |= (1<<WGM01);                          //CTC 功能
    TCCR0B |= (1<<CS01);                           //8 分频,时钟周期 16/8=2MHz,0.5μs
    TCNT0 = 0;
    OCR0A = 10;
    sei();                                         //开启总中断
}
voidOpenRedFilter(void)                            //红色滤波器
{
```

```
    digitalWrite(s2,LOW);//S2--PD6
    digitalWrite(s3,LOW);//S3--PD7
}
voidOpenBlueFilter(void)           //蓝色滤波器
{
    digitalWrite(s2,LOW);
    digitalWrite(s3,HIGH);
}
voidOpenGreenFilter(void)          //绿色滤波器
{
    digitalWrite(s2,HIGH);
    digitalWrite(s3,HIGH);
}
voidClosePower(void)               //关闭电源
{
    digitalWrite(s0,LOW);
    digitalWrite(s1,LOW);
}
void Out1than50(void)              //输出比例 1:50
{
    digitalWrite(s0,LOW);
    digitalWrite(s1,HIGH);
}
void Out1than5(void)               //输出比例 1:5
{
    digitalWrite(s0,HIGH);
    digitalWrite(s1,LOW);
}
void Out1than1(void)               //输出比例 1:1
{
    digitalWrite(s0,HIGH);
    digitalWrite(s1,HIGH);
}
bool ColorreCognt(int timestd[3],int value[3])
{
    digitalWrite(led,HIGH);     //开灯
    delay(100);
    //红色
```

```
    pulses=0;
    stdtime=0;
    TCNT0 = 0;
    TIMSK0 |=(1<<OCIE0A);      //定时器1溢出中断使能,执行中断服务函数
    Out1than1();
    OpenRedFilter();
    EIMSK |= (1<<INT1);        /*使能外部中断1请求*/
    while(stdtime != timestd[0]);
    EIMSK &=~(1<<INT1);
    TIMSK0 &=~(1<<OCIE0A);
    ClosePower();
    if(pulses > 255)
    {
        pulses = 255;
    }
    value[0] = pulses;

    //蓝色
    pulses=0;
    stdtime=0;
    TCNT0 = 0;
    TIMSK0 |=(1<<OCIE0A);      //定时器1溢出中断使能,执行中断服务函数
    Out1than1();
    OpenBlueFilter();
    EIMSK |= (1<<INT1);        /*使能外部中断1请求*/
    while(stdtime != timestd[1]);
    EIMSK &=~(1<<INT1);
    TIMSK0 &=~(1<<OCIE0A);
    ClosePower();
    if(pulses > 255)
    {
        pulses = 255;
    }
    value[1] = pulses;

    //绿色
    pulses=0;
    stdtime=0;
```

```
    TCNT0 = 0;
    TIMSK0 |=(1<<OCIE0A);       //定时器 1 溢出中断使能,执行中断服务函数
    Out1than1();
    OpenGreenFilter();
    EIMSK |= (1<<INT1);          /*使能外部中断 1 请求*/
    while(stdtime != timestd[2]);
    EIMSK &=~(1<<INT1);
    TIMSK0 &=~(1<<OCIE0A);
    ClosePower();
    if(pulses > 255)
    {
        pulses = 255;
    }
    value[2] = pulses;
    digitalWrite(s0,LOW);
    digitalWrite(s1,LOW);
    digitalWrite(led,LOW);
    return true;
}
    bool WhiteBalance(int refertime[3])
    {
    digitalWrite(led,HIGH);//LED
    delay(100);

    //红色滤波器
    stdtime=0;
    pulses=0;                    //计数清零
    TCNT0 = 0;
    TIMSK0 |=(1<<OCIE0A);       //定时器 1 溢出中断使能,执行中断服务函数
    Out1than1();
    OpenRedFilter();
    EIMSK |= (1<<INT1);          /*使能外部中断 1 请求*/
    while(!(flag&0x1));          //等待定时到
    TIMSK0 &=~(1<<OCIE0A);
    ClosePower();
    EIMSK &=~(1<<INT1);

    refertime[0] = stdtime;      //保存脉冲数
```

```
flag=false;

//蓝色
stdtime=0;
pulses=0;                          //计数清零
TCNT0 = 0;
TIMSK0 |=(1<<OCIE0A);              //定时器 1 溢出中断使能,执行中断服务函数
Out1than1();
OpenBlueFilter();
EIMSK |= (1<<INT1);                /* 使能外部中断 1 请求 */
while(! (flag&0x1));
TIMSK0 &=~(1<<OCIE0A);
ClosePower();
EIMSK &=~(1<<INT1);

refertime[1] = stdtime;
flag=false;

//绿色
stdtime=0;
pulses=0;                          //计数清零
TCNT0 = 0;
TIMSK0 |=(1<<OCIE0A);              //定时器 1 溢出中断使能,执行中断服务函数
Out1than1();
OpenGreenFilter();
EIMSK |= (1<<INT1);                /* 使能外部中断 1 请求 */
while(! (flag&0x1));
TIMSK0 &=~(1<<OCIE0A);
ClosePower();
EIMSK &=~(1<<INT1);

refertime[2] = stdtime;
flag=false;

digitalWrite(s0,LOW);              //S0,关闭电源
digitalWrite(s1,LOW);              //S1
digitalWrite(led,LOW);             //LED

return true;
```

```
}
void InitColorSenor(const int pin[6])
{
//S0 =pin[0]
//S1 =pin[1]
//S2 =pin[2]
//S3 =pin[3]
//LED =pin[4]
//OUT = pin[5],必须是 PD3
s0=pin[0];
s1=pin[1];
s2=pin[2];
s3=pin[3];
led=pin[4];
out=pin[5];
pinMode(s0,OUTPUT);
pinMode(s1,OUTPUT);
pinMode(s2,OUTPUT);
pinMode(s3,OUTPUT);
pinMode(led,OUTPUT);
pinMode(out,INPUT);

Init_INT1();                    //外部中断 1
Init_Timer0();                  //16 位定时器 1
}
SIGNAL(INT1_vect)
{
pulses++;                       //脉冲计数器
if(pulses == 255)               //白色光源时,三色滤波的值都默认是 255
{
    flag = true;
}
}
SIGNAL(TIMER0_COMPA_vect)  //TCNT0 与 OCR0A 发生匹配时,TCNT0 自动清零并发生中断
{
    stdtime++;
}

void setup(void)
```

```
{
InitColorSenor(colorpin);
Serial.begin(9600);
}
//主函数
int main(void){
init();
setup();
delay(1000);

delay(2000);
for(i=0;i<3;i++)
{
    WhiteBalance(refer_time);        //白平衡
    delay(200);
}
//CatchTop();
//Serial.println("Start......");
while(1)
{
    ColorreCognt(refer_time,clrpulses);
    Serial.print("R:");
    Serial.print(clrpulses[0]);
    Serial.print(" ");
    Serial.print("G:");
    Serial.print(clrpulses[2]);
    Serial.print(" ");
    Serial.print("B:");
    Serial.println(clrpulses[1]);
}
return 0;
}
```

主函数先调用白平衡函数可以得到三个基准颜色滤波器的时间基准，再通过颜色测试函数 Robot_checkColor()进行的测试时间值对比，可得出相应颜色的时间值，根据这些颜色的三原色范围值，即可快速测出色块的颜色。

小提示

TCS230 颜色传感器安装后，与色块的距离是固定的，是不可以改变的，否则所调节的白平衡不对，识别的颜色也会出错。如果使用上述程序代码的颜色判断函数，则 TCS230 颜色传感器的最佳安装高度为 27mm。

9.3　软件设计

9.3.1　软件总体设计

根据比赛项目要求，智能搬运小车只搬运 A、B、C、D、E 五个点的色块，先将五个点的色块全部搬运到中转线上后，再对色块进行颜色识别，并搬运到相应的颜色分类区域。搬运结束后，智能搬运小车回到起始位置。软件总体设计框架如图 9.8 所示。

在调用 Arduino 静态库进行编程的情况下，主函数在开始阶段必须调用 init 函数进行硬件接口资源的初始化，接着就是智能搬运小车所有外设的初始化，延时 2s 后进行白平衡调整。此时，TCS230 颜色传感器的 LED 灯闪烁 3 次，进行 3 次白平衡调整。拿走色块，延时 2s后，智能搬运小车开始寻线移动，之后进入大循环。主程序函数执行流程图如图 9.9 所示。

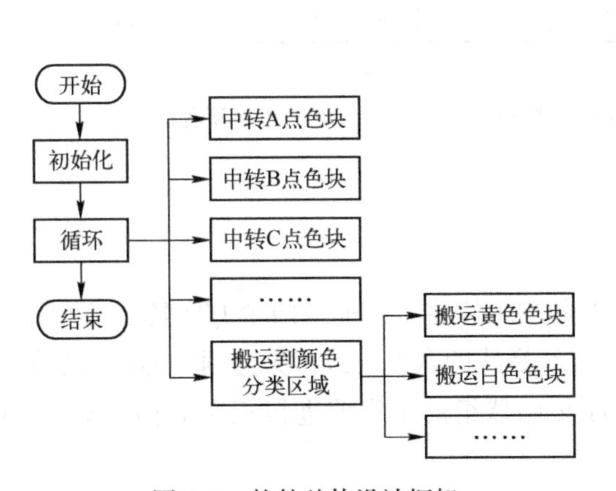

图 9.8　软件总体设计框架

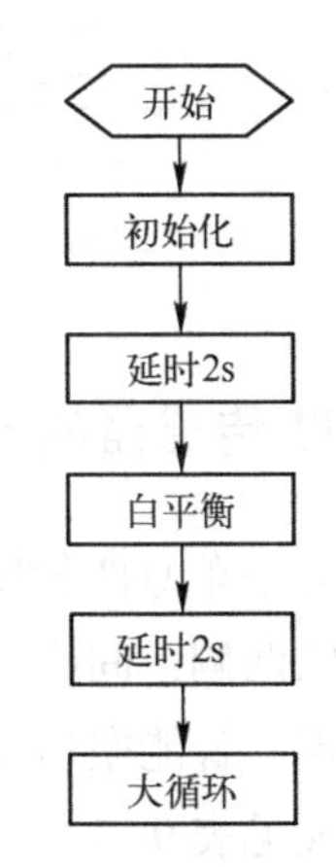

图 9.9　主程序函数执行流程图

主函数的大循环采用分支结构，分支结构 1~分支结构 5 是从出发点依次到五个存放色块的点，取色块并搬运到缓存区存放；分支结构 6 是先识别颜色后，再将色块搬运到颜色分类区域。主函数的大循环搬运流程图如图 9.10 所示。

搬运色块到颜色分类区域的过程采用分支结构，先对色块进行颜色识别；然后根据颜色的识别结果，分支结构 1 是将黄色色块搬运到黄色分类区域，分支结构 2 是将白色色块搬运到白色分类区域……分支结构 5 是将蓝色色块搬运到蓝色分类区域；最后一个

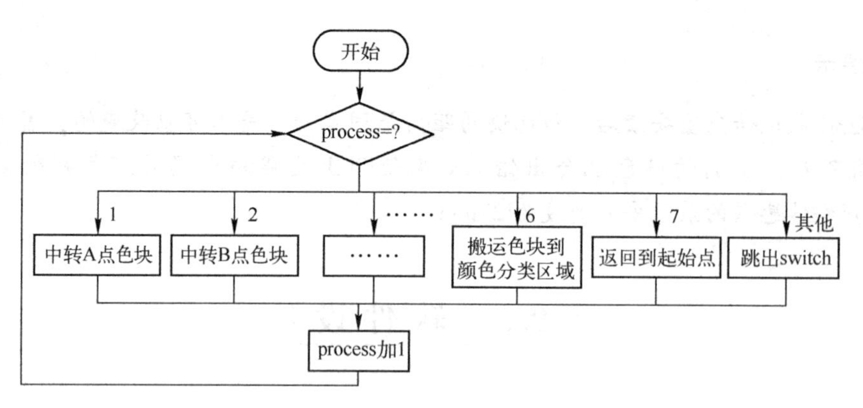

图 9.10　主函数的大循环搬运流程图

分支结构是返回到起始区，并停下来。将色块从缓存区搬运到颜色分类区域的程序流程图如图 9.11 所示。

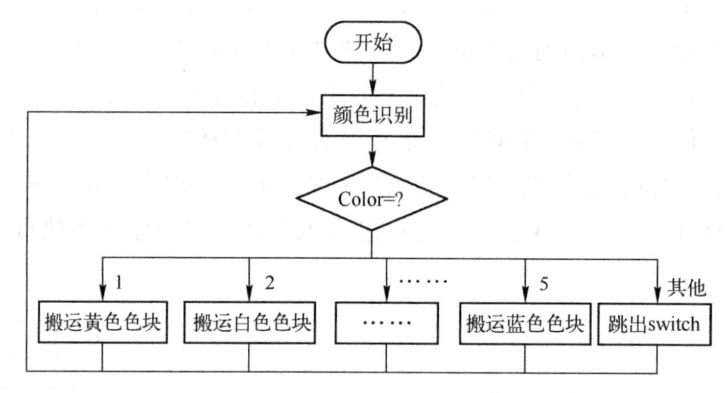

图 9.11　将色块从缓存区搬运到颜色分类区域的程序流程图

9.3.2　QTI 传感器的寻线算法

智能搬运小车 QTI 传感器组包括 4 个 QTI 传感器：中间两个 QTI 传感器位于智能搬运小车中心线的两侧，间距为 12mm，与寻线黑线的宽度一致；旁边两个 QTI 传感器安装在开槽杆件的两端。智能搬运小车按照 QTI 传感器组的采集值进行相应的移动动作。QTI 传感器的寻线方式见表 9-5。

表 9-5　QTI 传感器的寻线方式

QTI 传感器的状态（左侧—右侧）	智能搬运小车的状态	下一步的策略
0110	直线前进	继续前进
1000	向左倾斜	大方向右转
1100	向左倾斜	轻微右转
0001	向右倾斜	大方向左转
0011	向右倾斜	轻微左转

QTI 传感器寻线算法的流程图如图 9. 12 所示。

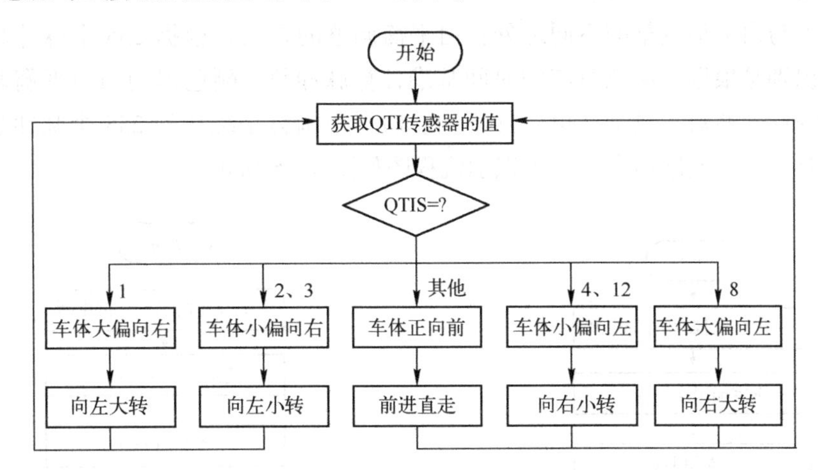

图 9. 12　QTI 传感器寻线算法的流程图

9. 3. 3　超声波定位算法

超声波定位算法主要是在智能搬运小车从中转线上搬运色块时，用于定位智能搬运小车与色块之间的距离，当超声波检测到在前面的某个范围内有色块时，就会做出取色块的相应动作。超声波定位算法的流程图如图 9. 13 所示。

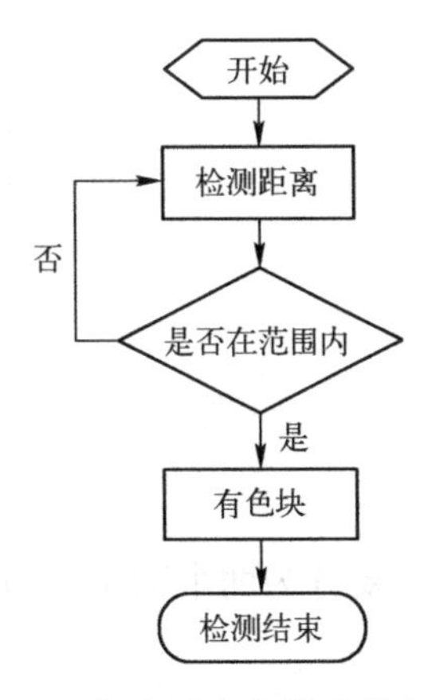

图 9. 13　超声波定位算法的流程图

9. 3. 4　白平衡和颜色识别算法

白平衡的调整过程通常需要选定输出比例因子为 1∶1（S0 为 1，S1 为 1），点亮 LED 灯，依次选定红色、蓝色、绿色滤波器即可得到三原色对应的时间基准。例如，计算红色对应时间基准的方法为：选定红色滤波器，打开定时器 0 和外部中断 1，当产生 255 次外部中断时，关闭定时器 0 和外部中断 1。此时，定时器 0 的中断累积时间即为红色对应的时间基准。白平衡调整流程图如图 9. 14 所示。

颜色识别与白平衡调整的不同之处：白平衡调整的目的是根据 255 个脉冲数获取时间基准；颜色识别是根据三原色对应的时间基准计算脉冲数。颜色识别与白平衡调整的过程一致，也是统计脉冲数，只是结束条件不同。白平衡调整是统计到 255 个脉冲数结束；颜色识别是定时到时间基准结束。颜色识别流程图如图 9. 15 所示。

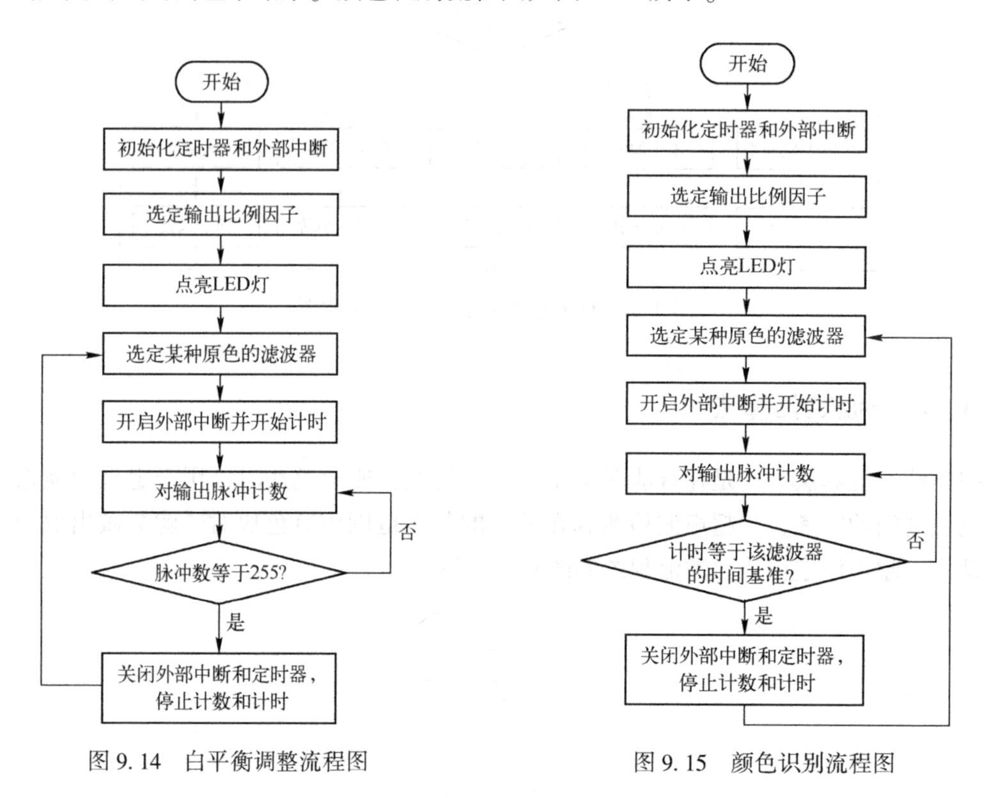

图 9. 14　白平衡调整流程图

图 9. 15　颜色识别流程图

9. 3. 5　搬运过程

在搬运过程中，智能搬运小车主要分为两个动作，即中转过程和搬运分类过程。

（1）中转过程

智能搬运小车通过寻线分别移动到 A、B、C、D、E 五个点上，将五个点的色块搬运到中转线上，用定时器定时寻线，间隔一段距离后放下色块（最后一个色块不用中转）。中转过程分为三个步骤：第一个步骤为先寻线到中心点，再转向有色块的方向，该程序段定义为中转子 1；第二个步骤为从中心点去某个点搬运色块，并掉头寻线，该程序段定义为中转子 2；第三个步骤为从中心点定时盲走，间隔一段距离后放下色块，该程序段定义为中转子 3。中转过程三个步骤的流程图如图 9. 16、图 9. 17、图 9. 18 所示。

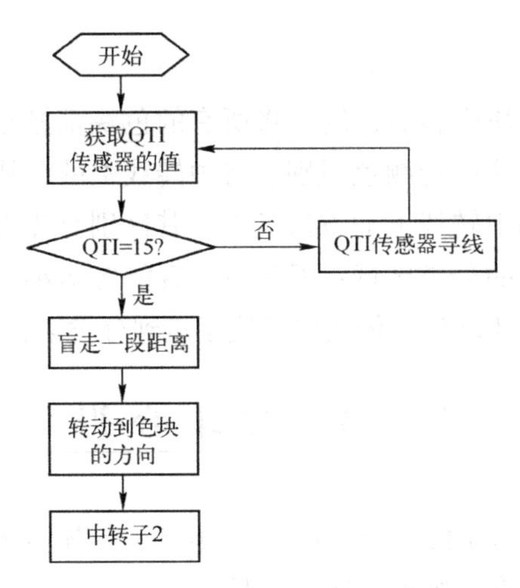

图 9.16　先寻线到中心点，再转向有色块方向的流程图

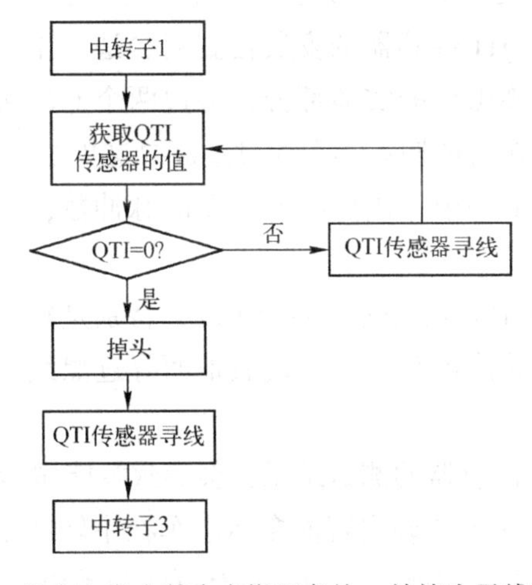

图 9.17　从中心点去某个点搬运色块，并掉头寻线的流程图

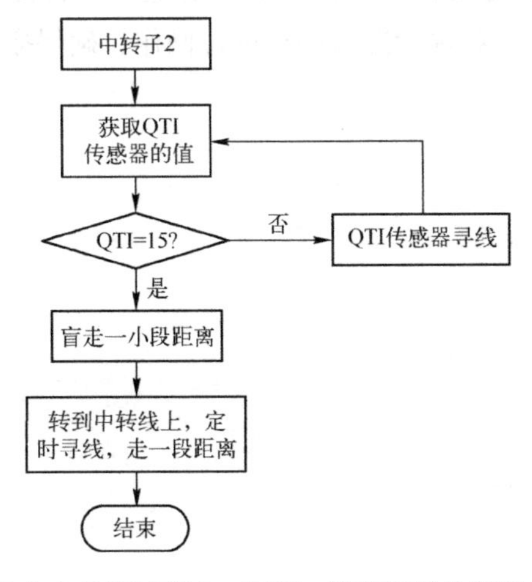

图 9.18　从中心点定时盲走，间隔一段距离后放下色块的流程图

（2）搬运分类过程

智能搬运小车在进行色块中转后，统一将所有的色块都搬运到对应的目标区域，中转到第五个点的色块时会对色块进行颜色识别。将中转线上的色块搬运到颜色分类区域的方法与从五个点将色块搬运到中转线上的方法类似，其区别是先对颜色进行识别；再将中转线上的色块搬运到对应颜色的分类区域；返程时，智能搬运小车通过超声波传感器定位本次所要搬运的色块，重复上述动作，依次将色块搬运到分类区；最后回到起始区。

9.4 设计心得

① 在刚拿到智能搬运小车时，不能马上连接电源，首先需要检查主控制器的接口是否有黏合在一起的情况。如没有，则可以连接电源。

② QTI 传感器的安装高度要到实际场地测试是否可用，尽量在没有反光的地方调试，否则会有很大的干扰。四个 QTI 传感器的安装位置要合适，中间两个 QTI 传感器可以靠在一起，投影下来位于地面寻迹黑线的实体部分，旁边两个 QTI 传感器分开，并远离中间两个 QTI 传感器。即便如此，在智能搬运小车通过地面寻迹黑线中心十字路口时还会有干扰，此时，可通过现场扫描寻找下一根寻迹黑线所需要的脉冲数，控制智能搬运小车盲走一段距离。

③ 智能搬运小车在通过中心点后转向某个角度，特别是转向 A 方向时，即使 QTI 传感器对着地面寻迹黑线，返回的值也有可能不代表地面寻迹黑线，此时，可通过调节 QTI 传感器之间的距离来解决。

④ 光线太强会干扰 QTI 传感器的测试结果，会导致智能搬运小车在通过中心点时失败。

⑤ 如果采用定时器的定时方式确定智能搬运小车在中转线上摆放色块的距离，则会由于摩擦或方向走偏而需要修正，因此摆放的距离有可能与预想的不一致。

⑥ 选择直流驱动需要消耗较大的电流，电池的电量对智能搬运小车的速度会有影响，应尽可能在电量充足的情况下对智能搬运小车进行操作，确保搬运时的准确度。

第10章　智能气象站的设计

近几年，由工业化进程导致的环境污染问题日益突出，随着环境状况的不断恶化，雾霾天气日益严重，已经严重影响了人们的正常出行、生活及健康，了解环境状况的需求越来越迫切。伴随着当前移动互联网技术的飞速发展，3G、WiFi、GPRS等无线通信方式的出现和广泛应用为实时环境状况的监测提供了条件。人们可以随时随地了解所处环境的状况，为出行和生活提供便捷的服务，也为寻求更加健康的环境提供依据。

本章基于Arduino平台设计一种简单快捷、成本低廉、实用性很好的系统（智能气象站）。智能气象站可用于气象要素的测量、收集、处理及分析。

10.1　总体设计方案

10.1.1　主要功能

智能气象站系统主要实现的功能如下。

① 实时检测气象数据，各种气象传感器的数据可通过SD卡存储。

② 记录历史环境数据，以便在任何时间都可以进行分析处理，预测环境的变化情况。

③ 当温/湿度超出设定的阈值时能自动报警，并驱动蜂鸣器发出声音报警。

④ 可将数据上传到物联网平台，实现数据的存储、调取或实现远程控制等，无需过多地关心服务器的细节。

10.1.2　工作原理

智能气象站系统的设计主要包括温度和湿度的测量、显示及实现便捷的控制。智能气象站系统的硬件选用Arduino Mega 2560主控模块、DHT11传感器、角位移传感器、BMP085压力传感器及BH1750FVI光强度传感器。

目前，温度和湿度都是通过DHT11数字温/湿度传感器进行检测的，并将所测的温/湿度数据传送到Arduino Mega 2560主控模块中进行数据的分析和处理等。

角位移传感器配合风向标可以获取风向数据，并将所测的风向数据传送到Arduino Mega

2560 主控模块中进行数据的分析和处理等。

BMP085 压力传感器可以将实时感应的气压数据传送到 Arduino Mega 2560 主控模块中进行数据的分析和处理等。

BH1750FVI 光强度传感器是用于两线式串行总线接口的数字型光强度传感器集成电路，可以获取实时的光强度。

10.1.3 设计方案

在保证实现基本功能的基础上，根据具体要求，智能气象站系统的设计方案要尽可能降低软、硬件的成本。智能气象站系统的总体设计方案如图 10.1 所示。

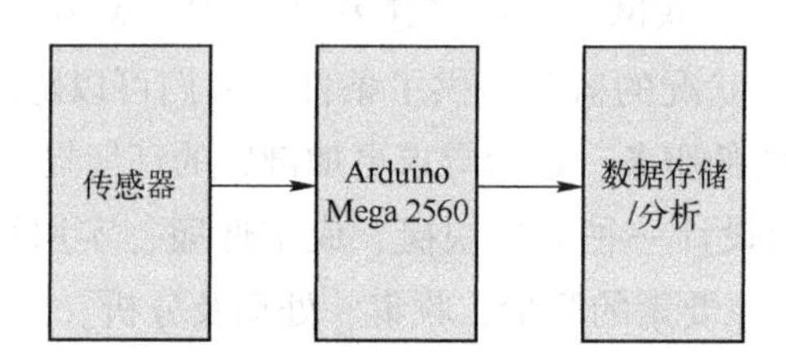

图 10.1 智能气象站系统的总体设计方案

10.2 硬件设计

10.2.1 主控模块

Arduino Mega 2560 主控模块是一种采用 USB 接口的核心电路板，工作电压为 5V，输入电压的最大范围为 6~20V，推荐范围为 7~12V。Arduino Mega 2560 主控模块的处理器核心是 ATMega 2560，具有 54 个数字 I/O 接口（其中的 16 个接口可用于 PWM 输出）、16 个模拟输入接口、4 个 UART 接口、1 个 16MHz 的晶体振荡器、1 个 USB 接口、1 个电源插座、1 个 ICSP header 及 1 个复位按钮，特别适合需要大量 I/O 接口的设计。Arduino Mega 2560 能够兼容为 Arduino Mega 2560 UNO 的扩展板。

Arduino Mega 2560 主控模块的实物图如图 10.2 所示。

Arduino Mega 2560 主控模块已经发布第三版，与前两版相比有以下特点：

① 在 AREF 处增加两个接口 SDA 和 SCL，支持 I^2C 总线；增加 IOREF 和一个预留接口，可兼容 5V 和 3.3V 的核心电路板。

② 改进了复位电路的设计。

③ USB 接口芯片由 ATMega16U2 替代了 ATMega8U2。

Arduino Mega 2560 主控模块可以通过三种方式供电，能够自动选择供电方式：

① 外部直流电源通过电源插座供电；

图 10.2　Arduino Mega 2560 主控模块的实物图

② 电池连接电源连接器的 GND 和 VIN 引脚；

③ USB 接口直接供电。

Arduino Mega 2560 主控模块的电源接口说明：

① VIN：当外部直流电源接入电源插座时，可以通过 VIN 向外部供电；也可以通过 VIN 向 Arduino Mega 2560 直接供电；VIN 有电时，将忽略从 USB 或其他引脚接入的电源。

② 5V ：通过稳压器或 USB 的 5V 电压为 Arduino Mega 2560 上的 5V 芯片供电。

③ 3.3V：通过稳压器产生的 3.3V 电压为 Arduino Mega 2560 主控模块供电，最大驱动电流为 50mA。

④ GND ：电源地。

注意要点：

① 在 Arduino Mega 2560 主控模块的 USB 接口附近有一个可重置的熔断器，对电路可起保护作用，当电路中的电流超过 500mA 时，会断开与 USB 接口的连接。

② Arduino Mega 2560 主控模块提供了自动复位设计，可以通过主机进行复位，即通过 Arduino Mega 2560 软件下载程序到 Arduino Mega 2560 主控模块中进行自动复位，不需要复位按钮；在 Arduino Mega 2560 主控模块的印制板上丝印“RESET EN”的位置设计有专门的复位使能接口，施加有效电平可以使能和禁止自动复位功能。

③ Arduino Mega 2560 主控模块的设计与 Arduino Mega 2560 USB 接口标准版的设计完全兼容。

10.2.2　DHT11 数字温/湿度传感器

DHT11 数字温/湿度传感器的性能指标参见 5.2 节。DHT11 数字温/湿度传感器通过总线与单片机进行通信，占用资源少，编程实现简单，发送数据的格式为 ：8bit 湿度整数数据+8bit 湿度小数数据+8bit 温度整数数据+8bit 温度小数数据+8bit 校验和。主机先给

DHT11 数字温/湿度传感器发送一个启动信号，等待 DHT11 数字温/湿度传感器的响应输出信号，然后进行温/湿度的检测并发送和传输。图 10.3 为 DHT11 数字温/湿度传感器的传输过程。

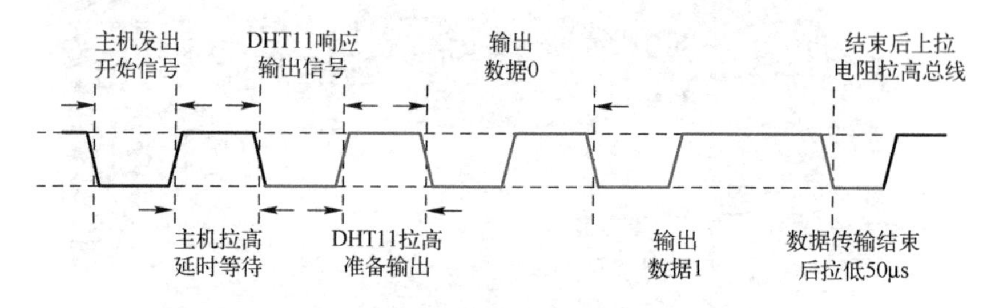

图 10.3　DHT11 数字温/湿度传感器的传输过程

从图 10.3 中可以看出，主机先将数据线拉低（空闲时为高），然后再次拉高，等待 DHT11 数字温/湿度传感器响应输出信号，也就是等待数据线被拉低，当 DHT11 数字温/湿度传感器准备输出数据时，再将数据线拉高，输出数据给单片机，单片机根据高电平时间的长短判别输出的数据是 0 还是 1，最后进行校验位的检查，完成数据的传输。

10.2.3　角位移传感器

角位移传感器可将对角度的测量转换为对其他物理量的测量，采用非接触式专利设计，与同步分析器和电位器等其他传统的角位移测量仪相比，有效提高了可靠性。

角位移传感器根据敏感原理的不同有以下三种类型：

① 将对角度变化量的测量转换为对电阻变化量测量的变阻器式角位移传感器；

② 将对角度变化量的测量转换为对电容变化量测量的面积变化型电容角位移传感器；

③ 将对角度变化量的测量转换为对感应电动势变化量测量的磁阻式角位移传感器。

角位移传感器的设计独特，在不使用滑环、叶片、接触式游标及电刷等易磨损活动部件的前提下仍可保证测量精度。

角位移传感器的特点：采用特殊形状的转子和绕线线圈；模拟线性可变差动传感器（LVDT）的线性位移；有较高的可靠性和性能；由转子轴的旋转运动产生线性输出信号；可围绕出厂预置的零位移动±60°（共 120°）。此输出信号的相位表明离开零位的位移方向。转子的非接触式电磁耦合使产品具有无限的分辨率，即绝对测量精度可达零点几度。

10.2.4　BMP085 压力传感器

BMP085 压力传感器是一款高精度、超低能耗的压力传感器，可以应用在移动设备中。

其性能卓越，绝对精度最低可以达到 0.03hPa，耗电极低，在省电模式下的工作电流只有 3μA。BMP085 压力传感器采用 8-pin 陶瓷无引线芯片载体（LCC）超薄封装，可以通过 I^2C 总线直接与各种微处理器连接。

BMP085 压力传感器的主要特点如下。

① 压力范围：300~1100hPa（海拔为 9000~500m）。

② 电源电压：1.8~3.6V（VDDA），1.62~3.6V（VDDD）。

③ LCC8 封装：无铅陶瓷载体封装（LCC）。

④ 尺寸：5.0mm×5.0 mm×1.2mm。

⑤ 低功耗：5μA（标准模式）。

⑥ 高精度：在低功耗模式下，分辨率为 0.06hPa（0.5m）；在高线性模式下，分辨率为 0.03hPa（0.25m）。

⑦ 反应时间：7.5ms。

⑧ 待机电流：0.1μA。

⑨ 无需外部时钟电路。

⑩ 含温度输出。

⑪ I^2C 接口。

⑫ 温度补偿。

⑬ 无铅，符合 RoHS 规范。

BMP085 压力传感器数据的读取步骤如下。

（1）从 BMP085 压力传感器中读取数据的步骤

① 发送模块地址+W（表示要进行写操作）。

② 送寄存器地址（register address）。

③ 重新开始 I^2C 传输（Restart）。

④ 发送模块地址+R（表示要进行读操作）。

⑤ 读取测量值的高 8 位（MSB）。

⑥ 读取测量值的低 8 位（LSB）。

（2）向 BMP085 压力传感器发送命令的步骤

① 发送模块地址+W（表示要进行写操作），如 d 中的 0xEE。

② 发送寄存器地址（register address）。

③ 发送寄存器的值（control register data）。寄存器的值代表 BMP085 压力传感器需要进行的测量方式。不同寄存器的值分别代表测量温度、低精度压力测量、中精度压力测量及高精度压力测量。

10.2.5　BH1750FVI 光强度传感器

BH1750FVI 光强度传感器是用于两线式串行总线接口的数字型光强度传感器集成电路，

可以根据采集的光强度调整液晶显示屏或键盘背景灯的亮度。BH1750FVI 光强度传感器的分辨率高，可以探测较大范围的光强度变化。

BH1750FVI 光强度传感器主要具有以下特点。

① 支持 I^2C 总线接口，即支持由串行数据（SDA）线和串行时钟（SCL）线与总线连接器件之间的数据传输模式；

② 对光源的依赖性弱，在日常生活中常用的白炽灯、荧光灯、卤素灯、白光 LED 及日光灯等都可以引起数据变化；

③ 受红外线的影响较小；

④ 光线的强、弱转化过程可将输入的光强度转化为对应的亮度数值，实现一一对应；

⑤ 可通过降低功率实现低电流化。

I^2C 总线有三种数据传输模式，即标准模式、快速模式及高速模式。标准模式的传输速度为 100kb/s；快速模式的传输速度为 400 kb/s；高速模式的传输速度为 3.4Mb/s。三种数据传输模式向下兼容。I^2C 总线支持 7 位和 10 位地址空间的设备和在不同电压下运行的设备。

BH1750FVI 光强度传感器的主要技术指标见表 10.1。

表 10.1　BH1750FVI 光强度传感器的主要技术指标

参　数	符　号	额 定 值	单　位
电源电压	U_{max}	4.5	V
运行温度	T_{opr}	-40~85	℃
存储温度	T_{xtg}	40~100	℃
反向电流	I_{max}	7	V
功率损耗	P_d	260	mW

10.2.6　硬件电路的连接

智能气象站系统的硬件电路连接可以分为以下几个步骤。

（1）将 Arduino Mega 2560 主控模块与面包板连接

① 将 Arduino Mega 2560 主控模块的 5V、GND 接口通过杜邦线引出，插在面包板的“+”“-”插孔上，使面包板的正、负极通电，用于为各个元器件提供电源。

② 将 Arduino Mega 2560 主控模块的 SDA、SCL 接口通过杜邦线引出，插在面包板上，方便带有 II^2C 通信接口的模块并联使用，如图 10.4 所示。

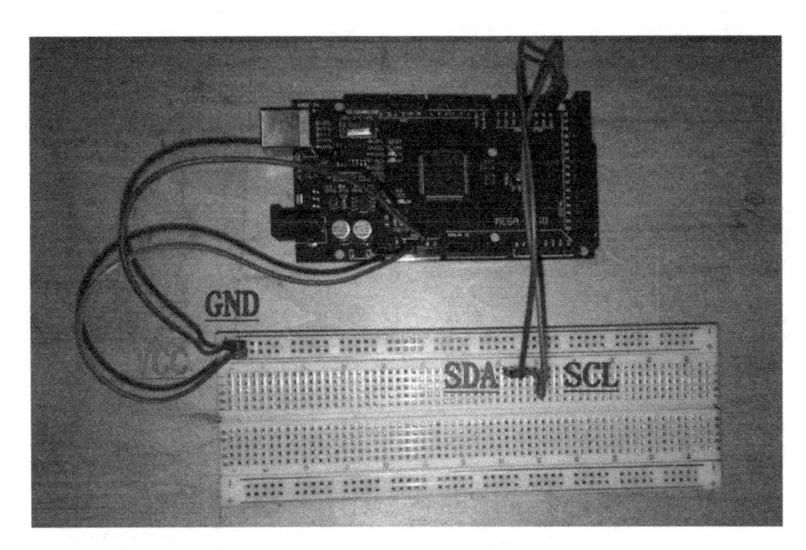

图 10.4　Arduino Mega 2560 主控模块与面包板的连接

（2）BMP085 压力传感器的连接

在 BMP085 压力传感器的接口中找到 VCC、GND、SDA、SCL 接口，通过杜邦线将这些接口连接在面包板相对应的插孔上，如图 10.5 所示。

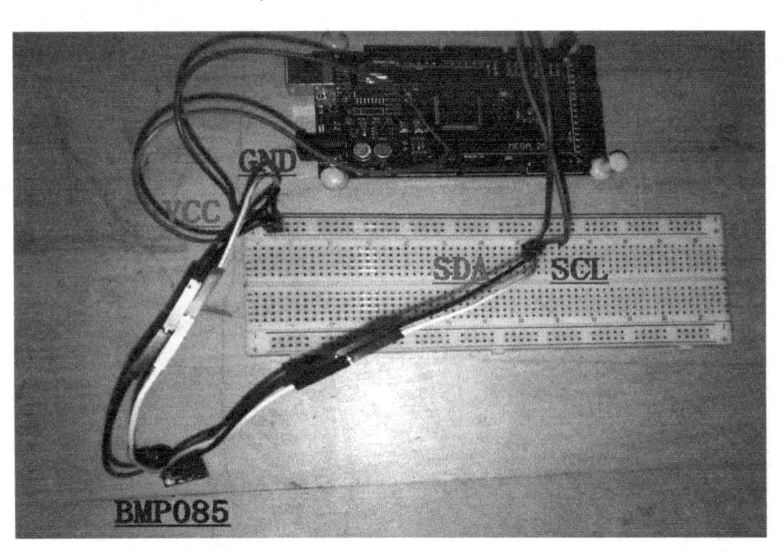

图 10.5　BMP085 压力传感器的连接

（3）BH1750FVI 光强度传感器的连接

BH1750FVI 光强度传感器使用 I^2C 通信协议进行通信，可以与 BMP085 压力传感器并联在 I^2C 通信线路上，即通过杜邦线将 SDA、SCL 接口引出，与 BMP085 压力传感器的 SDA、SCL 接口并联在一起，同时也将 BH1750FVI 光强度传感器的 VCC、GND 接口用杜邦线连接在面包板的相应插孔上，如图 10.6 所示。

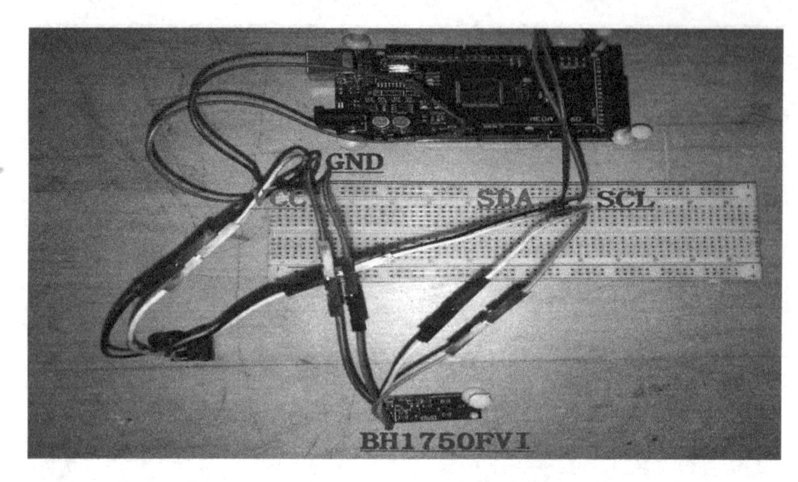

图 10.6　BH1750FVI 光强度传感器的连接

（4）DHT11 数字温/湿度传感器的连接

DHT11 数字温/湿度传感器与 Arduino Mega 2560 主控模块的连接方式为：Arduino Mega 2560 主控模块的 VCC 接口与面包板的 VCC 插孔；Arduino Mega 2560 主控模块的 GND 接口与面包板的 GDN 插孔连接；面包板的 DATA 插孔连接在 Arduino Mega 2560 主控模块的 22 接口上。

DHT11 数字温/湿度传感器的连接如图 10.7 所示。

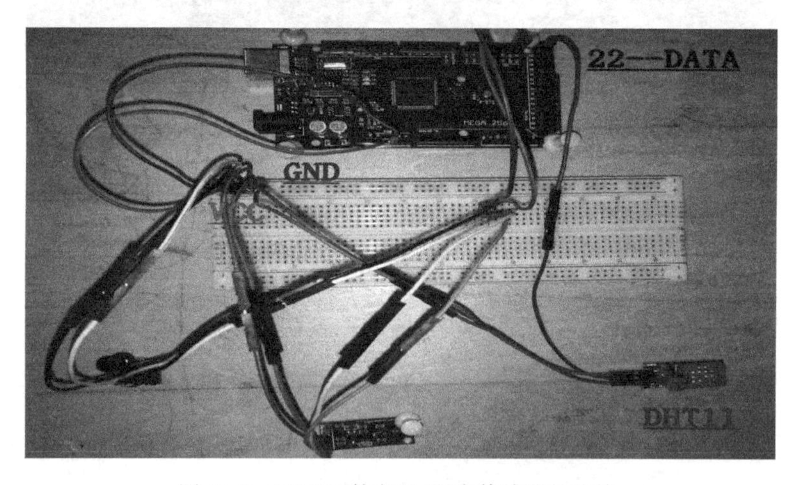

图 10.7　DHT11 数字温/湿度传感器的连接

（5）角位移传感器的连接

角位移传感器其实就是一个滑动变阻器，围绕角位移传感器设计一个分压电路，通过测量由角度变化引起的电压变化，计算角位移传感器主轴对初始位置发生的变化来输出角度的变化量。角位移传感器有 1、2、3 三个接口，先将接口 1 和接口 3 插入在面包板上的 VCC 和 GND 插孔中，再将接口 2 连接在 Arduino Mega 2560 主控模块 Analog in 的接口 1 上，如图 10.8 所示。

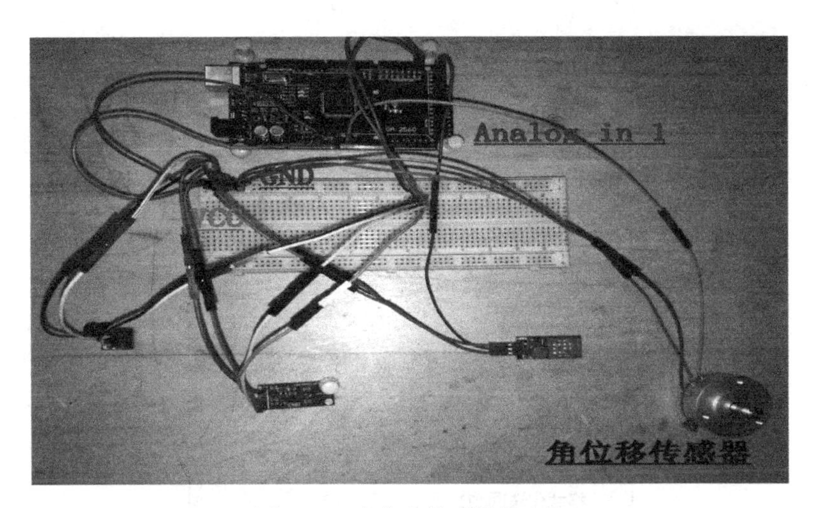

图 10.8　角位移传感器的连接

（6）SD 卡模块的连接

SD 卡模块在连接时需要准备的材料有杜邦线、SD 卡模块、SD 卡。

SD 卡模块共有 7 个接口，选取其中需要使用的 6 个接口，将+5V、GND 接口通过杜邦线引出，插在面包板的 VCC 和 GND 插孔上。由于 SD 卡模块与 Arduino Mega 2560 主控模块需要进行相应的数据传输，因此将 SD 卡模块的接口 MISO、接口 MOSI、接口 SCK 分别插在 Arduino Mega 2560 主控模块的 P50、P51、P52 插孔上，再将已经定义的 CS 接口插在 Arduino Mega 2560 主控模块的 P49 插孔上。

SD 卡模块的连接如图 10.9 所示。

图 10.9　SD 卡模块的连接

智能气象站的系统软件仅支持 FAT16 和 FAT32，在进行检测前，将 SD 卡模块设置为 FAT16 或 FAT32 格式，确保数据能够正确写入。

SD 卡模块的格式化如图 10.10 所示。

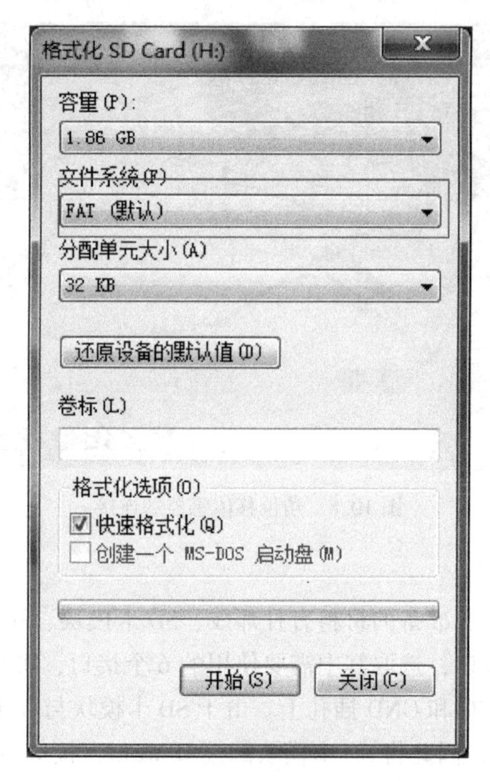

图 10.10 SD 卡模块的格式化

智能气象站系统的总体连接布局如图 10.11 所示。

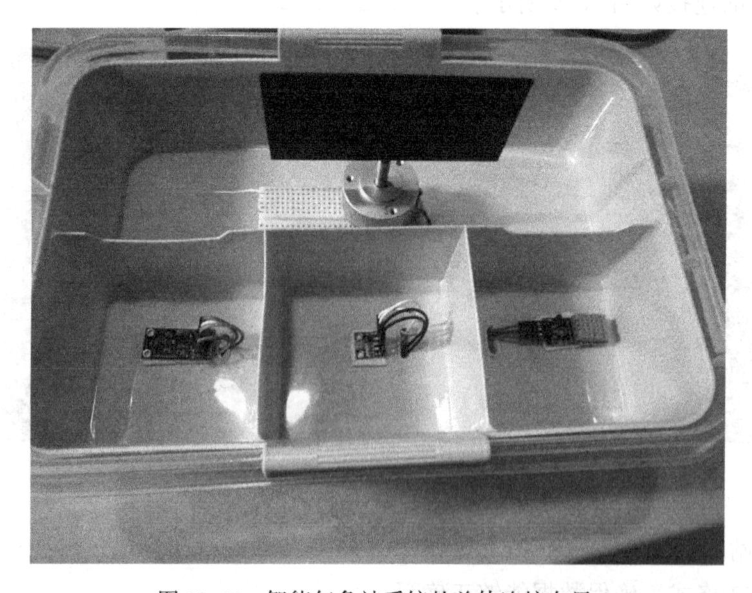

图 10.11 智能气象站系统的总体连接布局

10.3　软件设计

智能气象站系统的软件设计以功能需求为根本目标，利用简单易懂的 C 语言，采取模块化编程，结构清晰，通俗易懂。

10.3.1　总体流程图

基于 Arduino Mega 2560 主控模块设计制作的智能气象站系统软件总体流程图如图 10.12 所示。

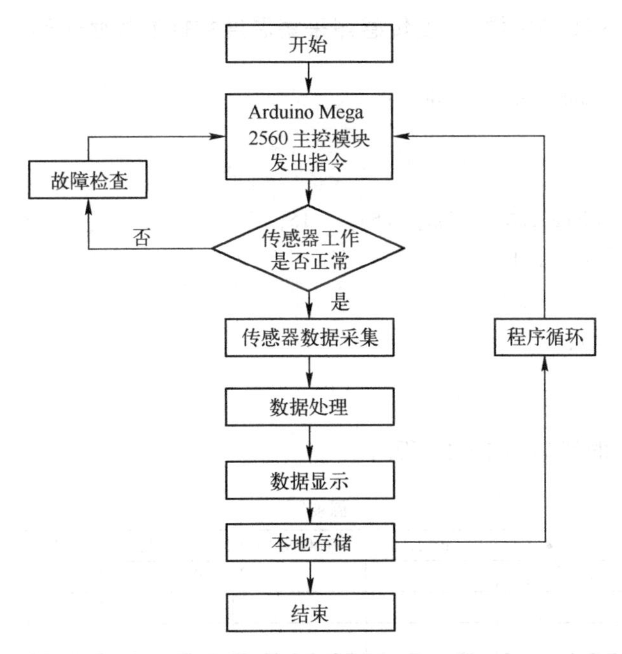

图 10.12　基于 Arduino Mega 2560 主控模块设计制作的智能气象站系统软件总体流程图

图中，首先由 Arduino Mega 2560 主控模块发出指令，检测各个传感器的工作情况，若传感器的工作正常，则将指令传递给各个测量气象的传感器，各个测量气象的传感器进行测量并采集气象参数的数值，如温度、风向、气压、湿度及光强度；然后将采集的气象参数数值进行处理，实现数据的拟合和不确定性的判断，并将判断结果存储在本地的 SD 卡中，以供后期进行数据整理和分析。如果传感器的工作不正常，则说明线路或传感器出现故障，需要进行故障的排除。

软件设计采用三层递进结构，即主程序层、测试层及驱动层。主程序层是由显示界面和测试运行部分构成的；测试层主要用于验证程序的逻辑关系和针对测试信息制订相关决策；驱动层负责各个传感器与 Arduino Mega 2560 主控模块应用程序之间的通信连接。

测试软件对功能子模块或每一个子程序都有明确的应用范围。功能子模块或每一个子程序都可以经过极短时间的判断后立即被重用。测试软件与智能气象站系统进行通信时，可以重用驱动程序，从而实现程序维护时间的最小化。需要修改的模块或子程序的识别和定位较为准确快捷，使测试软件维护和修改更容易完成。

三层递进结构能够实现软件测试系统的抽象化。每一层都能够为下一层提供抽象信息。驱动层可以抽象出用于智能气象站系统通信的模糊指令，并交付测试层。主程序层通过显示界面实现显示和提供必要的抽象信息。

10.3.2 DHT11 数字温/湿度传感器

程序 10-1：DHT11 数字温/湿度传感器采集温度数据的程序代码。

```
short dht11GetTemperature(unsigned int ut)
{
long x1, x2;
x1 = (((long)ut - (long)ac6) * (long)ac5) >> 15;
x2 = ((long)mc << 11)/(x1 + md);
  b5 = x1 + x2;
return ((b5 + 8)>>4);
}
```

温度数据的拟合曲线如图 10.13 所示。

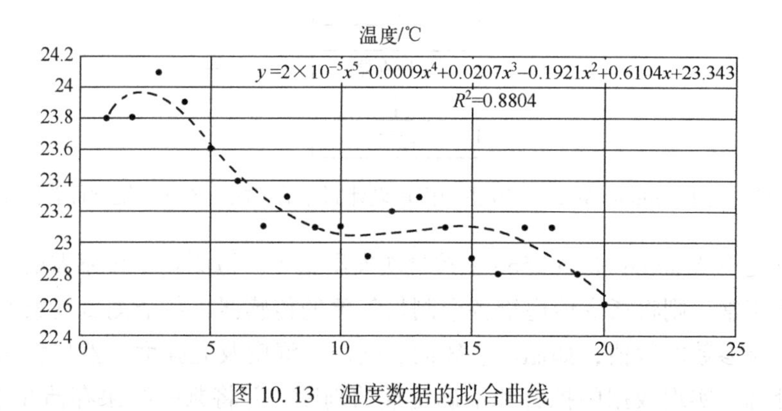

图 10.13 温度数据的拟合曲线

程序 10-2：DHT11 数字温/湿度传感器采集湿度数据的程序代码。

```
int chk = DHT11.read(DHT11PIN);
Serial.print("Humidity (%): ");
humidity=(float)DHT11.humidity;
Serial.println(humidity, 0);
```

```
delay(1000);
float val;
val=analogRead(1);
dir=val/1023 * 360;
Serial.print("wind direction :");
Serial.println(dir);
delay(1000);
Serial.println();
```

湿度数据的拟合曲线如图 10.14 所示。

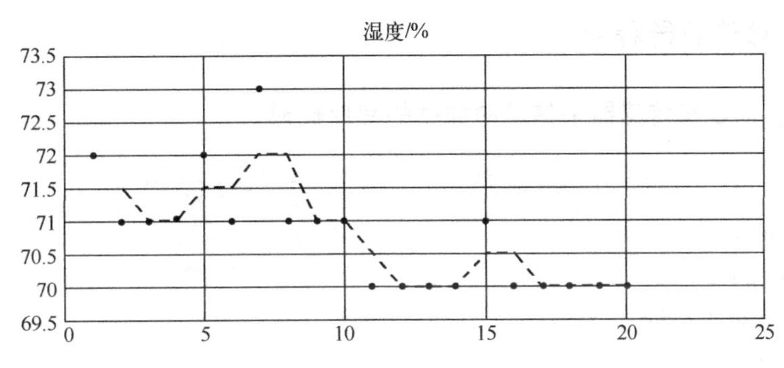

图 10.14　湿度数据的拟合曲线

10.3.3　BH1750FVI 光强度传感器

程序 10-3：BH1750FVI 光强度传感器采集光强度数据的程序代码。

```
BH1750_Init(BH1750address);
delay(200);
if(2==BH1750_Read(BH1750address))
  {
lx=((buff[0]<<8)|buff[1])/1.2;
Serial.print("luminance: ");
Serial.print(lx,DEC);
Serial.println("lx");
  }
delay(1000);
```

光强度数据的拟合曲线如图 10.15 所示。

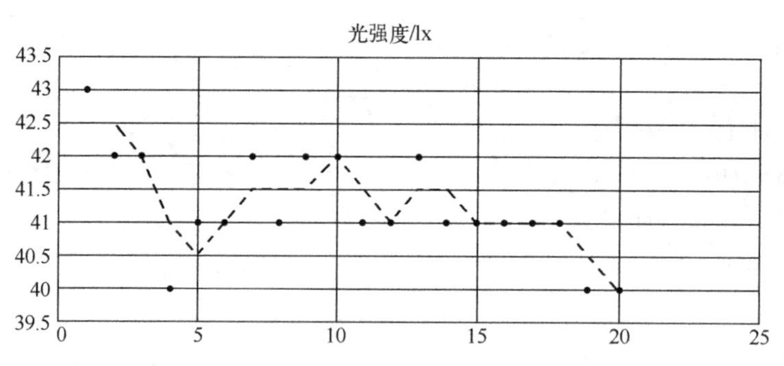

图 10.15　光强度数据的拟合曲线

10.3.4　角位移传感器程序

程序 10-4：角位移传感器采集风向数据的程序代码。

```
float val;
val=analogRead(1);
dir=val/1023 * 360;
Serial.print("wind direction :");
Serial.println(dir);
delay(1000);
```

风向数据的拟合曲线如图 10.16 所示。

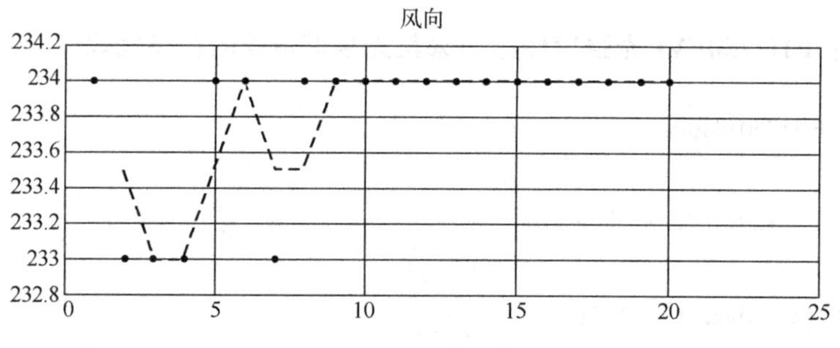

图 10.16　风向数据的拟合曲线

10.3.5　BMP085 压力传感器

程序 10-5：BMP085 压力传感器采集气压数据的程序代码。

```
long bmp085GetPressure(unsigned long up)
{
```

```
long x1, x2, x3, b3, b6, p;
unsigned long b4, b7;
  b6 = b5 - 4000;
x1 = (b2 * (b6 * b6)>>12)>>11;
x2 = (ac2 * b6)>>11;
x3 = x1 + x2;
  b3 = (((((long)ac1) * 4 + x3)<<OSS) + 2)>>2;
x1 = (ac3 * b6)>>13;
x2 = (b1 * ((b6 * b6)>>12))>>16;
x3 = ((x1 + x2) + 2)>>2;
  b4 = (ac4 * (unsigned long)(x3 + 32768))>>15;
  b7 = ((unsigned long)(up - b3) * (50000>>OSS));
if (b7 < 0x80000000)
     p = (b7<<1)/b4;
else
     p = (b7/b4)<<1;
x1 = (p>>8) * (p>>8);
x1 = (x1 * 3038)>>16;
x2 = (-7357 * p)>>16;
  p += (x1 + x2 + 3791)>>4;
return p;
}
```

气压数据的拟合曲线如图 10.17 所示。

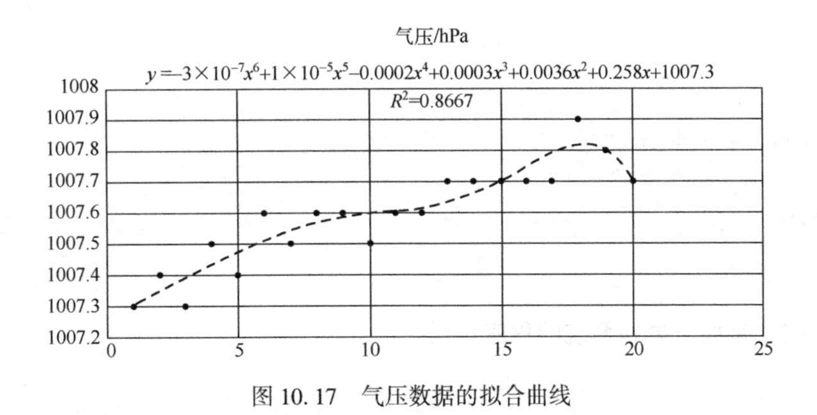

图 10.17　气压数据的拟合曲线

10.3.6 本地存储数据

程序 10-6：本地存储数据的程序代码。

```
void sd_write( )
{
Serial. println( "Open file" ) ;
  FiledataFile=SD. open( "data. txt" ,FILE_WRITE) ;
if( dataFile)
  {
dataFile. println( ) ;
dataFile. println( "time 00:00:00" ) ;
dataFile. print( "Temperature:" ) ;
dataFile. println( temperature,DEC) ;
dataFile. print( "Pressure:" ) ;
dataFile. println( pressure,DEC) ;
      dataFile. print( "luminance:" ) ;
dataFile. println( lx,DEC) ;
dataFile. print( "Humidity :" ) ;
dataFile. println( humidity,DEC) ;
dataFile. print( "wind direction:" ) ;
dataFile. println( dir,DEC) ;
Serial. println( "write done" ) ;
dataFile. close( ) ;
  }
else
  {
Serial. println( "open file error" )  ;
  }
delay( 6000) ;
}
```

程序 10-7：智能气象站系统的程序代码。

```
Weather
#include <Wire. h>
#include <dht11. h>
#include <SD. h>
#include <DS1307RTC. h>
```

```
#include <Time. h>
FilemyFile;
dht11DHT11;
#define DHT11PIN 22
#define BMP085_ADDRESS 0x77
const unsigned char OSS = 0;
int BH1750address = 0x23;
byte buff[2];
int wind_cout;
float temperature;
float pressure;
uint16_t lx=0;
float humidity;
int dir;
int ac1;
int ac2;
int ac3;
unsigned int ac4;
unsigned int ac5;
unsigned int ac6;
int b1;
int b2;
int mb;
int mc;
int md;
long b5;
StringinputString = "";                         // 用于保存输入数据的字符串
boolean stringComplete = false;                 // 字符串是否已接收完全
void setup()
{
  Serial. begin(9600);
  Serial2. begin(115200);
  Serial3. begin(9600);
  sd_begin();
  Wire. begin();
  bmp085Calibration();
  pinMode(1,INPUT);
```

```
}
int t;
void loop()
{
   seneor_work();
   sd_write();
   post_temperature();
   post_press();
   post_lx();
   post_humidity();
   post_dir();
   for(t=0;t<=10;t++)
      {
          delay(10);
          }
   }
SD
#include<SD.h>
const int chipSelect=49;
void sd_begin()
{
     pinMode(53,OUTPUT);
     Serial.print("Init SD");
     if(! SD.begin(chipSelect))
     {
        Serial.println("failed");
        return;
     }
     Serial.println("done");
}

void sd_write()
{
   Serial.println("Open file");
     File
dataFile=SD.open("data.txt",FILE_WRITE);
   if(dataFile)
   {
```

```
        dataFile.println();
        dataFile.println("time 00:00:00");
        dataFile.print("Temperature:");
        dataFile.println(temperature,DEC);
        dataFile.print("Pressure:");
        dataFile.println(pressure,DEC);
        dataFile.print("luminance:");
        dataFile.println(lx,DEC);
        dataFile.print("Humidity :");
        dataFile.println(humidity,DEC);
        dataFile.print("wind direction:");
        dataFile.println(dir,DEC);
        Serial.println("write done");
        dataFile.close();
    }
    else
    {
     Serial.println("open file error") ;
    }
    delay(6000);
}
Sensor
void seneor_work()
{
temperature=(float)bmp085GetTemperature(bmp085ReadUT())/10;
pressure=(float)bmp085GetPressure(bmp085ReadUP())/100;
     Serial.print("Temperature: ");
     Serial.print(temperature, 1);
     Serial.println("    deg C");
     Serial.print("Pressure: ");
     Serial.print(pressure,1);
     Serial.println(" hPa");
     delay(1000);
    BH1750_Init(BH1750address);
    delay(200);
    if(2==BH1750_Read(BH1750address))
      {
      lx=((buff[0]<<8)|buff[1])/1.2;
```

```
        Serial.print("luminance: ");
        Serial.print(lx,DEC);
        Serial.println("lx");
      }
    delay(1000);
    Intchk= DHT11.read(DHT11PIN);
    Serial.print("Humidity (%): ");
    humidity=(float)DHT11.humidity;
    Serial.println(humidity, 0);
    delay(1000);
    float val;
    val=analogRead(1);
    dir=val/1023 * 360;
    Serial.print("wind direction :");
    Serial.println(dir);
    delay(1000);
    Serial.println();
}
void bmp085Calibration()
{
    ac1 =bmp085ReadInt(0xAA);
    ac2 =bmp085ReadInt(0xAC);
    ac3 =bmp085ReadInt(0xAE);
    ac4 =bmp085ReadInt(0xB0);
    ac5 =bmp085ReadInt(0xB2);
    ac6 =bmp085ReadInt(0xB4);
    b1 =bmp085ReadInt(0xB6);
    b2 =bmp085ReadInt(0xB8);
    mb = bmp085ReadInt(0xBA);
    mc = bmp085ReadInt(0xBC);
    md = bmp085ReadInt(0xBE);
}
short bmp085GetTemperature(unsigned int ut)
{
      long x1, x2;
        x1 = (((long)ut - (long)ac6) * (long)ac5) >> 15;
      x2 = ((long)mc << 11)/(x1 + md);
      b5 = x1 + x2;
```

```
return ((b5 + 8)>>4);
}
long bmp085GetPressure(unsigned long up)
{
    long x1, x2, x3, b3, b6, p;
    unsigned long b4, b7;
    b6 = b5 - 4000;
    x1 = (b2 * (b6 * b6)>>12)>>11;
    x2 = (ac2 * b6)>>11;
    x3 = x1 + x2;
    b3 = (((((long)ac1) * 4 + x3)<<OSS) + 2)>>2;
    x1 = (ac3 * b6)>>13;
    x2 = (b1 * ((b6 * b6)>>12))>>16;
    x3 = ((x1 + x2) + 2)>>2;
    b4 = (ac4 * (unsigned long)(x3 + 32768))>>15;
    b7 = ((unsigned long)(up - b3) * (50000>>OSS));
    if (b7 < 0x80000000)
      p = (b7<<1)/b4;
    else
      p = (b7/b4)<<1;

    x1 = (p>>8) * (p>>8);
    x1 = (x1 * 3038)>>16;
    x2 = (-7357 * p)>>16;
    p += (x1 + x2 + 3791)>>4;
    return p;
}
char bmp085Read(unsigned char address)
{
    unsigned char data;
Wire.beginTransmission(BMP085_ADDRESS);
    Wire.write(address);
    Wire.endTransmission();
    Wire.requestFrom(BMP085_ADDRESS, 1);
    while(! Wire.available())
      ;
    return Wire.read();
}
```

```
int bmp085ReadInt(unsigned char address)
{
    unsigned char msb, lsb;

Wire.beginTransmission(BMP085_ADDRESS);
    Wire.write(address);
    Wire.endTransmission();

    Wire.requestFrom(BMP085_ADDRESS, 2);
    while(Wire.available()<2)
      ;
    msb = Wire.read();
    lsb = Wire.read();
    return (int) msb<<8 | lsb;
}
unsigned int bmp085ReadUT()
{
    unsigned int ut;

Wire.beginTransmission(BMP085_ADDRESS);
    Wire.write(0xF4);
    Wire.write(0x2E);
    Wire.endTransmission();
    delay(5);
    ut = bmp085ReadInt(0xF6);
    return ut;
}

unsigned long bmp085ReadUP()
{
    unsigned char msb, lsb, xlsb;
    unsigned long up = 0;
Wire.beginTransmission(BMP085_ADDRESS);
    Wire.write(0xF4);
    Wire.write(0x34 + (OSS<<6));
    Wire.endTransmission();
    delay(2 + (3<<OSS));
```

```
Wire. beginTransmission( BMP085_ADDRESS) ;
    Wire. write( 0xF6) ;
    Wire. endTransmission( ) ;
    Wire. requestFrom( BMP085_ADDRESS, 3) ;
    while( Wire. available( ) < 3)     ;
    msb = Wire. read( ) ;
    lsb = Wire. read( ) ;
    xlsb = Wire. read( ) ;
    up = ( ( ( unsigned long) msb << 16) | ( ( unsigned long) lsb << 8) | ( unsigned long) xlsb) >> (8
-OSS) ;
    return up;
}
void BH1750_Init( int address)
{
    Wire. beginTransmission( address) ;
    Wire. write( 0x10) ;//1lx reolution 120ms
    Wire. endTransmission( ) ;
}
int BH1750_Read( int address) //
{
    int i=0;
    Wire. beginTransmission( address) ;
    Wire. requestFrom( address, 2) ;
    while( Wire. available( ) )
    {
buff[ i] = Wire. read( ) ;
      i++;
    }
    Wire. endTransmission( ) ;
    return
```

第 11 章　Arduino 飞行器的设计

目前，小型多旋翼飞行器因制作简单而被广泛应用在各个领域。从 Breguet-Richet 发明世界上第一架四旋翼飞行器至今，已有百余年的历史。由于四旋翼飞行器的结构和操作技术的限制，大型四旋翼飞行器的发展速度不如小型四旋翼飞行器的发展速度。近年来，随着飞行控制理论、微惯导（Micro Interial Measurement Unit，MIMU）、微机电系统（Micro Electro Mechanical System，MEMS）及新材料等技术的进步，微小型四旋翼飞行器的发展愈发迅速。Arduino 微处理器的普及和开源硬件平台的发展为四旋翼飞行器的制作提供了平台。常见的 Arduino 飞行器有四旋翼飞行器、六旋翼飞行器及八旋翼飞行器。四旋翼飞行器也被称为四旋翼直升机，是一种具有 4 个螺旋桨且螺旋桨呈十字形交叉的飞行器。四旋翼飞行器作为最基本的多旋翼飞行器，其控制方法具有通用性。四旋翼飞行器的方向和速度的控制是通过改变螺旋桨的相对速度实现的。同理，六旋翼飞行器就是由 6 个螺旋桨组成的，可提供更大的向上爬升力。下面将具体讲述用 Arduino 制作六旋翼飞行器的整个过程。

六旋翼飞行器的实物图如图 11.1 所示。

图 11.1　六旋翼飞行器的实物图

11.1　总体设计方案

六旋翼飞行器的总体设计方案借鉴模块化的设计思想，采用市场上比较成熟的模块组合搭建。六旋翼飞行器飞行控制系统的核心是 Arduino 控制器。Arduino 控制器不控制六旋翼飞行器的最底层，而是通过控制飞行控制处理模块进行具体的飞行控制操作，不需要 Arduino控制器实时响应在飞行过程中的多飞行参数处理，只负责协调各个模块的工作，发挥 Arduino 控制器接口多、运用灵活的优势，并且在开发过程中可以使用支持的库函数，方便快捷。

11.1.1 主要功能

① 能够实现起飞、降落、悬停及水平移动等基本功能。

② 能够通过遥控器控制各种操作。

③ 能够开源进行二次开发。

11.1.2 工作原理

Arduino 控制器输出的 PWM 信号经飞行控制系统的输入接口输入，控制电子调速器输出不同频率的三相交流电驱动电动机旋转，为六旋翼飞行器提供向上的爬升力。PWM 信号正脉冲的宽度越宽，电子调速器输出三相交流电的频率越高，电动机的转速就越快。飞行控制系统负责采集与飞行相关的姿态数据，如加速度等，可控制六旋翼飞行器的一些基本操作，保持六旋翼飞行器的正常飞行姿态。

11.1.3 实现方案

六旋翼飞行器的飞行控制系统分为三层：底层为六旋翼飞行器的机架、动力机构，包括电子调速器、空心杯电动机及螺旋桨；中间层为飞行控制器，负责控制电子调速器的一些基本姿态；顶层为 Arduino 控制器，负责接收遥控器信号，控制六旋翼飞行器的飞行状态。

六旋翼飞行器实现方案的流程图如图 11.2 所示。

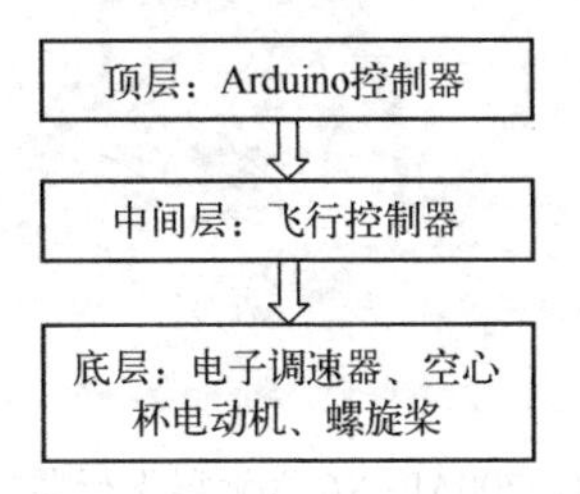

图 11.2 六旋翼飞行器实现方案的流程图

11.2 硬件设计

六旋翼飞行器的硬件主要有机架、电动机、电子调速器、螺旋桨、电池、飞行控制系统及遥控器。

11.2.1 机架

六旋翼飞行器的机架是用来固定其他硬件的骨架。电动机、电子调速器、电池及飞行控制系统等都固定在机架上。因此，机架应该坚固，便于固定，质量要轻。六旋翼飞行器机架的传统材料有木质、玻璃纤维、塑料及碳纤维等，目前常用的材料有玻璃纤维和碳纤维。例如，ATG-700AL-X6 六旋翼飞行器的机架就有玻璃纤维和碳纤维两种版本的材料。碳纤维版本的材料较贵。在机架上固定的电动机中心与六旋翼飞行器中心的距离（简称轴距）为 700mm。连接电动机的固定架和中心固定架的轴杆采用空心铝合金（太空铝）材料。轴杆的截面积为 10mm×10mm 正方形，采用正方形截面的主要原因是，正方形更容易保证固定架与中心固定架之间保持水平。该支架支持安装多种尺寸的电动机，包括 2212/2216/2814 型无刷电动机。

ATG-700AL-X6 六旋翼飞行器的机架在飞行器中的性价比非常高，可安装多种尺寸的电动机，固定方便，结构简单，并便于后期的改装扩展。

小提示

在一般电动机的表示符号中，前面的表示符号表示的是电动机的线圈外径，后面的表示符号表示的是电动机的高度，如 2212 是无刷电动机的表示符号，表示无刷电动机的线圈外径为 22mm，高度为 12mm。

ATG-700AL-X6 六旋翼飞行器机架的实物图如图 11.3 所示。

图 11.3　ATG-700AL-X6 六旋翼飞行器机架的实物图

11.2.2 电动机

电动机是六旋翼飞行器的动力来源。电动机的动力性能可直接影响六旋翼飞行器的飞行能力。六旋翼飞行器的电动机应该具备质量轻、体积小及能耗低等特点，要以最大限度地减轻六旋翼飞行器的质量为目的。铁芯电动机已经不能满足小型六旋翼飞行器的要求。目前，六旋翼飞行器的电动机主要采用的是空心杯电动机。

空心杯电动机的全称为直流永磁伺服空心杯电动机，在结构上突破了传统电动机的转子结构形式，采用无铁芯转子，也叫空心杯型转子。这种新颖的转子结构彻底消除了由铁芯形成涡流造成的电能损耗，质量和转动惯量大幅降低，可减少转子自身的机械能损耗。空心杯电动机转子的结构变化使电动机的运转特性得到极大改善，不仅具有突出的节能特点，还具备铁芯电动机无法达到的控制和拖动特性。

空心杯电动机的主要特点如下。

① 节能特性：能量转换效率很高，最大转换效率一般在 70%以上，部分产品的最大转换效率可达 90%以上（铁芯电动机的最大转换效率一般为 70%）。

② 控制特性：启动、制动迅速，响应极快，机械时间常数小于 28ms，部分产品的机械时间常数可以达到 10ms 以内（铁芯电动机的机械时间常数一般在 100ms 以上），在推荐运行区域内的高速运转状态下，可以方便地对转速进行灵敏的调节。

③ 拖动特性：运行的稳定性十分可靠，转速波动很小，作为微型电动机，其转速波动能够轻易控制在 2%以内。

④ 能量密度大幅提高，与相同功率的铁芯电动机相比，质量、体积均将缩减为原来的 1/3~1/2。

空心杯电动机分为有刷空心杯电动机和无刷空心杯电动机。有刷空心杯电动机的转子无铁芯，有电刷换向装置。无刷空心杯电动机的定子无铁芯，无电刷换向装置。

无刷空心杯电动机融合多项关键技术，如低转动惯量、无齿槽、低摩擦及非常紧凑的换向系统，可带来更快的加速度、更高的效率、更低的焦耳损耗及更大的持续转矩。空心杯电动机减小了体积、减轻了质量、减少了发热量，可以安装在一个尺寸较小的机架中，并获得优异的输出性能，是小型六旋翼飞行器的理想选择。随着工业技术的进步，空心杯电动机的应用范围已经完全脱离了高端产品的局限性，正在迅速扩大为一般民用等低端产品的应用，可广泛提升产品的品质。据有关资料统计，工业发达国家已经在 100 多种民用产品上成熟应用了空心杯电动机。

六旋翼飞行器使用的空心杯电动机实物图如图 11.4 所示。

图 11.4　六旋翼飞行器使用的空心杯电动机实物图

图中的空心杯电动机是郎宇 2216 型的无刷空心杯电动机，额定电压为 880kV，空载电流为 0.5A，最大持续电流为 20A/30s，最大功率为 320W，质量为 72g，建议配套使用 30A 的电子调速器进行驱动；做工精细，动/静平衡好，转速稳定；对小型六旋翼飞行器的性能非常重要。市场上便宜电动机的动平衡性能不太好，容易引起较大的振动。

小提示

电动机的电压转速比不仅能够反映电动机的速度线性度，还能够反映高速电动机的飞行能力，数值越大，电动机的转速提升能力就越强，但控制起来就会困难一些。常见的电压转速比为：1000kV 的电动机在空载下，每增加 1V 电压，转速大约提高 1000r/min。

11.2.3 电子调速器

电子调速器（Electronic Speed Control，ESC）针对不同的电动机可分为有刷电子调速器和无刷电子调速器。电子调速器可以根据控制芯片输出的控制信号调节电动机的转速。电子调速器主要应用在航模、车模、船模、飞碟及飞盘等玩具模型上。这些模型通过电子调速器驱动电动机完成各种指令，模仿真实的功能达到与真实情况相仿的动作效果。相关的电子调速器有专门为航模设计的航模电子调速器、为车模设计的车模电子调速器等。

电子调速器主要用于控制电动机完成规定的速度或其他动作，在生产和生活中有广阔的应用，如在电动工具中应用的电子调速器、在医疗设备中应用的电子调速器、在汽车涡轮机中应用的电子调速器、在特种风机中专用的电子调速器等。电子调速器也可以根据不同的需要和电动机的参数量身定制。随着无刷电动机的大力发展，无刷电子调速器占据了市场的主流。虽然在市面上出现了许多种类的无刷电子调速器，但不是每一款无刷电子调速器都能与电动机匹配，还要考虑电子调速器的功率。如果使用的电子调速器功率偏小，将会烧坏电子调速器内部的功率管，使电子调速器无法正常工作。因此，在选择时，电子调速器的功率一定要满足电动机的需求，并与电动机必须兼容。电子调速器不能兼容所有的电动机，必须根据电动机的功率等参数进行选择。实际上，许多品牌的电子调速器并不是足功率、足电流的，如需要的是 60A 的电子调速器，而某些标称为 60A 的电子调速器在达到 55A 时就不能再往上调了。

电子调速器的连接方式：输入线与电池连接；输出线（有刷电子调速器有 2 根，无刷电子调速器有 3 根）与电动机连接；信号线与接收机连接。

本章设计制作的六旋翼飞行器选择好盈天行者系列的电子调速器，型号为 SkyWalker 40A。其主要参数为：

① 输出能力：持续电流为 40A，短时电流为 55A（不少于 10s）；

② 电源输入：2~3 节锂电池组或 5~9 节镍氢/镍镉电池组；

③ 额定输出：额定电压为 5V，额定电流为 3A（内置开关稳压模式）；

④ 最高转速：2 极电动机为 210000r/min，6 极电动机为 70000 r/min，12 极电动机为 35000 r/min；

⑤ 尺寸：68mm（长）×25mm（宽）×12mm（高）；

⑥ 质量：43g（含散热片）。

好盈天行者系列电子调速器支持全面的保护功能：

① 欠压保护：由用户通过程序设定，当电池电压低于保护阈值时，自动降低输出功率；

② 过压保护：输入电压超过输入允许的范围时不启动，自动保护，同时发出急促的“哔哔”报警声；

③ 过热保护：内置温度检测电路，温度过高时，自动降低输出功率；

④ 遥控信号丢失保护：在遥控信号丢失 1s 后降低功率，持续 2s 无遥控信号时则关闭输出。

电子调速器可以通过 PWM 信号控制电动机的转速。Arduino 舵机库可以控制 PWM 信号的输出，通过电子调速器达到控制电动机转速的目的。在舵机控制函数的参数中，角度赋值越大，PWM 信号的脉冲宽度越宽，电动机转速越快。PWM 信号的脉冲宽度范围为 0~20ms。在实际应用中，电子调速器能够接收的脉冲宽度范围不一定为 0~20ms，具体情况要依据测试进行确定。

六旋翼飞行器电子调速器的实物图如图 11.5 所示。

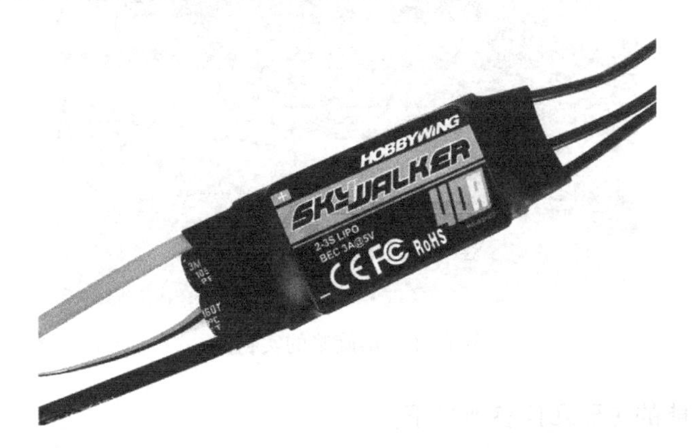

图 11.5　六旋翼飞行器电子调速器的实物图

小提示

电子调速器的输入为直流，可以连接稳压电源或锂电池。一般用锂电池供电。电子调速器的输出为三相脉动直流，直接与电动机的三相输入端连接。如果通电后电动机反转，则只需要将三相输入端中任意两端的连接线对换位置即可。电子调速器还有一根信号线，用来与接收机连接，控制电动机的运转，连接信号线时需要共地。另外，电子调速器一般有电源输出功能，即在信号线的正、负极之间有 5V 左右的电压输出，通过信号线可为接收机供电，通过接收机再为舵机等控制设备供电。

11.2.4 螺旋桨

螺旋桨是指靠桨叶在空气或水中旋转，将电动机的转动功率转化为推进力的装置。螺旋桨可有两片或较多片桨叶与毂连接。桨叶向后的一面为螺旋面或近似为螺旋面。螺旋桨可分为很多种，应用也十分广泛，如飞机、轮船的推进器等。

中国古代用竹子制作的竹蜻蜓利用的就是螺旋桨的原理。由于竹蜻蜓的叶片像陀螺一样能够高速旋转，因此当时将其称为“中国陀螺”。20 世纪 30 年代，德国人根据“中国陀螺”的形状和原理发明了能够实现直升机飞行使用的螺旋桨。

受阿基米德螺旋泵的启迪，1683 年，英国科学家胡克采用风力测速计的原理计量水流量，并获得成功。与此同时，他提出新的螺旋桨推进器用于推进船舶，为船舶推进器的研究做出重大贡献。1752 年，瑞士物理学家伯努利第一次提出螺旋桨比之前存在的各种推进器都优越的报告。他设计了具有双导程螺旋的推进器，安装在船尾舵的前方。1764 年，瑞士数学家欧拉研究出能代替帆的其他推进器，如桨轮（明轮）喷水，也包括螺旋桨。

螺旋桨的实物图如图 11.6 所示。

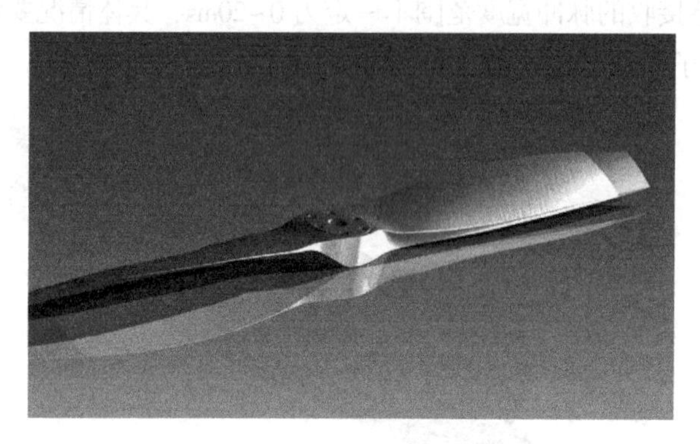

图 11.6　螺旋桨的实物图

影响螺旋桨性能的主要几何参数如下。

① 折叠直径。

折叠直径是影响螺旋桨性能的重要参数之一。在一般情况下，折叠直径增大，拉力随之增大，效率随之提高，在结构允许的情况下，应尽量选择折叠直径较大的螺旋桨。此外，螺旋桨桨尖的气流速度不应过大（<0.7 音速），否则可能出现激波，导致效率降低。

② 折叠桨叶的数目。

螺旋桨的拉力系数和功率系数与桨叶的数目成正比。超轻型飞机一般采用结构简单的双叶桨，只是在螺旋桨的直径受到限制时，才采用增加桨叶数目的方法使螺旋桨与电动机获得良好的配合。

③ 折叠实度。

折叠实度为桨叶面积与螺旋桨旋转面积（πR^2）的比值。折叠实度的影响与桨叶数目的影响相似。折叠实度增加，拉力系数和功率系数将增大。

④ 折叠桨叶角。

折叠桨叶角随半径变化的规律是影响螺旋桨工作性能最主要的因素，习惯上以桨叶直径 70%处的桨叶角作为该桨叶的名称。螺距是桨叶角的另一种表示方法。

⑤ 折叠几何螺距。

几何螺距是指当桨叶剖面迎角为零时，桨叶旋转一周前进的距离，可反映桨叶角的大小，更直接指出了螺旋桨的工作特性。桨叶各个剖面的几何螺距可能是不相等的，习惯上也以桨叶直径 70%处的几何螺距作为该桨叶的名称。国外厂家是根据桨叶的直径和螺距订购螺旋桨的，如 64/34，表示该桨叶的直径为 1524mm，几何螺距为 864mm。

⑥ 折叠实际螺距

实际螺距是指飞行器在飞行过程中，桨叶旋转一周的前进距离，可用 $Hg = v/N$ 计算螺旋桨的实际螺距，也可按 $H = 1.1 \sim 1.3Hg$ 粗略估计几何螺距。

⑦ 折叠理论螺距。

设计螺旋桨时必须要考虑空气流过螺旋桨时增加的速度，流过螺旋桨旋转平面的气流速度大于飞行速度，因而螺旋桨相对空气前进的距离——理论螺距将大于实际螺距。

⑧ 螺旋桨的拉力。

在飞行中，加大油门后固定拉力，螺旋桨的拉力随螺旋桨的转速和飞行速度的变化过程如下：电动机输出功率增大，螺旋桨的转速（切向速度）迅速增加到一定值，螺旋桨的拉力增加，飞行速度增加，桨叶的迎角逐渐减小，螺旋桨的拉力逐渐减小，飞行阻力逐渐增大，飞行速度的增加趋势逐渐减慢；当螺旋桨的拉力减小到一定程度（螺旋桨的拉力等于飞行阻力）后，飞行速度不再增加。此时，飞行速度、螺旋桨的转速、桨叶的迎角及螺旋桨的拉力都不变，飞机保持在一个速度上飞行。

螺旋桨产生的拉力拉着飞机前进，对飞机做功。螺旋桨在单位时间内的做功为螺旋桨的有效功率，即

$$N = Pv$$

式中，N 为螺旋桨的有效功率；P 为螺旋桨的拉力；v 为飞行速度。

本章设计制作的六旋翼飞行器选用的是 ATG1147 螺旋桨。ATG1147 螺旋桨价格合理，平衡很好，279.4mm 的桨叶长度配合郎宇 2216、880kV 无刷空心杯电动机，是六旋翼飞行器非常合理的搭配。

小提示

螺旋桨型号 1147 的含义：11 是桨叶的长度为 11 英寸（279.4mm）；47 是螺旋桨的螺距。

桨叶的长度是不能随便选的。桨叶越长，就要配额定电压值（kV）越低的电动机。

桨叶越长，推力越大，相对越省电，力效越高。880kV 电动机的合理搭配是 279.4mm 的螺旋桨，1000kV 电动机的合理搭配是 254mm 的螺旋桨。

固定翼飞机的驱动模式不同。由于固定翼飞机的飞行速度快，螺旋桨处于与风向相同的方向，对电动机的转速要求较高，电动机的额定电压值（kV）就要很高，甚至达到两千多千伏才行，相应的螺旋桨尺寸也会小很多。

11.2.5 电池

电池的性能参数主要有电动势、容量、比能量及电阻。电动势为单位正电荷由负极通过电池内部移到正极时，电池非静电力（化学力）所做的功。其大小取决于电极材料的化学性质，与电池的体积无关。电池所能输出的总电荷量被称为电池的容量，通常用安培小时作为单位。在电池反应中，1kg 反应物质所产生的电能被称为电池的理论比能量。电池的实际比能量要比理论比能量小。因为在电池中的反应物质并不全部进行电池反应，同时电池内阻也会引起电动势降低，所以在习惯上将比能量高的电池称为高能电池。电池的极板面积越大，内阻越小。

锂电池的实物图如图 11.7 所示。

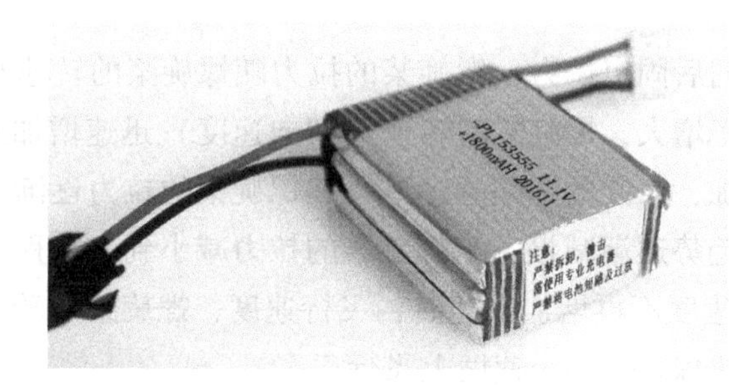

图 11.7　锂电池的实物图

目前，主流飞行器主要使用的是锂电池。一些高科技无人机则采用的是价格更高的新型电池，如美国的“大黄蜂”微型无人机，其机翼结构也是氢燃料电池的动力系统，流经机翼上的空气向氢燃料电池提供氧气，氧气与存储的氢气经混合后产生电能和水。“大黄蜂”微型无人机可以随身携带，在需要使用的时候通过手掷即可起飞。美国“龙眼”无人机动力系统采用 ElectricFuel 公司的无人机电池。该电池是 ElectricFuel 公司最先进的锌—空气电池的改型，具有功率大、质量轻等特点。ElectricFuel 公司认为，锌—空气电池具有大幅延长续航时间的潜力。锂电池可以保证无人机以约为 76km/h 的速度飞行 60min。

锂电池可储存在环境温度为-5～35℃、相对湿度不大于 75%的清洁、干燥、通风的室内，应避免与腐蚀性物质接触，远离火源和热源。电池电量应保持标称容量的 30%～50%。推荐储存的电池每 6 个月充电一次。

电池可以直接影响飞行器动力系统的稳定性、续航时间。很多飞行器的损坏（俗称炸机）都是由电池造成的。电池的电压、容量、放电能力及质量等要谨慎选择。

本章设计制作的六旋翼飞行器选择 ACE（格氏电池）。

小提示

四旋翼飞行器的电池需要给 4 个电动机供电，电池容量为 2200~4000mAh 比较合适；六旋翼飞行器的电池需要给 6 个电动机供电，建议选择容量为 5300mAh 以上的电池。

四旋翼飞行器采用 2200 mAh 的电池供电时，参考飞行时间为 6~7min。

航模电池上的 20C、30C、40C 标识用于表示电池的放电能力。如果电池为 5000 mAh、30C，那么电池的最大放电能力为 5000×30＝150000（mA）＝150A。一般来说，无人飞行器应选择 30C 以上的电池。

电池上的 1s、2s、3s、6s 等数字用于表示锂电池电芯的数量。如果一个锂电池电芯的电压约为 3.7V，那么 3s 电池的电压约为 3.7V×3＝11.1V，6s 电池的电压约为 3.7V×6＝22.2V，依此类推。电池要根据电动机和电子调速器的需求进行选择。本章设计制作的六旋翼飞行器选择 30C、3s 的锂电池。

11.2.6　飞行控制系统

飞行控制系统是指能够稳定飞行器的飞行姿态，控制飞行器进行自主或半自主飞行的控制系统，是飞行器的大脑。飞行控制系统主要由陀螺仪（飞行姿态感知）、加速度计、地磁感应器、气压传感器（悬停高度粗略控制）、超声波传感器（低空高度精确控制或避障）、光流传感器（悬停水平位置精确确定）、GPS 模块（水平位置高度粗略定位）及控制电路组成，实现的主要功能是能够自动保持飞行器的正常飞行姿态。

随着智能化的发展，无人机不仅限于固定翼和传统直升机的形式，还涌现出四轴、六轴、单轴及矢量控制等多种形式。固定翼无人机的飞行控制通常包括方向、副翼、升降、油门及襟翼等控制舵面，通过舵机改变无人机的翼面，产生相应的扭矩，控制无人机进行转弯、爬升、俯冲及横滚等动作。传统直升机形式的无人机通过控制直升机的倾斜盘、油门及尾舵等，控制无人机进行转弯、爬升、俯冲及横滚等动作。多轴形式的无人机一般通过桨叶的转速控制无人机的姿态，可实现转弯、爬升、俯冲及横滚等动作。

飞行控制系统是六旋翼飞行器的控制核心，品种繁多：开源飞行控制系统有 kk、APM、MWC 及 pix 等；商业飞行控制系统有大疆 naza、A2、零度智控的双子星等。飞行控制系统的价格越高，性能就越稳定。飞行控制系统的价格从 70 元到上万元不等。本章设计制作的六旋翼飞行器选用 qq 飞行控制系统。qq 飞行控制系统是闭源飞行控制系统，具有自稳定功能，价格不超过 100 元，最多支持六轴的飞行器，不用调试参数，简单易用。

飞行控制系统的实物图如图 11.8 所示。

图 11.8　飞行控制系统的实物图

11.2.7　遥控器

遥控器的基本原理是利用无线电发射机传送信号，由接收机接收信号后，转换为控制指令。遥控器的两个摇杆可以控制飞行器的基本动作，剩余的开关可以进行自定义设置。遥控器的开关有模拟量开关和数字量开关。遥控器的摇杆、开关等的连续操作为模拟量输入，拨动开关的操作为数字量输入。模拟量一般用来控制姿态、舵机或机载设备等的连续动作。开关用来控制模式切换、开伞及一键返航等操作。飞行器遥控器的品种繁多，较好的有 Futaba 遥控器，价格为 3000 元以上，建议初学者选择天地飞 6（不带显示屏）或天地飞 7遥控器。

天地飞 7 遥控器的实物图如图 11.9 所示。

图 11.9　天地飞 7 遥控器的实物图

本章设计制作的六旋翼飞行器选用天地飞 7 遥控器。天地飞 7 遥控器的性价比较高，价格为 450 元左右，有 7 个通道，配置一个接收机，遥控距离为 500m。如果需要遥控更远的距离，则可以再购买一个增距器（遥控信号增益器），即可将遥控距离增加到几千米甚至更远。

初学者在刚开始使用遥控器时，最好先在配套的模拟器上进行训练（在计算机上模拟遥控飞行器的一套系统，包括硬件和软件），否则很难在第一次操作遥控器时对无人机进行很好的控制。比较自信的或玩过航模的初学者也可以不用在模拟器上进行训练。

11.3　组装调试

11.3.1　选择导线并预穿线

电动机工作的能量来源于电池。导线用于从电池传输能量到电动机。由欧姆定律可知，导线的电阻越大，导线耗损的能量越高，要选择导电性能良好的导线。目前，较为常用的导线是铜导线，还有价格较贵的银导线和镀金导线。

本章设计制作的六旋翼飞行器选用的电池为 ACE（格氏电池）。格氏电池的参数为 5300mAh、30C，最大放电电流为 159 A，平均分配到 6 个电子调速器上（每根输入导线上的最大电流为 26.5A），由电子调速器输出驱动电动机转动。电子调速器选用的是 SkyWalker 40A，用于驱动郎宇 2216 型 、880kV 无刷空心杯电动机。电子调速器到无刷空心杯电动机的电流在极限状况下不超过 20A。因此，导线可以选择标准的硅胶线材 16AWG。硅胶线材 16AWG 的限定电流不超过 24A。当然也可以选择硅胶线材 18AWG，硅胶线材 18AWG 的限定电流不超过 18A。

本章设计制作的六旋翼飞行器的导线选用硅胶线材 16AWG，在连接无刷空心杯电动机和电子调速器时，需要预先将导线穿过机架的轴杆，选取合适的长度，既方便焊接，也方便装配。

预先将导线穿过机架的轴杆，如图 11.10 所示。

图 11.10　预先将导线穿过机架的轴杆

18 根导线分别穿过 6 根轴杆内，每三根导线为一组（三根导线用于传输无刷空心杯电动机的三相驱动信号，颜色应不同，更换两根导线的位置会改变无刷空心杯电动机的旋转方向）。每一组导线的质量应尽量保持一致，有利于对六旋翼飞行器的后期平衡进行控制。

部分 AWG 导线的规格见表 11-1。

表 11-1 部分 AWG 导线的规格

AWG	外径		截面积 (mm²)	电阻值 (Ω/km)
	公制（mm）	英制（in）		
12	2.05	0.0808	3.332	5.31
13	1.82	0.0720	2.627	6.69
14	1.63	0.0641	2.075	8.45
15	1.45	0.0571	1.646	10.6
16	1.29	0.0508	1.318	13.5
17	1.15	0.0453	1.026	16.3
18	1.02	0.0403	0.8107	21.4

小提示

AWG（AmericanWire Gauge）为美国线规，是一种区分导线直径的标准，又被称为 Brown & Sharpe 线规，于 1857 年起在美国开始使用。AWG 前面的数值，如 24AWG、26AWG 中的 24、26，表示导线形成最后直径前所要经过的孔的数量，数值越大，导线经过的孔就越多，导线的直径也就越小。虽然粗导线具有更好的物理强度和更低的电阻，但是导线越粗，制作导线需要的铜就越多，导致导线越沉，越难安装，价格越贵。设计导线时的挑战就是尽可能减小导线的直径（减少成本，降低安装时的复杂性），保证在必要的电压和频率下实现导线的最大容量。

电子调速器的输出导线从轴杆中穿出后，经过香蕉头插头与无刷空心杯电动机连接。香蕉头插头的实物图如图 11.11 所示。

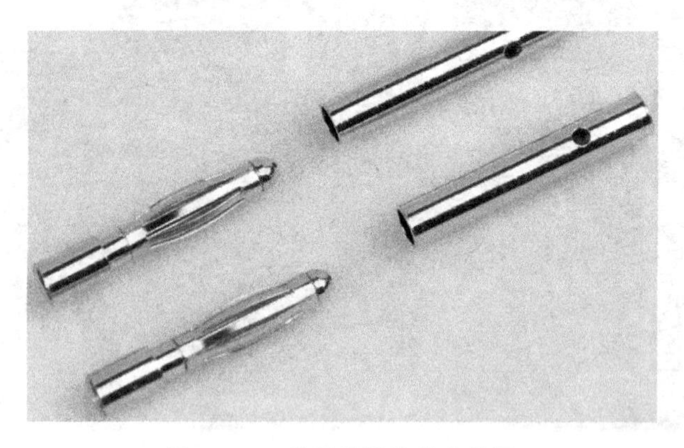

图 11.11　香蕉头插头的实物图

电子调速器和无刷空心杯电动机的导线都要焊接在香蕉头插头上。焊接时，首先要固定好待焊接的香蕉头插头，准备好尖头电烙铁，如图 11.12 所示，最好垫一叠纸用于隔热。电烙铁选择功率为 25W 即可。在此处焊接时，焊锡和电烙铁的接触面积较大（包围式接触)，能够将焊锡熔化形成熔池。

图 11.12　固定香蕉头插头

电烙铁从香蕉头插头侧面的圆孔中插入，同时在上方添加焊锡，如图 11.13 所示。

图 11.13　电烙铁从香蕉头插头侧面的圆孔中插入

待焊锡熔化的量足够后，在上方放入待焊接的导线，保持一段时间，如图 11.14 所示，在焊锡充分填充导线后，稳住导线（晃动可能会造成虚焊），取出电烙铁，等待焊锡冷却后，在香蕉头插头的外面套上热缩管进行绝缘。

图 11.14　在上方放入待焊接的导线

在每一根轴杆中有三根导线，都是在穿过后再与香蕉头插头进行焊接，焊接好后，用热缩管进行绝缘，待无刷空心杯电动机固定好后，从中间穿过去，与无刷空心杯电动机的三相驱动导线连接，如图 11. 15 所示。

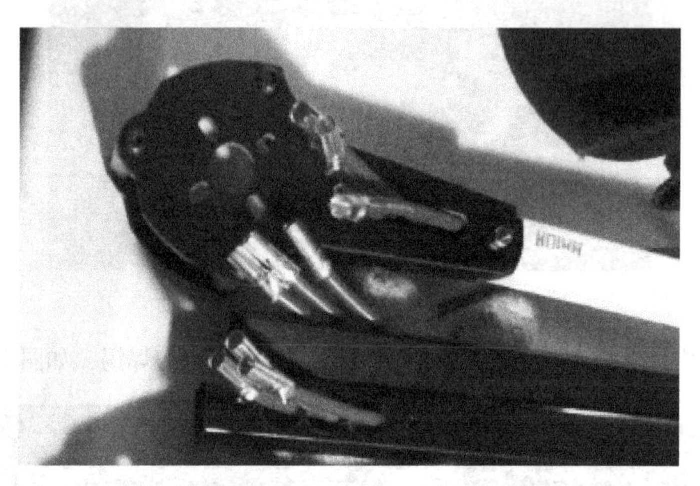

图 11. 15　与无刷空心杯电动机的三相驱动导线连接

11. 3. 2　安装无刷空心杯电动机

在机架内预先布置好导线后就可以开始安装无刷空心杯电动机了。无刷空心杯电动机的三根导线与预先穿过轴杆的三根导线通过香蕉头插头连接后，套上绝缘热缩管进行绝缘处理，如图 11. 16 所示。无刷空心杯电动机的导线焊接参照 11. 3. 1 节的操作方法。注意，无刷空心杯电动机的导线长度要合适，六个轴的导线长度要尽量一致，从而可保持每一个轴的质量相同。

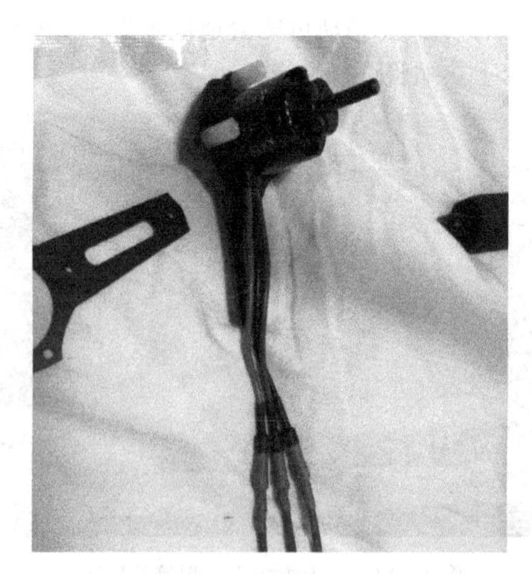

图 11. 16　无刷空心杯电动机与预穿导线的连接

在焊接完成后，将无刷空心杯电动机与底层支架用三个平头螺钉固定，无刷空心杯电动机与支架的前盖连接，无刷空心杯电动机和导线固定在轴杆上，用平头螺钉固定外侧的塑料六角形柱，通过六角形柱固定无刷空心杯电动机的后盖，如图 11.17 所示。

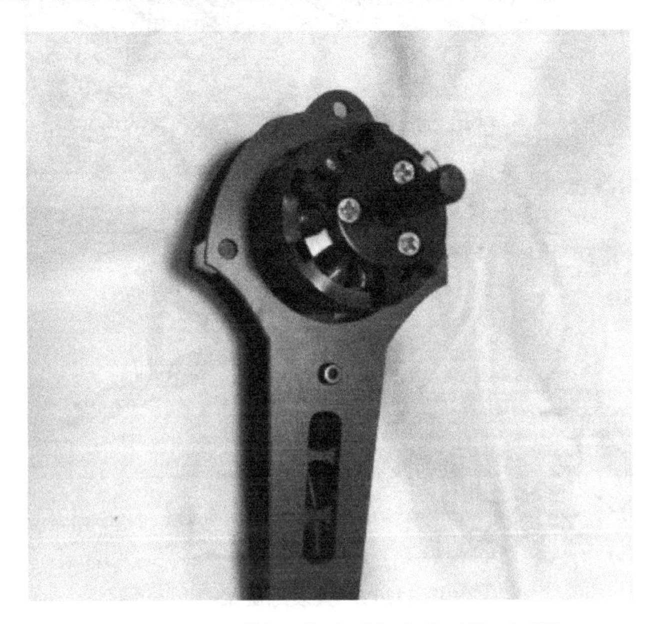

图 11.17　无刷空心杯电动机安装后的正面图

无刷空心杯电动机安装好后，拉紧无刷空心杯电动机的三相驱动线，将无刷空心杯电动机的固定架和轴杆通过两根长螺钉固定，如图 11.18 所示。

图 11.18　无刷空心杯电动机的固定架和轴杆通过两根长螺钉固定

固定后，可以先安装螺旋桨，也可以最后安装螺旋桨。固定螺旋桨时，要有一定的压力，防止在飞行振动时松动，在每一次飞行前都要检查螺旋桨的松紧度，防止在飞行时螺旋桨脱落，发生意外，如图 11.19 所示。

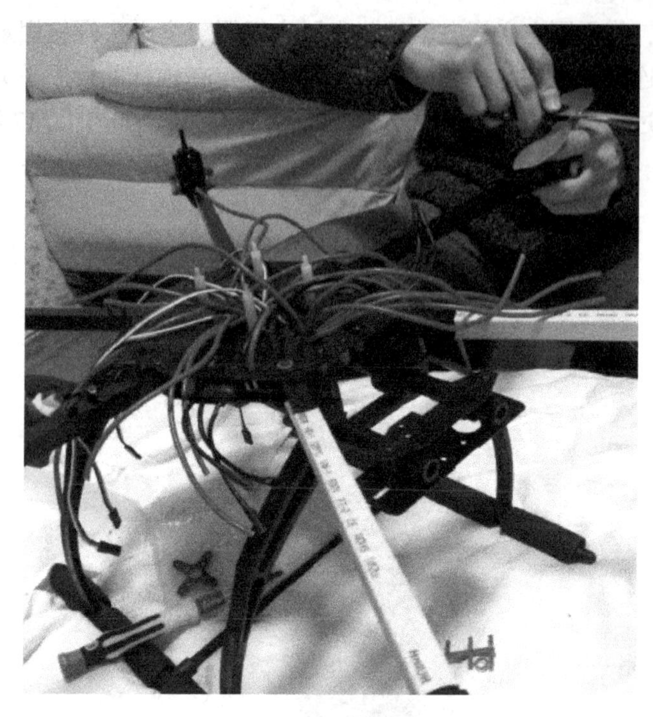

图 11.19　安装螺旋桨

11.3.3　安装电子调速器

电子调速器的输入导线在焊接香蕉头公头后，用电池粘贴将电子调速器粘贴在机架的中心板上。注意，6 个电子调速器要以圆心为轴均匀固定，尽量平均分配质量。

电子调速器用电池粘贴固定如图 11.20 所示。

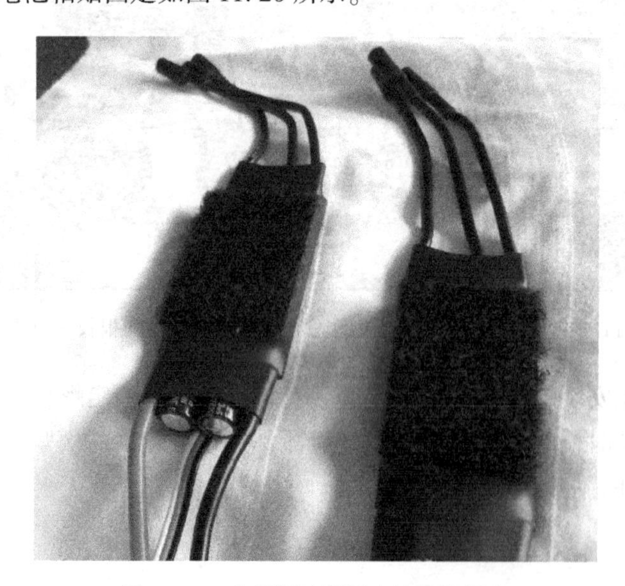

图 11.20　电子调速器用电池粘贴固定

电子调速器的焊接如图 11.21 所示。

图 11.21　电子调速器的焊接

因为 6 个电子调速器的输入端都是连接在一起的，所以可以使用电调板进行焊接，如图 11.22 所示。

图 11.22　电调板焊接完成后进行固定

按照正、负极焊接好电子调速器，这里一定要注意正、负极，在焊接完成后，用万用表测量正、负极之间是否短路。如果有一路接反，则后果很严重，轻则烧毁电子调速器，重则引起电池爆炸。

11.3.4 安装飞行控制系统

本章设计制作的六旋翼飞行器选用 QQ 飞行控制系统。连接飞控板如图 11.23 所示。

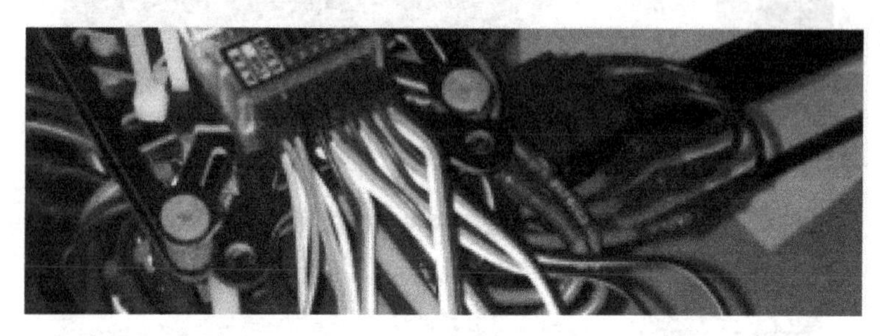

图 11.23 连接飞控板

在安装 QQ 飞控板后，将 M1～M6 电动机分别与 6 个电子调速器连接，在此之前，需要直接将接收机的油门通道与电子调速器连接进行油门行程校准，最好按照 M1～M6 的顺序一路一路地校准油门。否则，如果在安装好后再进行校准，则容易出现电动机接收不到油门信号的情况，具体步骤如下。

（1）各设备之间的连接。将 6 个电子调速器分别与各自对应的电动机、QQ 飞行控制系统的主控制器与 6 个电子调速器的信号线、电源管理单元 PMU 连接。

将需要校准油门行程的 1 号电子调速器的信号线从 QQ 飞行控制系统的主控制器电子调速器的输出接口拔出，其他 5 个电子调速器保持连接，以便在机架通电后，其他 5 个电子调速器不会发出“滴滴”声扰乱 1 号电子调速器的校准过程。

（2）设置接收机的工作模式。在校准油门行程前，需要确认接收机的 3 通道为油门通道，且有正确的油门信号输出，否则在校准过程中，在电子调速器通电后会发出“哔哔”的急促声音（未检测到油门信号的报警声）。针对 Futaba 14SG 接收机 R7008BS，必须调在 A 或 B 的工作模式时，3 通道才对应油门输出。不同的接收机在使用前需要仔细阅读使用说明书。

（3）将电子调速器、发射机分别与独立电源连接。首先将发射机拿出来，将 1 号电子调速器的信号线接入发射机的 3 通道（注意连接方向：黑色线为地；白色线为信号线。Futaba接收机为“白上黑下”）。发射机使用独立的电源供电（注意：大部分接收机的供电电压为 3.5～8V，千万不要使用 3s 或以上的电池供电，以免烧毁发射机。这里使用 Futaba 自带的 6V 镍氢电池通过 7/B 通道单独为发射机供电），并确认发射机与接收机对频连接正常（绿色 LED 灯长亮）。在确认连接正常后，断开接收机的电源。

（4）设置油门的正、反方向。打开遥控器电源，首先检查油门通道输出的正、反方向是否正确。向上推油门，应输出“+”值；向下拉油门，应输出“-”值；否则，双击遥控器面板键盘上的 LNK 键，调出 LINKAGE 菜单，在 REVERSE 设置界面中将油门 3THR 反向，如图 11.24 所示。

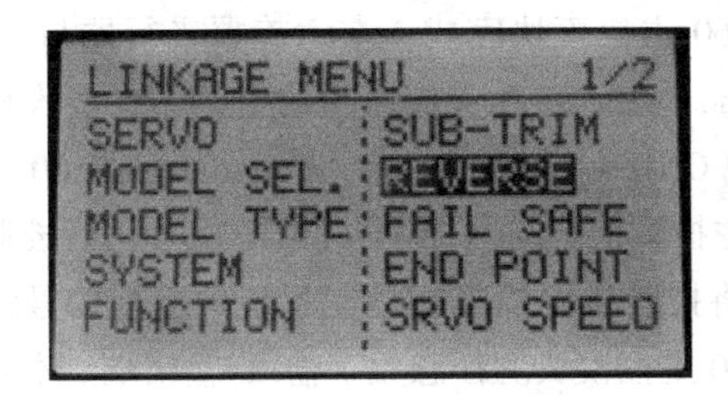

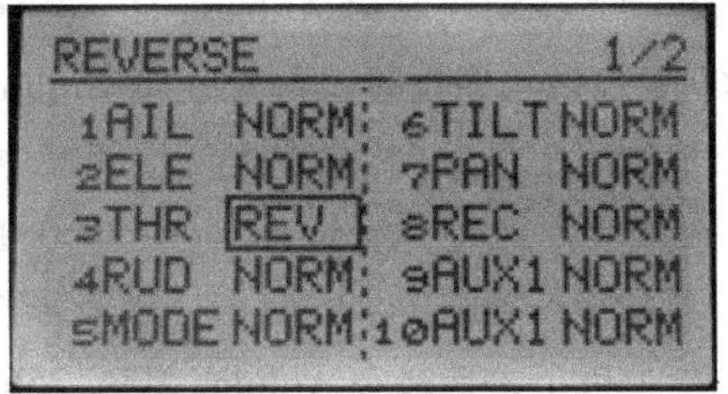

图 11.24　遥控器 LINKAGE 菜单的 REVERSE 设置界面

（5）校准 1 号电子调速器的油门行程，打开遥控器的电源，将油门推到最大后，接通接收机的电源，绿色 LED 灯长亮，再接通机架的电源，给所有的设备，包括电子调速器通电。

此时，1 号电子调速器会发出“哔哔”两声，在听到声音后，3s 内将油门拉到最低，会听到 1 号电子调速器发出“哔”一声，表示油门行程校准完毕，推油门，1 号电动机会立即启动，且转速将响应油门的输出。在 1 号电子调速器行程校准完毕后，机架断电，接收机断电。

（6）校准 2~6 号电子调速器的油门行程。将 1 号电子调速器的信号线插回飞行控制系统主控制器电子调速器的输出接口，拔出飞行控制系统主控制器电子调速器输出接口的 2 号电子调速器的信号线，插入接收机 3 通道，重复上述步骤，校准 2 号电子调速器的油门行程，并依次校准 3、4、5、6 号电子调速器的油门行程。

（7）再次检查连线。在完成所有电子调速器的油门行程校准后，再次检查 1~6 号电子调速器的信号线是否按照 M1~M6 的顺序插入 QQ 飞行控制系统的主控制器（黑上白下），将接收机 8/SB 接口接入 QQ 飞行控制系统主控制器的 X2 接口。

（8）再次检查遥控器与 QQ 飞行控制系统主控制器的操作。将 QQ 飞行控制系统主控制器与计算机连接，调出 QQ 飞行控制系统的运行软件，观察油门的正、反方向。如果为反向，则在软件中进行“反向”设置，确认在上推油门时标尺向右滑动，下拉油门时标尺向左滑动。

在上述步骤全部完成后，再进行飞行控制系统的中心点校准和遥控器的行程校准，最后试飞。也就是说，在用 Arduino 扩展之前，需要六旋翼飞行器能飞起来。

飞行控制系统和接收机的 5V 电源均采用免电池电路（Battey Elimination Circuit，BEC）供电，直接由电子调速器的控制线输出，可省去一组 5V 电池。其实质就是在电子调速器中设置一个 DC/DC 变换器，将 11V 电池输出的电压转换为 5V 供给接收机和舵机飞行控制系统等电子设备使用。

11.3.5　六旋翼飞行器与 Arduino Mega 2560 主控模块的连接

飞行控制系统的控制由 Arduino Mega 2560 主控模块完成。在六旋翼飞行器与 Arduino Mega 2560 主控模块连接时，首先连接 Arduino Mega 2560 主控模块的电源，在接收机的任意一个空置插口中引出 5V 电源 Vcc 端和接地 GND 端，直接连接 Arduino Mega 2560 主控模块的 5V 和 GND。此时，Arduino Mega 2560 主控模块就与六旋翼飞行器的 QQ 飞行控制系统连接为一套系统，如图 11.25 所示。接下来将接收机供给飞行控制系统的四根信号线从飞行控制系统上拆下，连接在 Arduino Mega 2560 主控模块的任意数字输入/输出端。本章设计制作的六旋翼飞行器使用 22、24、26、28 四根导线连接飞行控制系统，分别控制 AIL 副翼、ELE 升降、THR 油门及 RUD 方向。AIL 副翼信号用来控制六旋翼飞行器在水平面俯仰。也就是说，六旋翼飞行器在俯下时会产生一个向前的分解力，使六旋翼飞行器向前飞行，在向后仰时会产生一个向后的分解力，使六旋翼飞行器向后飞行。ELE 升降其实不是真正控制六旋翼飞行器升/降的，与 AIL 副翼一样，当六旋翼飞行器向左倾斜时，使六旋翼飞行器向左飞行；反之，向右飞行。THR 油门用于控制六旋翼飞行器的起飞和下降，油门大，六旋翼飞行器就上升；油门小，六旋翼飞行器就下降。RUD 方向用于控制六旋翼飞行器的水平转动，可左转、右转，六旋翼飞行器的方向改变，位置不会改变。

图 11.25　六旋翼飞行器与 Arduino Mega 2560 主控模块的连接

11.4　软件设计

六旋翼飞行器的硬件连接好后，就可以利用 Arduino Mega 2560 主控模块输出 PWM 信号到 QQ 飞行控制系统，控制四路控制信号控制六旋翼飞行器按指令动作。Arduino Mega 2560 主控模块输出的 PWM 信号可以直接由 Arduino 库函数中的舵机库产生。

串口程序库函数包含在高版本的 Arduino IDE 中，设置通信信号的波特率，即通过函数 Serial. begin（9600）将通信信号的波特率设定为 9600b/s，将 Arduino Mega 2560 主控模块通过 USB 与计算机连接后，就可以调用 Serial. print（）函数在 Arduino IDE 系统中显示串口回传的数据。

程序 11-1：六旋翼飞行器的基本控制程序代码。

```
#include<Servo. h>;
//宏定义输出的引脚
#define AIL1   22                    //AIL 副翼
#define ELE2   24                    //ELE 升降
#define THR3   26                    //THR 油门
#define RUD4   28                    //RUD 方向
#define LED    13
//定义变量
unsigned long INAIL;
unsigned long INELE;
unsigned long INTHR;
unsigned long INRUD;
int OUTAIL;
int OUTELE;
int OUTTHR;
int OUTRUD;
Servo AIL;
Servo ELE;
Servo THR;
Servo RUD;
//初始化设置
void setup()
{
//设置接口的输出模式
    pinMode(AIL1,0);
    pinMode(ELE2,0);
```

```
        pinMode( THR3,0) ;
        pinMode( RUD4,0) ;
        pinMode( LED,1) ;
    //将接口与引脚结合起来
        AIL. attach(4) ;
        ELE. attach(5) ;
        THR. attach(6) ;
        RUD. attach(7) ;
        Serial. begin(9600) ;
    }
    //主循环开始
    void loop( )
    {
        digitalWrite( LED,1) ;
        INAIL = pulseIn( AIL1, 1) ;
        INELE = pulseIn( ELE2, 1) ;
        INTHR = pulseIn( THR3, 1) ;
        NRUD = pulseIn( RUD4, 1) ;
    //匹配输入数据的范围
        OUTAIL = map( INAIL,1010,2007,47,144) ;
        OUTELE = map( INELE,1010,2007,47,144) ;
        OUTTHR = map( INTHR,1010,2007,47,144) ;
        OUTRUD = map( INRUD,1010,2007,47,144) ;
    //输出数据
        AIL. write( OUTAIL) ;
        ELE. write( OUTELE) ;
        THR. write( OUTTHR) ;
        RUD. write( OUTRUD) ;
        int dianya = analogRead( A0) ;
        float wendu = dianya * (5.0 / 1023.0 * 100) ;
    //串口数据输出
        Serial. print( " AIL=" ) ;
        Serial. print( INAIL) ;
        Serial. print( "  ELE=" ) ;
        Serial. print( INELE) ;
        Serial. print( "  THR=" ) ;
        Serial. print( INTHR) ;
```

```
        Serial.print(" RUD=");
        Serial.print(INRUD);
        Serial.print(" wendu=");
        Serial.println(wendu);
        digitalWrite(LED,0);
        delay(5);
}
```

程序代码在读取 PWM 信号的代码时需要用到 pluseIn( ) 函数。pluseIn( ) 函数可以读取指定接口的电平脉冲时间，即 PWM 信号的脉冲宽度。脉冲宽度可以通过串口调试程序查看，当油门处于最低位时，THR 油门的值为 1000 左右，如图 11.26 所示。当油门处于最高位时，THR 油门的值为 2000 左右，如图 11.27 所示。高、低油门的区间为 1000~2000。

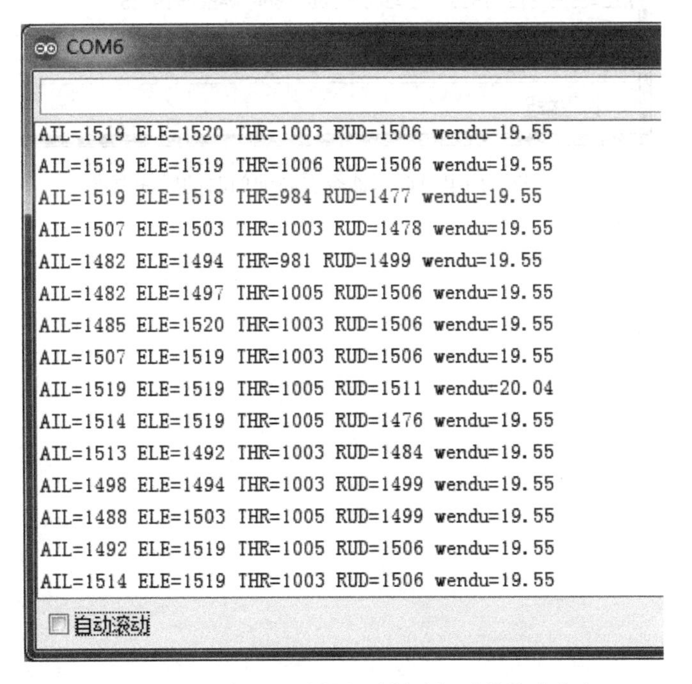

图 11.26　用串口调试器查看低油门时的脉冲宽度

小提示

Arduino 软件在调试过程中会经常涉及数据长度的缩放，如在六旋翼飞行器基本控制程序代码中匹配输入数据范围的 map (INTHR, 1010, 2007, 47, 144) 函数，就是用来将 1010-2007 缩放为 47-144 的。这一过程通常被称为线性拟合。

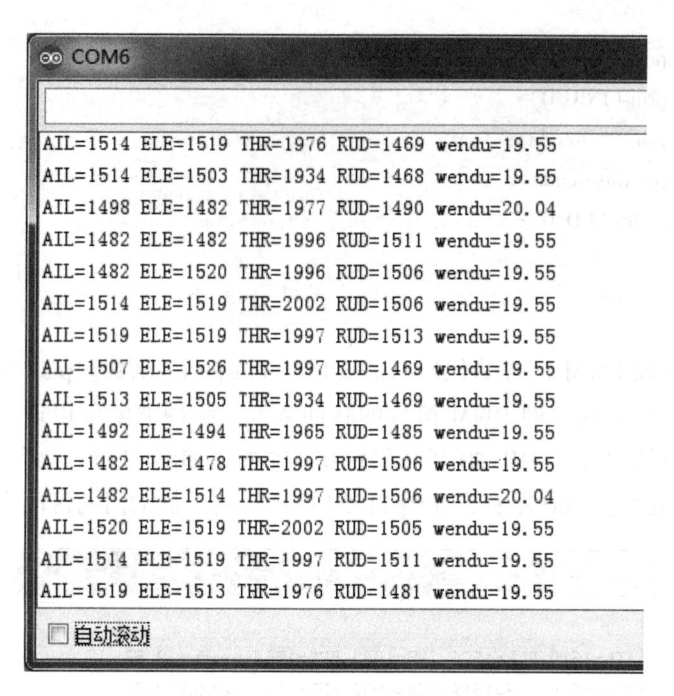

图 11.27　用串口调试器查看高油门时的脉冲宽度

第 12 章　Arduino 六足机器人的设计

随着人类探索自然界步伐的不断加速，各个应用领域对能够在复杂的环境中进行自主移动机器人的需求日趋广泛。通常，人们利用两种机器人完成在复杂环境中的独立探测：一种是轮式或履带式机器人；另一种是多足步行机器人。轮式或履带式机器人的越障能力有限，只能在较为平坦的地形中表现出高效的行走能力，当遇到大石块、泥沙等障碍时，就会减弱甚至失去行走能力。多足步行机器人的多自由度使其灵活性更高，可表现出比轮式或履带式机器人更好的行走能力。多足步行机器人的类型很多，最具有代表性的是双足、四足、六足及八足机器人。

六足机器人又叫蜘蛛机器人，是多足步行机器人的一种，具有双足机器人和四足机器人所没有的超强稳定性，能够适应不同的环境，存在多种多样的步态，与八足机器人相比，具有相对简单的结构和控制方法。六足机器人的研究和开发具有深远的意义。

本章将基于 Arduino 控制器制作一个六足机器人。

12.1　六足机器人的总体设计方案

一个完整的机器人系统包括机械系统和控制系统。其中，控制系统包括硬件设计和软件设计。六足机器人通过中央控制模块处理、分析及计算由传感器模块获取的信息控制伺服电动机转动，带动执行机构动作，实现机器人的行走功能。

12.1.1　六足机器人的主要功能

六足机器人实现的目标功能如下：

① 穿越火线，当检测到前面有障碍物时，可使用低姿态通过障碍物，通过障碍物后，可恢复为高姿态继续行走；

② 超声波避障，通过超声波传感器测量距离，可实现在与障碍物的距离较近时转弯，在与障碍物的距离很近时后退转弯。超声波测距模块利用超声波的反射特性测量距离，从而使六足机器人实现避障功能。

③ 红外防跌落，合理地安装传感器就可以准确地检测台阶，帮助六足机器人考虑是否绕道行走。

12.1.2　六足机器人肢体结构设计

六足机器人的整体支架分为身体和腿部，共有六条腿。每一条腿均由三个舵机控制关节的运动。

六足机器人借鉴在自然界中昆虫的运动原理。足是昆虫的运动器官。昆虫有三对足，在前胸、中胸及后胸各有一对，相应地称其为前足、中足及后足。六足机器人的肢体结构如图 12.1 所示。六足机器人的行走功能是以三条腿为一组实现的，即一侧的前、后足和另一侧的中足为一组，形成一个三角形的支架结构，当三条腿放在地面并向后蹬时，另外的三条腿抬起向前准备替换。前足用爪固定后拉动身体向前，中足用来支持并举起所属一侧的身体，后足用来推动身体前进，同时使身体转向。这种行走方式可使六足机器人随时随地停息下来，因为六足机器人的重心总是落在三角形的支架内的。当然，并不是所有的昆虫都有三对足，有些昆虫由于前足发生退化，行走时主要靠中、后足，如螳螂，经常可以看到螳螂一对钳子般的前足高举在胸前，由后面的四条腿支撑地面行走。

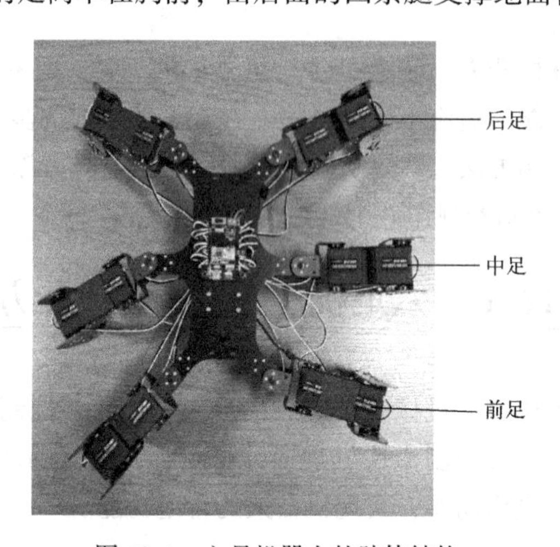

图 12.1　六足机器人的肢体结构

12.1.3　六足机器人控制系统方案总体设计

六足机器人是一个很复杂的控制目标，除需要搭建硬件外，更重要的是对六足机器人的每一个关节都需要进行准确的控制，属于多自由度并联机器人范畴。六足机器人的控制系统是六足机器人运动的中枢核心。

根据六足机器人系统的结构特点、需要完成的任务及自身的特征，六足机器人的控制系统需要满足以下几点要求。

① 多自由度协调控制。六足机器人共有 18 个舵机关节，不论是基本行走，还是完成特殊动作，都必须通过驱动关节之间的协调运动来完成，即必须对这些关节进行协调控制，包括单足多关节协调控制和六足协调控制。

② 步态的产生。若使六足机器人能够实现直线行走、避障等基本功能，就必须研究六足机器人步态的产生机制。

③ 较强的控制系统接口、兼容性及扩展性。随着应用领域的拓展，六足机器人可能需要增加一些新功能，如利用上位机检测周围环境和自身状况等，因此在设计六足机器人的控制系统时，应该考虑控制系统的可扩展性。

由于六足机器人的关节自由度繁多，多传感器信息传递的难度较大，一般都需要 18 个舵机，使控制 18 个舵机的程序更加复杂，因此本章选取由多路舵机控制的硬件模块控制器（多路舵机控制板）和 Arduino 主控制板协同控制的控制系统，如图 12.2 所示。

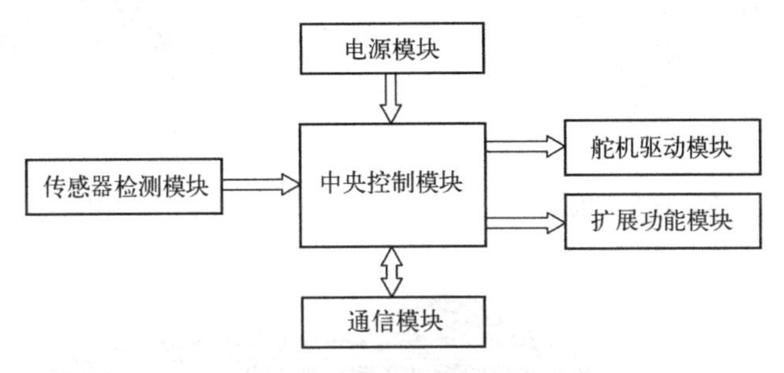

图 12.2　控制系统的结构

12.1.4　六足机器人的步态分析

在自然界中，六足甲虫的躯体为近似椭圆形的对称结构，如图 12.3 所示，因此在设计六足机器人的身体时，采用以中轴对称的结构设计，两边均匀分布三条腿，每一条腿都有三个自由度（三个舵机），包括一个沿垂直轴的水平运动和两个沿水平轴的垂直运动。

这种设计具有如下优势：

① 可减少腿部之间的碰撞；

② 可增加六足机器人的稳定性；

③ 可增大六足机器人腿部的转动空间。

六足机器人共有 18 个舵机。其重点是步态的规划，既要保证六足机器人在正常情况下能够稳定行走，不至于出现摔倒等现象，还要保证六足机器人的各条腿之间相互协调，完成一个系列的运动。六足机器人的机械结构如图 12.4 所示。

六足机器人腿关节的设计采用与六足昆虫相似的三自由度腿关节结构，如图 12.5 所示。各个腿关节分别由伺服电动机驱动。连接腿关节的构件采用简单、轻便且坚韧的合成塑料代替，可降低六足机器人的质量，增加六足机器人的灵活度，通过控制相应伺服电动机的运动使六足机器人具备 18 种自由度，实现六足机器人在步行可达区域内的任意定位，在结构上可保证六足机器人能够有效地模拟昆虫的行走方式，完成在相对复杂环境中的工作。六足机器人的运动步态是腿或足按照一定的规则通过连贯动作实现的。六足机器人的运动步态是多样的。其中，三角步态是最典型的一种运动步态。

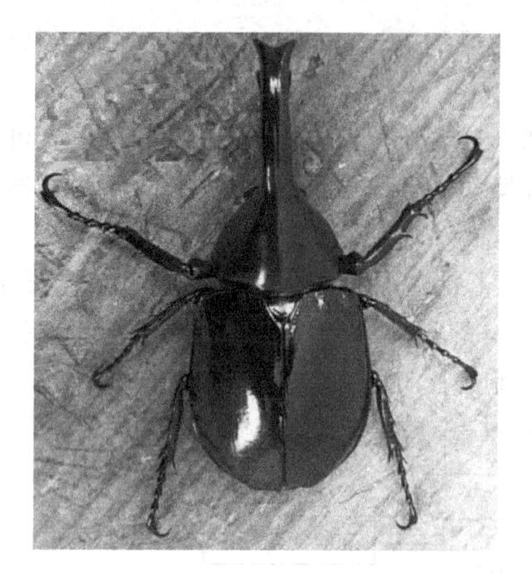

图 12.3　六足甲虫的躯体

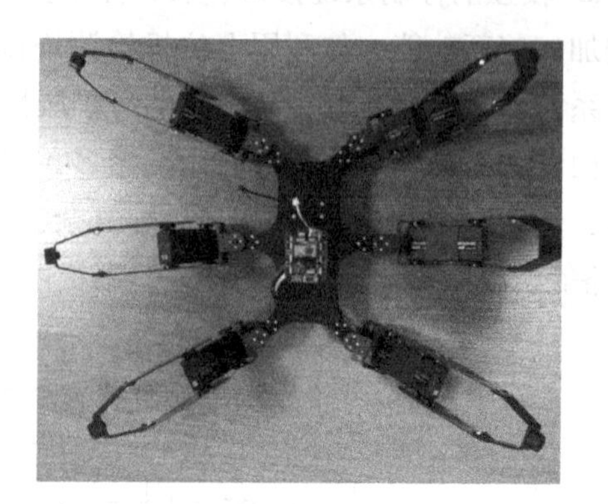

图 12.4　六足机器人的机械结构

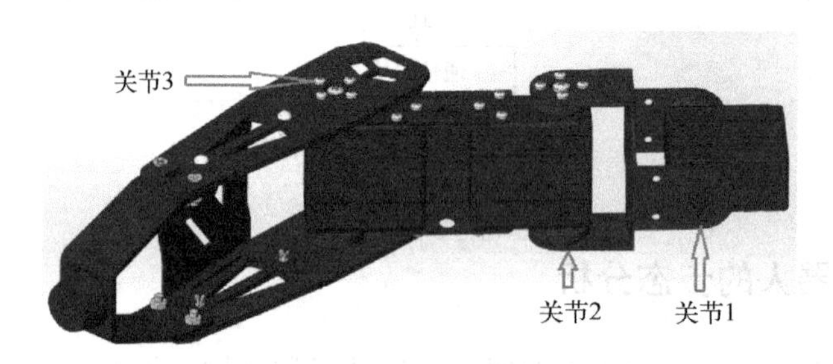

图 12.5　六足机器人腿关节结构

1. 三角步态原理

“六足纲”昆虫在行进时，如蜜蜂、甲壳虫及有跳跃能力但可以在地面爬行的昆虫，多以交替的三角步态运动，即在步行时将六足分两组，以身体一侧的前足、后足及另一侧的中足作为一组，其他三足作为另一组。当其中的一组同时抬起时，前足胫节肌肉收缩，拉动身体向前，后足胫节肌肉收缩，推动身体向前，此时，“六足纲”昆虫的身体中心落在另一组上，依此往复交替，实现快速行走。这种步态可以使昆虫随时停息和运动。三角形的支撑点可使“六足纲”昆虫的身体在站立和行走时更加稳定。“六足纲”昆虫在行走时的轨迹如图 12.6 所示，步态移动简单，直线行进速度快，被认为是最快速有效的静态稳定步态。基于仿生学的角度，目前的六足机器人多使用这种步态。

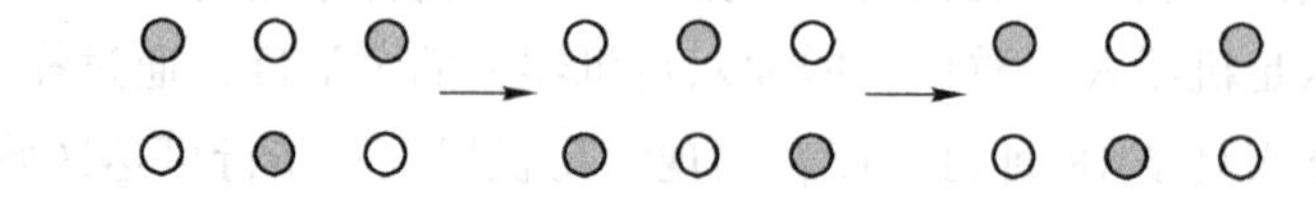

图 12.6　“六足纲”昆虫在行走时的轨迹

2. 六足机器人直行步态

六足机器人在模仿昆虫的步态时，可以将运动描述为六种状态，如图 12.7 所示。黑点表示支撑足，白点表示摆动足。

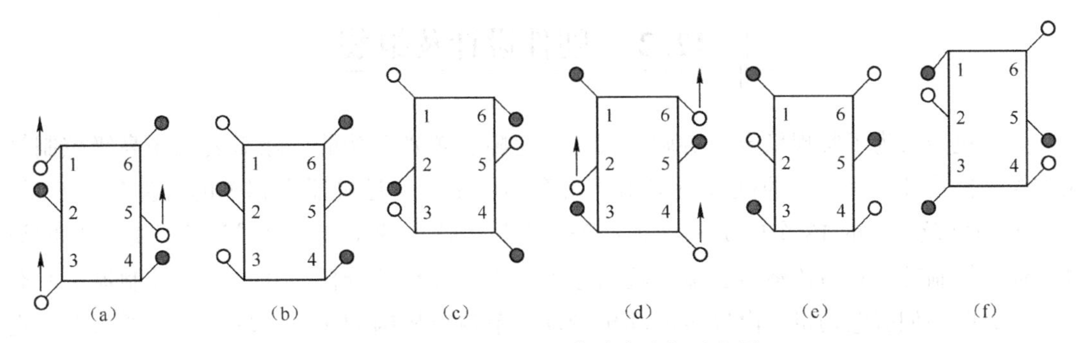

图 12.7　六足机器人三角步态直行示意图

状态 1：当六足机器人开始运动时，1 足、3 足、5 足从后方准备向前摆动，2 足、4 足、6 足 处于支撑状态，支撑六足机器人的身体，确保六足机器人的重心处在由 2 足、4 足、6 足组成的三角形稳定区内，使六足机器人处在稳定状态下不至于摔倒，见图 12.7（a）。

状态 2：摆动足 1 足、3 足、5 足摆动到前方，2 足、4 足、6 足继续支撑六足机器人的身体，见图 12.7（b）。

状态 3：支撑足 2 足、4 足、6 足一边支撑六足机器人的身体，一边在小型直流驱动电动机和传动机构的作用下驱动六足机器人的身体，使六足机器人的身体向前运动半个步长，见图 12.7（c）。

状态 4：在六足机器人的身体移动到位后，原来的摆动足 1 足、3 足、5 足立即放下，呈支撑态，使六足机器人的身体重心处在由 1 足、3 足、5 足组成的三角形稳定区内，原来的支撑足 2 足、4 足、6 足变为摆动足，准备向前跨步，见图 12.7（d）。

状态 5：摆动足 2 足、4 足、6 足向前跨步，支撑足 1 足、3 足、5 足支撑六足机器人的身体，见图 12.7（e）。

状态 6：支撑足 1 足、3 足、5 足一边支撑六足机器人的身体，一边驱动六足机器人的身体，使六足机器人的身体又向前运动半个步长，见图 12.7（f）。

如此不断从图 12.7（a）→图 12.7（b）→图 12.7（c）→图 12.7（d）→图 12.7（e）→图 12.7（f）→图 12.7（a）循环往复，即可实现六足机器人向前快速直行。

3. 六足机器人定点转弯步态

在转弯的过程中，六足机器人可以在定点时转弯，也可以在前进时转弯。定点转弯比较灵活、快捷，六足的运动顺序可参照直行时的运动顺序。如果期望六足机器人向右转弯，则六足机器人左侧三足的运动状态保持不变，右侧三足的运动状态与原来相反，相位差和运动速度保持不变；向左转弯的方法相同。由此可见，六足机器人在转弯时，只要期望转弯方向那一侧三足的运动方向与直行时反向即可。通过这种方式实现的是原地转弯，即当六足机器人实现转弯时，身体不会出现平移。

六足机器人在行走的过程中，需要确定每足的运动轨迹，才能够保证参与行走的各足进行协调的工作，达到需要的行走方式。因此，步态规划是控制步行机器人行走的基本问题。

12.2 硬件设计及组装

六足机器人为了实现稳定、协调的行走和避障、越障等功能，除需要采用高级控制算法和控制模式外，对相关的硬件也提出了很高的要求。六足机器人相关的硬件包括 6 足、18 种自由度及对应的 18 个舵机和传感器等。六足机器人的系统控制难度主要是软件的设计，通过控制芯片对由传感器获取环境信息的处理、计算及分析，并根据主控制器实时获取的信息驱动伺服电动机，由伺服电动机带动关节执行机构动作，实现六足机器人的行走和避障。六足机器人的硬件系统是由 Arduino 主控制板、舵机控制板（至少可以控制 20 路舵机）、18 个舵机（机器人关节）、电池（大电流放电电池，如航模电池）及传感器等部件组成的。六足机器人的硬件系统构成如图 12.8 所示。

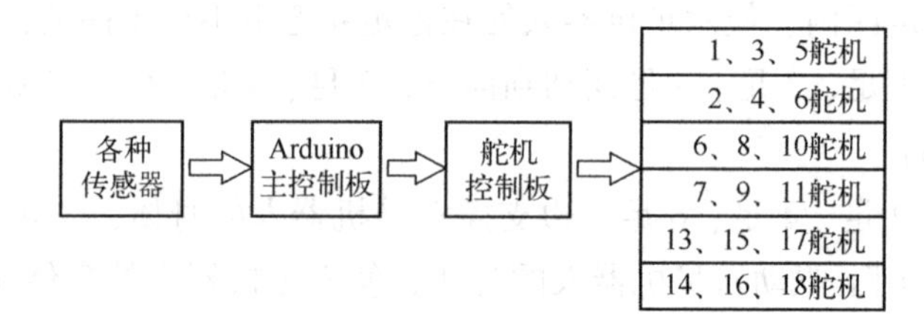

图 12.8　六足机器人的硬件系统构成

舵机控制板是六足机器人的中枢神经，负责协调动作。Arduino 主控制板是六足机器人的大脑，负责处理外界信息，统一指挥。各种传感器是六足机器人的感官系统，负责接收外界信息。舵机控制板不是六足机器人的核心，只负责控制舵机的模块，最多可以满足六足机器人跳舞等功能。如果想实现六足机器人的智能化，则必须添加另外的主控模块，也就是通常所说的给六足机器人安装一个大脑。本章的六足机器人采用 Arduino 控制器作为主控模块，再在主控模块上添加各种传感器模块，即相当于给六足机器人安装口、鼻、眼、耳等感官。这样便初步形成六足机器人的智能化硬件框架。

也就是说，六足机器人以 Arduino 作为主控模块，用舵机控制板控制 18 个舵机实现六足机器人的平稳行走，用 PS2 遥控器也可以控制六足机器人的行走。

12.2.1 Arduino 主控制板

六足机器人的中央控制模块选择目前在市场上比较流行的开源硬件 Arduino 主控制板。

Arduino 主控制板采用 Arduino Leonardo 控制板，如图 12.9 所示。Arduino Leonardo 控制板是基于 ATmega32u4 的开发板，相关的部件包括 20 个数字输入/输出引脚（其中，7 个引脚可用于 PWM 信号的输出，12 个引脚可用于模拟输入）、16 MHz 晶振、微型 USB 连接、

ICSP 接头及复位按钮等。Arduino Leonardo 控制板通过 USB 电缆与计算机连接，也可以通过 AC-to-DC 适配器或电池供电。

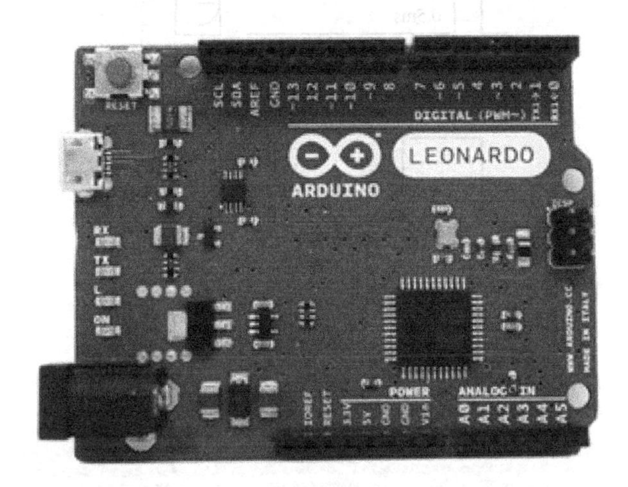

图 12. 9　Arduino Leonardo 控制板

Arduino Leonardo 控制板具有内置的 USB 通信功能，无需使用辅助的处理器，可以充当计算机的鼠标和接口。

12. 2. 2　舵机

六足机器人的关节采用 18 个 LDX—218 型数字舵机，如图 12. 10 所示。LDX—218 型数字舵机的精度和线性度很高，运动精确，采用插拔的接线方式，可以杜绝脱焊情况的发生，更换部件方便，布线更加随心所欲。

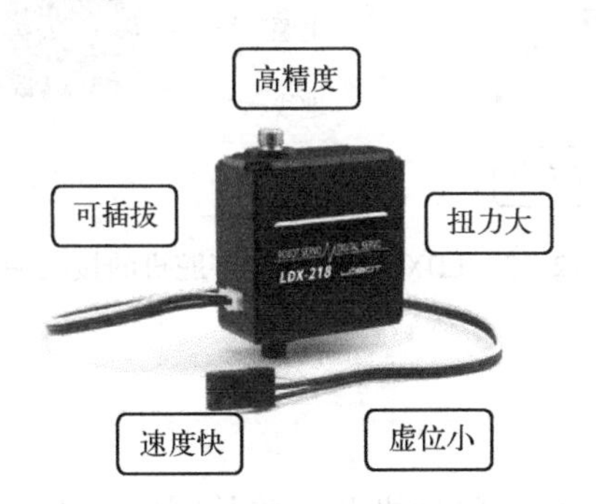

图 12. 10　LDX—218 型数字舵机

LDX—218 型数字舵机的控制信号是周期为 20ms 的脉宽调制（PWM）信号。其脉冲宽度为 0. 5~2. 5ms，对应舵机 0°~180°，呈线性变化。通常，0. 5~2. 5ms 脉冲宽度对应舵机控制板的数值为 500~2500，即 1500 对应中点，500 对应-90°，2500 对应+90°。舵机 PWM 脉宽型调节角度如图 12. 11 所示。

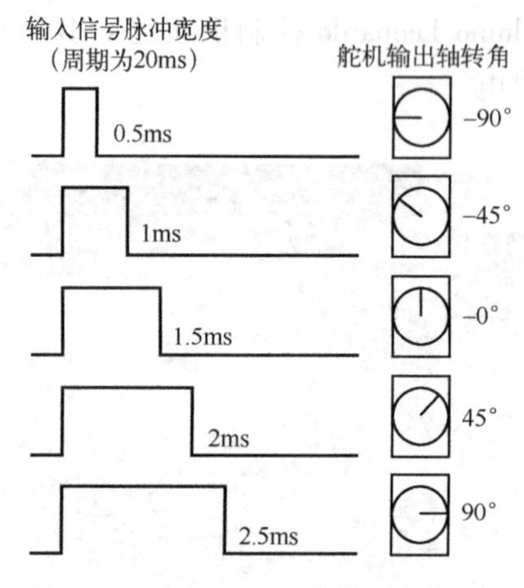

图 12.11　舵机 PWM 脉宽型调节角度

小提示

舵机在使用的时候要避免堵转。堵转是人为或机械阻碍舵机输出轴正常转动，可以导致舵机的内部电流增加 7 倍以上，温度升高，烧坏舵机。

LDX—218 型数字舵机是数字模块，只有三根接线端子，即电源正极、地线及信号线，如图 12.12 所示。

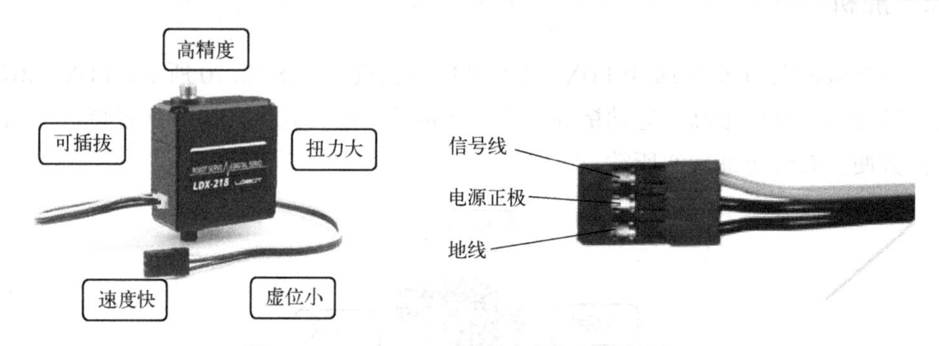

图 12.12　LDX—218 型数字舵机的接线端子

12.2.3　舵机控制板

舵机控制板由单片机开发板、单片机及一些外围电路组成。由于开发者已经将多路舵机的控制程序写入单片机中，因此外表看似普通的单片机开发板就会具有不一样的价值。

舵机控制板的方便之处是有一套相对应的 PC 调试软件，面向用户界面，使用户能够直观地操控舵机位移，还能将操控的动作保存下来，形成连贯的动作组，使设计六足机器人步态的过程简单化，让爱好者可以更快地享受制作六足机器人的乐趣。

舵机控制板采用 LSC—20 舵机控制器；所有舵机的接口都有过流保护，可以同步控制 20 个舵机；内置 512KB 存储芯片，可存储上百个动作组；支持 PS2 遥控器的蓝牙模块和

MP3 模块；可以在线编辑运动程序，自定义动作序列；具有完善的 PC 端控制软件、USB 接口在线控制及离线运行。舵机控制板的具体功能和接口介绍如图 12.13 所示。

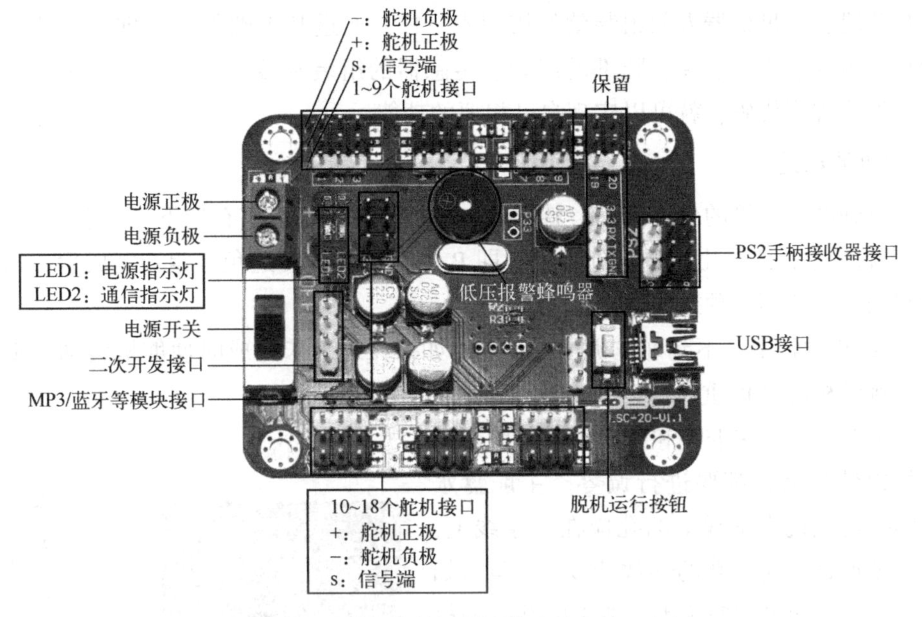

图 12.13　舵机控制板的具体功能和接口介绍

12.2.4　遥控器

遥控器采用的是 PS2 遥控器。PS2 遥控器的手柄和接收器如图 12.14 所示。PS2 遥控器是索尼游戏机的遥控器，性价比极高，按键丰富，可方便扩展到其他应用中。

PS2 遥控器由手柄和接收器两个部分组成。手柄由两节 7 号 1.5V 的电池供电。接收器与控制器使用同一个电源供电，电压为 3～5V，不能反接，不能超电压，过压和反接都会烧坏接收器。手柄有两个开关：ON / OFF，将开关置在 ON 上，在未搜索到接收器的状况下，手柄上的指示灯会不停地闪烁。如果在一定的时间内还未搜索到接收器，则遥控器进入待机模式，手柄上的指示灯熄灭。这时，按下“START”键，唤醒遥控器，接收器通电，在手柄与接收器未匹配时，指示灯闪烁；在手柄与接收器匹配后，指示灯常亮。

图 12.14　PS2 遥控器的手柄和接收器

有时会遇到手柄与接收器不能正常匹配的情况，其原因大多是接收器的接线不正确或程序有问题。

解决方法：接收器只连接电源（电源线一定要连接正确），不连接任何其他的数据线和时钟线，在一般情况下，手柄是能够匹配成功的。匹配成功后，指示灯常亮，说明手柄是好的。这时再检查接线是否正确，程序移植是否有问题。

12.2.5 六足机器人的组装

在现阶段，六足机器人的组装就像搭积木一样，通过基本硬件模块即可组装出自己想要的模型，包括舵机的组装、腿部的组装、传感器的组装及接口的连接等，组装后，经过测试，再编写程序代码，就可以实现自己想要的功能。

1. 舵机的组装

如果拿到的是舵机的分散零件，就需要自己组装，在组装前有如下注意事项：

① 将舵控制板的输出值调试到中位，即 P 值为 1500，可避免在组装完成后，六足机器人动作组的调零达不到预想的效果。

② 在组装过程中，不允许舵机出现转动，如果在组装未完成时使舵机转动，则必须拆卸下来，将舵机的 P 值重新调整为 1500 后，再进行组装。

每一个舵机都有主舵盘和副舵盘，如图 12.15 所示。

舵机组装好后，都要进行调零。主舵盘水平线上的孔与舵机水平线上的孔应在一条线上，且与主舵盘垂直方向上孔的连线成 90°夹角，如图 12.16 所示。如果主舵盘水平线上的孔与舵机水平线上的孔不在一条线上，则必须连接舵机控制板，通过上位机软件进行调整。副舵盘孔位如图 12.17 所示。

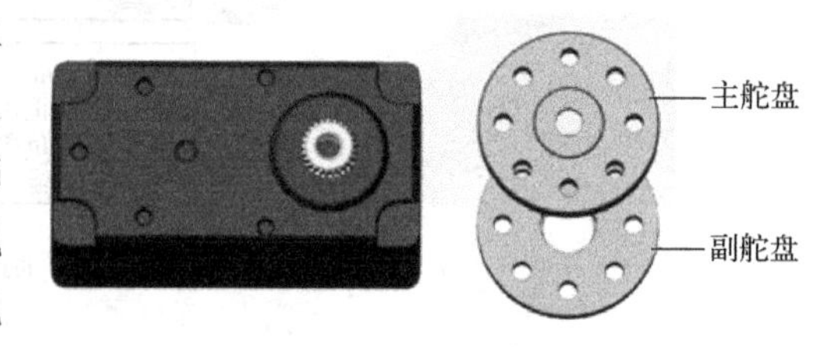

图 12.15 舵机

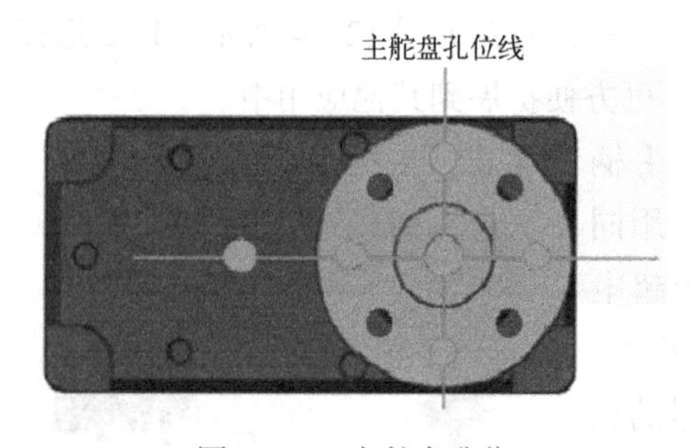

图 12.16 主舵盘孔位

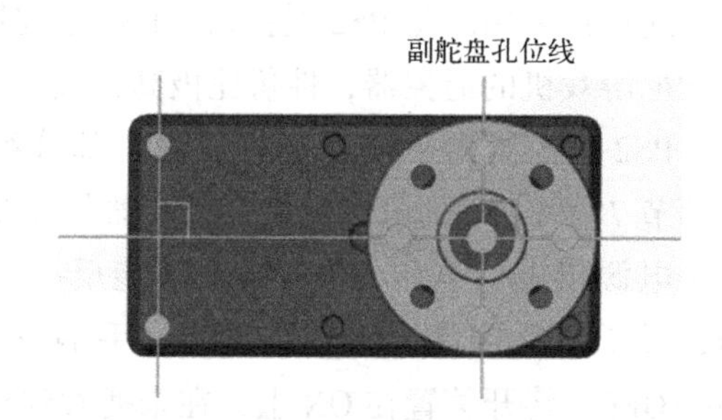

图 12.17 副舵盘孔位

18 个舵机全部组装完成后，就可以进行舵机连接了。

2. 舵机的连接

舵机的连接需要用到两种连接件：一种是小 U 连接件；另一种是十字大 U 支架。

小 U 连接件如图 12.18 所示。注意主舵盘和副舵盘的组装方向，需要连接 6 组。

3. 安装六足机器人的支架

① 足尖的组装（共 6 个）。

六足机器人行走的范围大，灵活性好，采用硬铝合金和玻璃纤维材料，可以大大减轻

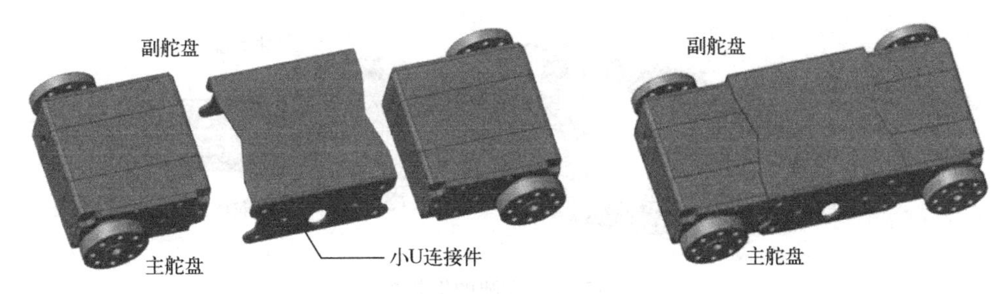

图 12.18　小 U 连接件

六足机器人的质量，灵活性得到提高。六足机器人的足尖采用避振脚垫，可以使六足机器人的步态更稳，磨损更小。足尖的组装如图 12.19 所示。

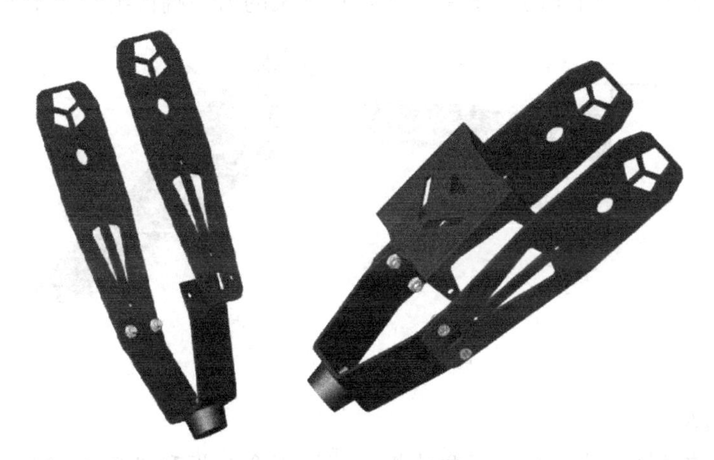

图 12.19　足尖的组装

② 左腿的组装（共 3 条）。

左腿的组装包括足尖、双轴舵机及十字大 U 支架的组装。组装的第一步是需要注意舵盘的位置要与支撑架对应的位置对齐，如图 12.20 所示。

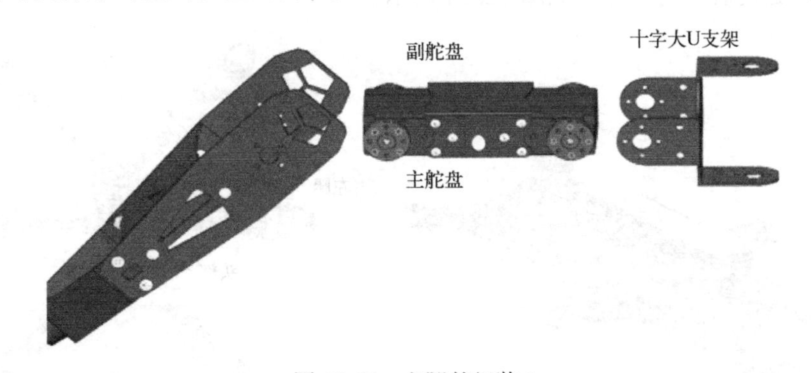

图 12.20　左腿的组装 1

组装好后，左腿还不算组装完毕，还需要在十字大 U 支架的另一端组装一个舵机，保证六足机器人能够完成三自由度的灵活运动，如图 12.21 所示。

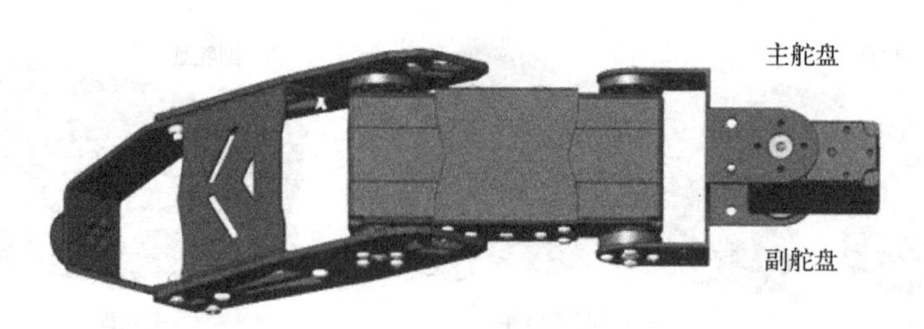

图 12.21　左腿的组装 2

③ 右腿的组装（共 3 条）。

右腿的组装顺序与左腿的组装顺序是一致的，需要注意的是足尖支撑架和双轴舵机的方向，如图 12.22 所示，同样还需要在十字大 U 支架的另一端再组装一个舵机。

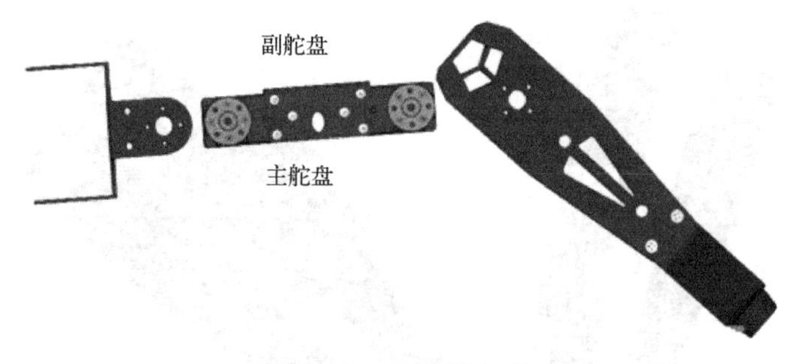

图 12.22　右腿的组装

④ 身体的组装。

六足机器人的身体部分有上、下两块板，即硬铝合金板和玻璃纤维板。下板可以固定大容量的锂电池，如图 12.23 所示。

⑤ 整体的组装。

将组装好的左腿、右腿及身体组装起来，六足机器人就组装好了。注意，身体部位的圈出部位是六足机器人的头部，如图 12.24 所示。

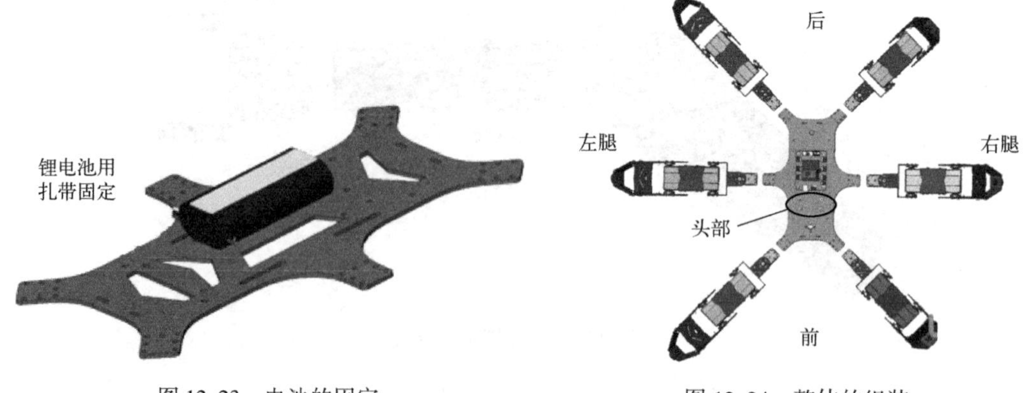

图 12.23　电池的固定　　　　图 12.24　整体的组装

4. 舵机接口的连接

LSC-20 舵机控制器可以控制 20 个舵机。实际上，六足机器人只需要使用 18 个控制接口。六足机器人组装完成后，将舵机接口与舵机控制板的相应控制接口连接后，就可以使六足机器人动起来。舵机接口与舵机控制板的连接示意图如图 12.25 所示。舵机连接后的总体效果图如图 12.26 所示。

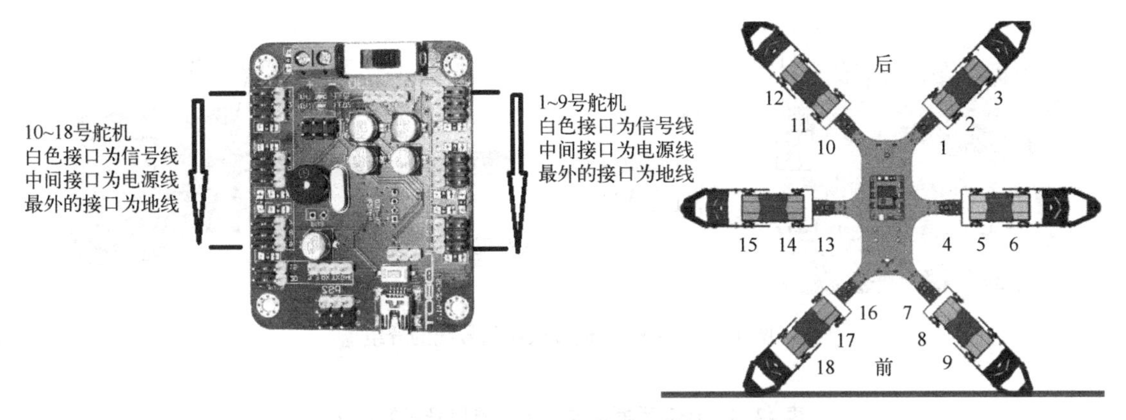

图 12.25　舵机接口与舵机控制板的连接示意图

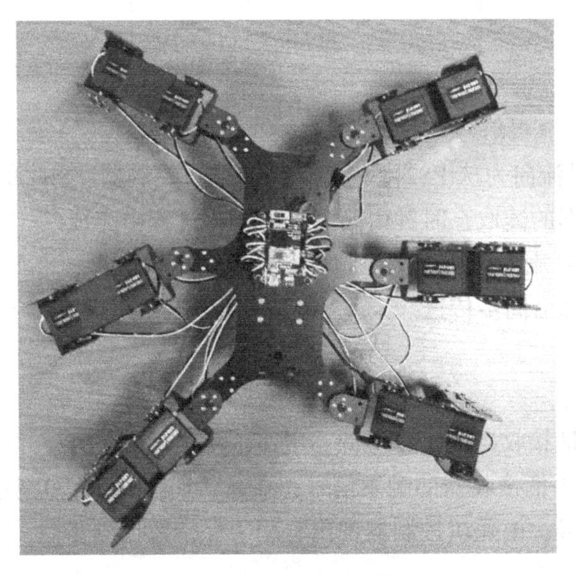

图 12.26　舵机连接后的总体效果图

在连接过程中，线头不要裸露太长，以免碰到金属物体发生短路故障，在确保连接无误后，再通电。

舵机在连接完成后，用锂电池供电，在调试过程中，要避免舵机堵转。堵转会导致电流过大而损坏电动机，如发生异常，则应立即断电。

12.2.6 PS2 手柄接收器与舵机控制器的连接

PS2 手柄接收器与舵机控制器连接时，应将 PS2 手柄接收器上的 9 根信号线分为 3 组，如图 12.27 所示。PS2 手柄接收器上 9 根信号线的定义见表 12-1。

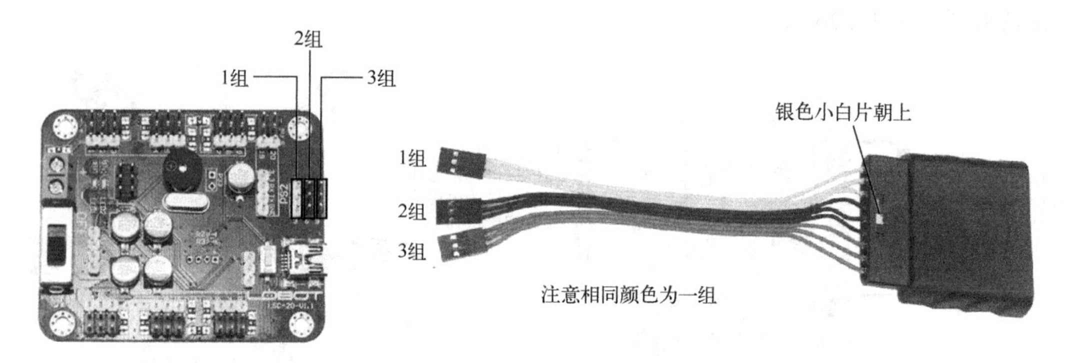

图 12.27 PS2 手柄接收器信号线的分组

表 12-1 PS2 手柄接收器上 9 根信号线的定义

1	2	3	4	5	6	7	8	9
DI/DAT	DO/CMD	NC	GND	VDD	CS/SEL	CLK	NC	ACK

PS2 手柄接收器上 9 根信号线的定义如下。

① DI/DAT：信号流向为从 PS2 手柄接收器到舵机控制器，8bit 的串行数据，在时钟的下降沿同步传送，数据的读取在时钟由高到低的变化过程中完成。

② DO/CMD：信号流向为从舵机控制器到 PS2 手柄接收器，8bit 的串行数据，与 DI 数据相对，在时钟的下降沿同步传送。

③ NC：空接口。

④ GND：电源地。

⑤ VDD：PS2 手柄接收器的工作电源，电压范围为 3~5V。

⑥ CS/SEL：PS2 手柄接收器的触发信号，在通信期间处于低电平。

⑦ CLK：时钟信号，由舵机控制器发出，用于保持数据同步。

⑧ NC：空接口。

⑨ ACK：从 PS2 手柄接收器到舵机控制器的应答信号，在 8bit 数据发送的最后一个周期变低，并且 CS 一直保持低电平。如果 CS 不为低电平，则大约 60μs，舵机控制器就会给另一个外设发送信号，在编程时未使用 ACK 接口。

在 PS2 手柄接收器的三组杜邦线中，杜邦头金属露出口的方向应一致；否则，PS2 手柄接收器不能够正常工作，如图 12.28 所示。

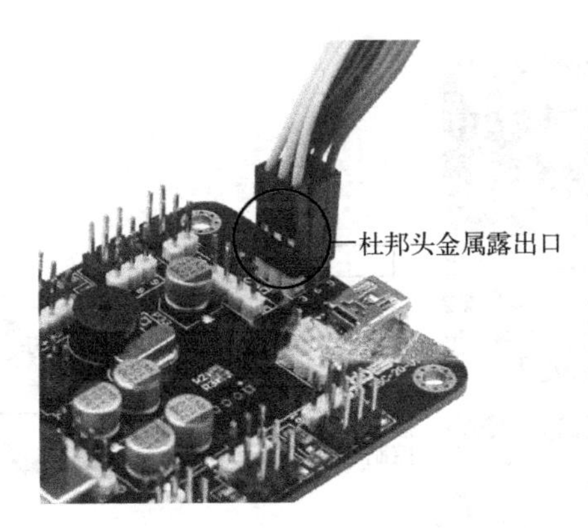

图 12.28　杜邦头金属露出口的方向应一致

PS2 手柄接收器与舵机控制器连接好后，就可以利用 PS2 手柄控制六足机器人了，在 PS2 手柄中安装两节 7 号电池，打开 PS2 手柄的电源开关，即可提取由上位机软件保存的动作组。

PS2 手柄开关的控制功能见表 12-2。

表 12-2　PS2 手柄开关的控制功能

开　关	功　能
START	强行停止当前的动作，并运行第 0 动作组 1 次
前	按下，一直运行第 1 组动作组；弹起，运行第 0 动作组 1 次
后	按下，一直运行第 2 组动作组；弹起，运行第 0 动作组 1 次
左	按下，一直运行第 3 组动作组；弹起，运行第 3 动作组 1 次
右	按下，一直运行第 4 组动作组；弹起，运行第 4 动作组 1 次
△	按下，一直运行第 5 组动作组；弹起，运行第 5 动作组 1 次
×	按下，一直运行第 6 组动作组；弹起，运行第 6 动作组 1 次
□	按下，一直运行第 7 组动作组；弹起，运行第 7 动作组 1 次
O	按下，一直运行第 8 组动作组；弹起，运行第 8 动作组 1 次

12.2.7　六足机器人与 Arduino 主控制板的连接

Arduino 主控制板采用 Arduino Leonardo 控制板，与舵机控制板连接即可对舵机控制板进行二次开发，如图 12.29 所示。

在二次开发舵机控制板时，首先要在计算机上安装 Arduino 软件，处理自身的编译环境，如果需要用来控制舵机，则还需要安装二次开发库。Arduino 主控制板默认使用串口 0 与舵机控制板进行通信。

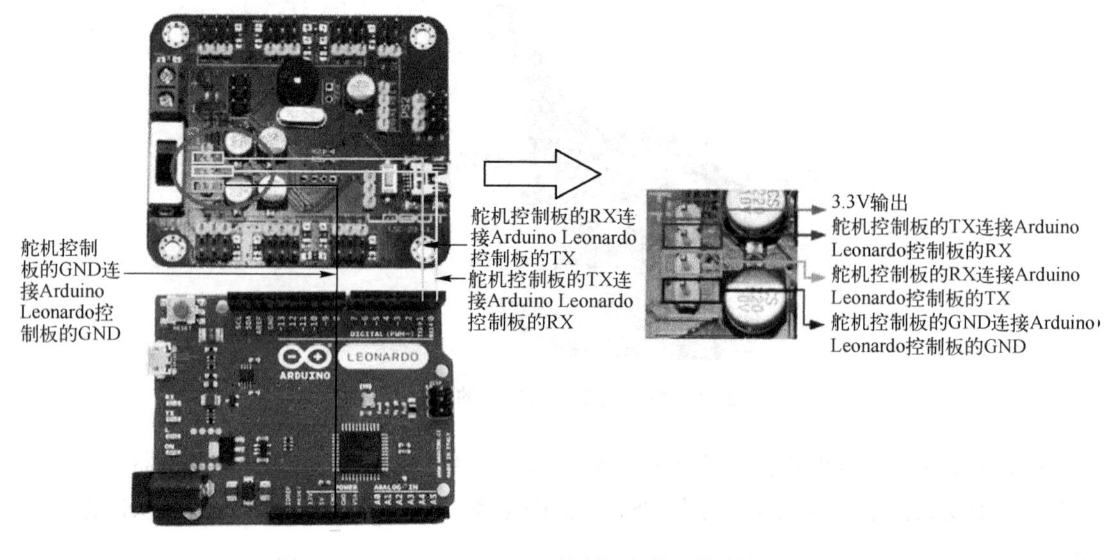

图 12.29　Arduino Leonardo 控制板与舵机控制板的连接

12.3　软件设计

六足机器人软件设计的总体目标是以模块化的硬件设计为基础的，是主要围绕控制舵机进行软件设计的，包括通过信号线对舵机进行基本控制、舵机信息的存储、舵机的在线调试及一些其他模块，如传感器模块等。为了实现对六足机器人进行灵活控制，完成穿越火线、红外遥控、红外防跌落、超声波摇头避障等各种功能，首先要熟练控制六足机器人的舵机。下面将详细介绍控制舵机的上位机软件。

12.3.1　舵机上位机软件

六足机器人在组装好后，将舵机接口与舵机控制板的相应接口连接，就可以通过上位机软件设置各个舵机的动作组。双击上位机软件图标，打开上位机软件界面如图 12.30 所示。

通过 USB 接口将舵机控制板与计算机连接起来，接通舵机控制板的电源，等待计算机自动安装驱动程序，经过 30s 到 1min 的时间后，界面指示灯变为绿色表示连接成功，如图 12.31 所示。

下面将详细介绍上位机软件界面的几个窗口，可用于更加灵活熟练地设置六足机器人的动作。

① 舵机偏差操作窗口的功能如图 12.32 所示。

② 舵机滑块的功能如图 12.33 所示。

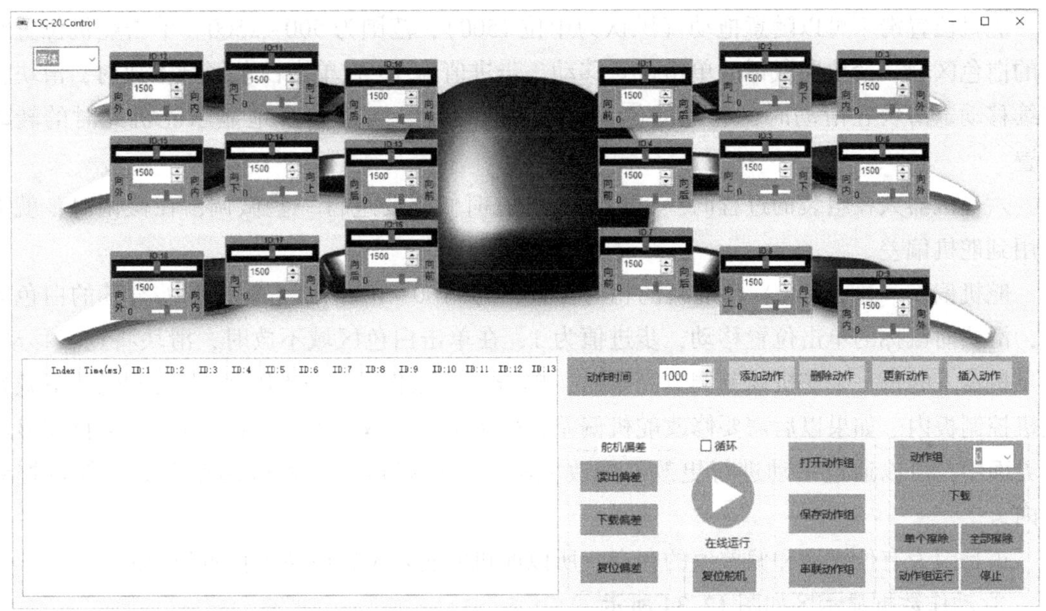

图 12.30　上位机软件界面

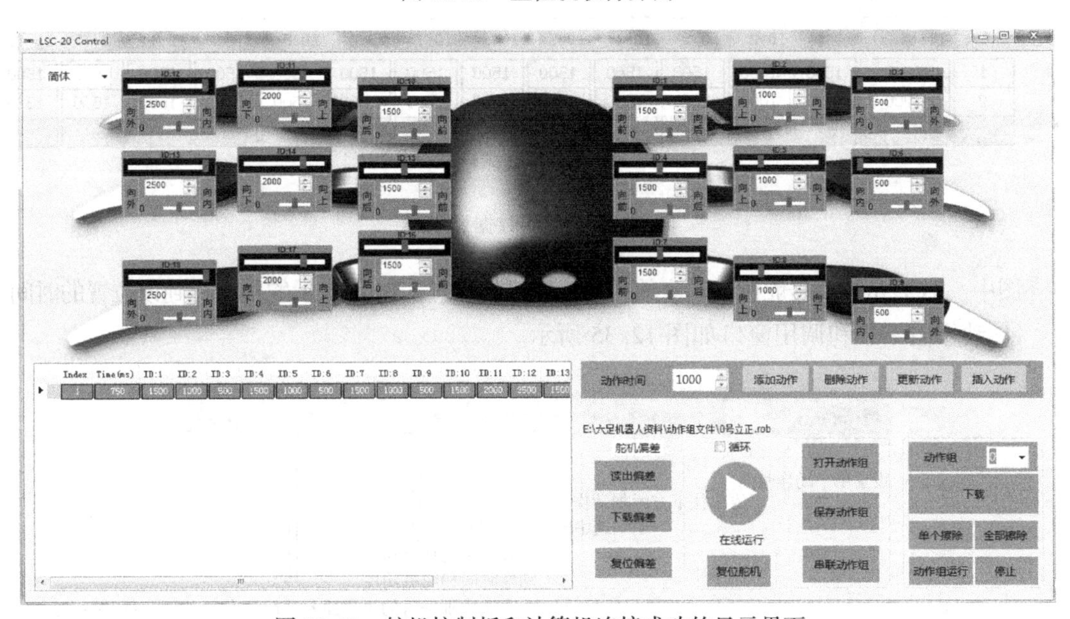

图 12.31　舵机控制板和计算机连接成功的显示界面

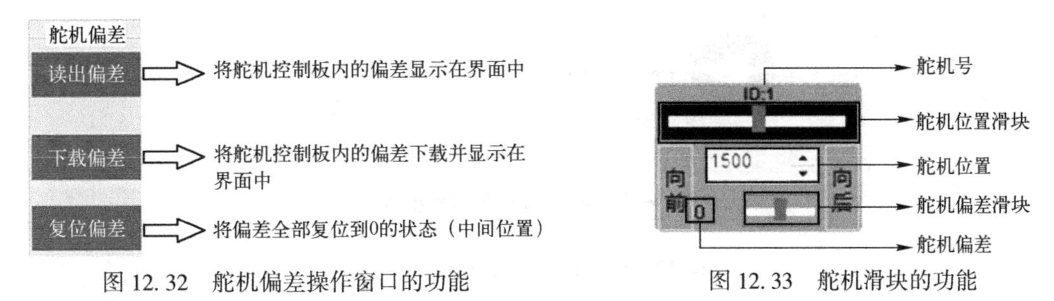

图 12.32　舵机偏差操作窗口的功能

图 12.33　舵机滑块的功能

舵机位置滑竿可以随意拖动（默认为中位 1500），范围为 500~2500。单击舵机位置滑竿的白色区域，滑块向鼠标的单击位置移动，步进值为 5，在单击白色区域不放时，滑块将连续移动。滑块在滑动时，舵机的位置值会随之变化，可以直观地显示舵机此时的转动位置。

六足机器人在组装的过程时会产生误差，有时候需要进行一些微调，在微调时，就需要用到舵机偏差。

舵机偏差（默认为 0）即舵机的相对位置，为-100~100。单击舵机偏差滑竿的白色区域，滑块向鼠标的单击位置移动，步进值为 1，在单击白色区域不放时，滑块将连续移动。六足机器人的每一个舵机偏差调节完毕后，单击［下载偏差］按钮，舵机偏差就被下载到舵机控制板内。如果以后需要修改舵机偏差，就单击［读取偏差］，舵机偏差就会自动显示在界面中，可以通过手动进行更改，更改完毕后，可以再次将舵机偏差下载到舵机控制板内。

正是因为有位置值和偏差值的存在，所以舵机的实际位置应该为位置值+偏差值。

③ 动作数据显示区如图 12.34 所示。

Index	Time(ms)	ID:1	ID:2	ID:3	ID:4	ID:5	ID:6	ID:7	ID:8	ID:9	ID:10	ID:11	ID:12	ID:13
1	1000	1500	1500	1500	1500	1500	1500	1500	1500	1500	1500	1500	1500	1500
2	1000	1000	1000	1000	1500	1500	1500	1500	1500	1500	1500	1500	1500	1339
3	1000	1000	1000	1000	1500	1500	1500	1500	1500	1500	1500	1500	1500	1339

图 12.34　动作数据显示区

图中，ID 表示为几号舵机；对应的列表示舵机的位置；Time 表示舵机运行到该位置的时间。

④ 动作组下载和调用窗口如图 12.35 所示。

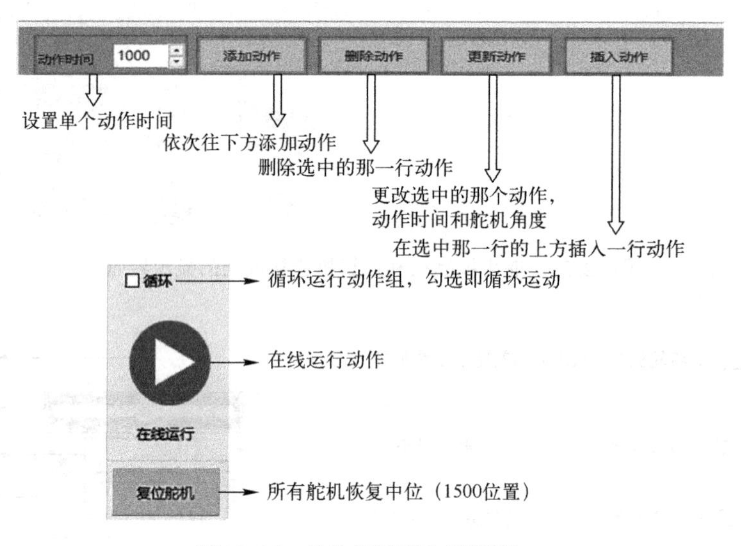

图 12.35　动作组下载和调用窗口

⑤ 动作在线调试窗口如图 12.36 所示。

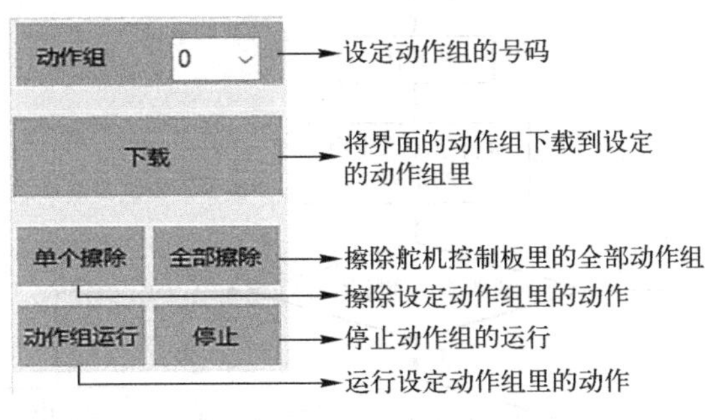

图 12.36 动作在线调试窗口

⑥ 通过上位机软件设置动作组的功能见表 12-3。

表 12-3 通过上位机软件设置动作组的功能

动作组	功能	动作组	功能	动作组	功能
0	立正	21	小步前进—中姿态	30	高小步前进—快
1	小步前进—低姿态	22	小步后退—中姿态	31	高小步后退—快
2	小步后退—低姿态	23	左转—中姿态	41	小步前进—低姿态
3	左转—低姿态	24	右转—中姿态	42	小步前进—中姿态
4	右转—低姿态	25	立正—高姿态	43	小步前进—高姿态
5	前扑	26	小步前进—高姿态	51	防跌落前进 1
6	后扑	27	小步后退—高姿态	61	防跌落前进 1 反
7	左侧滑—低姿态	28	左转—高姿态	71	防跌落前进 2
8	右侧滑—低姿态	29	右转—高姿态	81	防跌落前进 2 反

12.3.2 六足机器人超声波摇头避障

六足机器人的避障，其实就是通过超声波传感器获取六足机器人周围的环境信息，并且在采集环境信息的同时进行避障处理。在通过超声波传感器避障的基础上再增加舵机，六足机器人就会具有通过转头进行四下观望的功能，增添了灵气，变得更好玩了。

六足机器人超声波摇头避障的硬件组成有 Arduino Leonardo 主控制板、超声波测距模块及超声波舵机云台。Arduino Leonardo 主控制板与舵机控制板的通信采用实例化舵机控制板二次开发类，将 1 号串口作为通信接口。超声波测距模块的 TRIG 接口与 Arduino Leonardo 主控制板的 9 号 IO 接口连接，ECHO 接口与 8 号 IO 接口连接。利用超声波舵机云台实现六足机器人摇头避障的软件设计流程如图 12.37 所示。

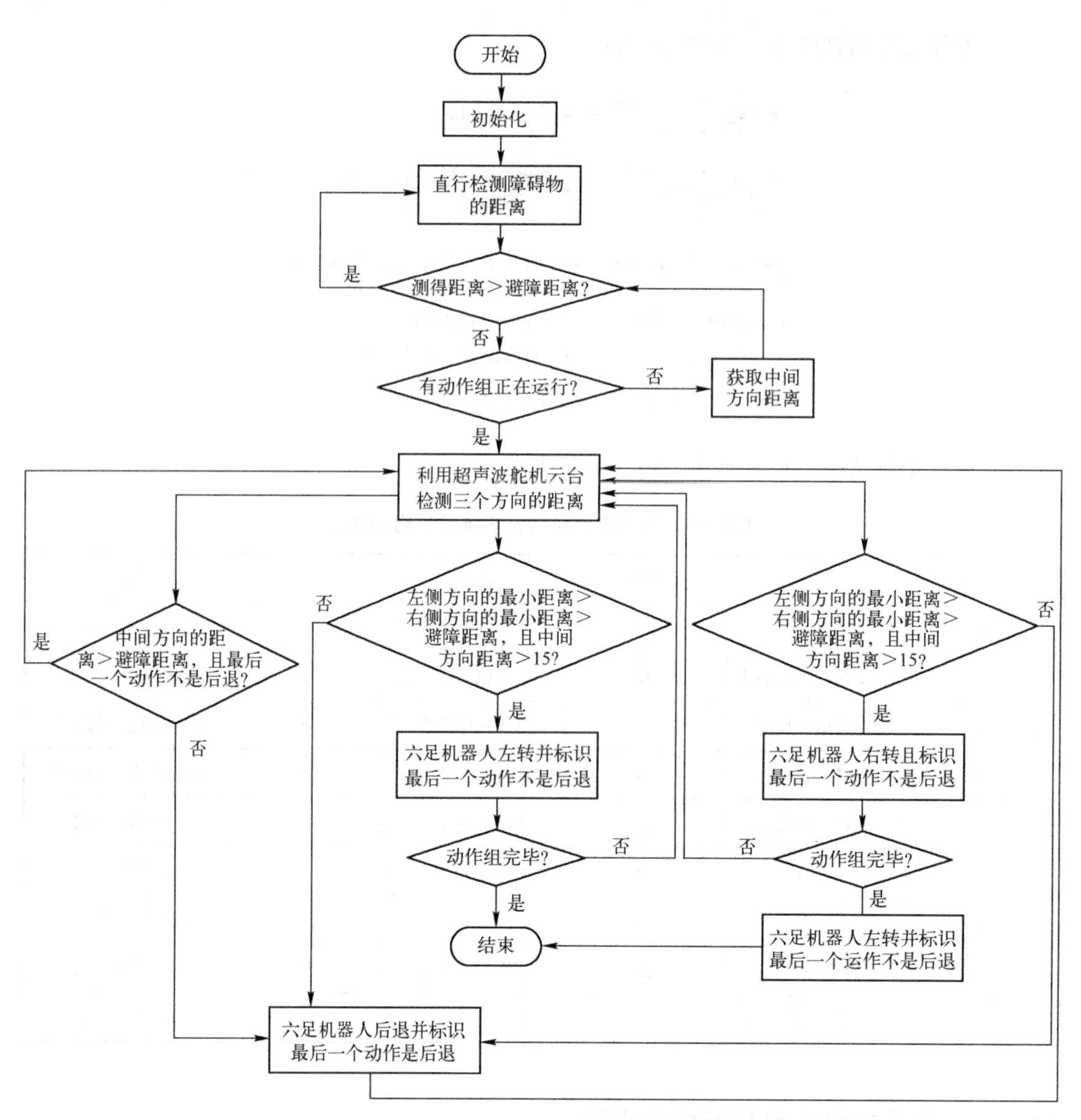

图 12.37　利用超声波舵机云台实现六足机器人摇头避障的软件设计流程

程序 12-1：六足机器人超声波摇头避障的程序代码。

```
#include <LobotServoController.h>
#include <NewPing.h>
//各个动作组对应的动作组号根据实际情况进行修改
#define H_STAND        25
#define M_STAND        20
#define L_STAND        0
#define H_GO_FORWARD26
```

```
#define M_GO_FORWARD   21
#define L_GO_FORWARD   1
#define H_GO_BACK      27
#define M_GO_BACK      22
#define L_GO_BACK      2
#define H_TURN_LEFT    28
#define H_TURN_RIGHT   29
#define H_MOVE_LEFT    30
#define M_MOVE_LEFT    7
#define H_MOVE_RIGHT   8
#define M_MOVE_RIGHT   8
#define TRIG      9              /*超声波 TRIG 接口为 9 号 IO */
#define ECHO      8              /*超声波 ECHO 接口为 8 号 IO */
#define MAX_DISTANCE 150         /*最大检测距离为 150cm */
#define MIN_DISTANCE 20
LobotServoController Controller(Serial1);  //实例化舵机控制板二次开发类,使用 1 号串口作为通信
接口
NewPing Sonar(TRIG, ECHO, MAX_DISTANCE);       //实例化超声波测距类
int getDistance() {                            //获得距离
  uint16_t lEchoTime;                          //变量,用于保存检测到的脉冲高电平时间
  lEchoTime = Sonar.ping_median(6);            //检测 6 次超声波,排除错误的结果
  int lDistance = Sonar.convert_cm(lEchoTime);   //将检测到的脉冲高电平时间转换为距离
  return lDistance;                            //返回检测到的距离
}
void cf()
{
  static uint32_t timer = 0;   //定义静态变量 timer, 用于计时
  static uint8_t   step = 0;   //静态变量,用于记录步骤
int distance;
  if (timer > millis())  //如果设定时间大于当前的毫秒数,则返回,否则继续
return;
  distance = getDistance(); //获取距离
  switch (step)   //根据步骤 step 作为分支
  {
    case 0:   //步骤 0
      if (distance > MIN_DISTANCE || distance == 0)
      {   //如果测到的距离大于指定的距离
        Controller.runActionGroup(H_GO_FORWARD, 0); //不断运行高姿态前进动作组
      }
```

```
        step = 1;  //转移到步骤 1
        timer = millis() + 200;  //延时 200ms
        break; //结束 switch 语句
      case 1:
        if (distance < MIN_DISTANCE   && distance > 0)
        {  //如果测得的距离小于指定的距离
          Controller.stopActionGroup();  //停止正在运行的动作组
          step = 2; //转移到步骤 2
        }
        timer = millis() + 200;  //延时 200ms
        break;  //结束 switch 语句
      case 2:   //步骤 2
        if (! Controller.isRunning)
        {  //如果没有新动作组运行,即等待已在运行的动作组运行完毕
          Controller.runActionGroup(L_STAND, 1); //运行低姿态立正动作组
          step = 3; //转移到步骤 3
        }
        timer = millis() + 200; //延时 200ms
        break;  //结束 switch 语句
      case 3: //步骤 3
        if (! Controller.isRunning)
        {  //如果没有动作组运行,
         distance = getDistance();   //获取当前的距离
         if (distance > MIN_DISTANCE   || distance == 0) { //距离大于指定的距离
          Controller.runActionGroup(L_GO_FORWARD, 8);      //以低姿态前进
          step = 6;  //转移到步骤 6
        } else {       //距离小于指定的距离转移到步骤 8
            step = 8;
            //低姿态立正测得的距离还是小于指定的距离,那么就是以低姿态也是过不了障碍,
            //所以尝试侧移尝试,是否可以通过步骤 8 进行侧移
          }
        }
        timer = millis() + 200; //延时 200ms
        break;  //结束 switch 语句
      case 6: //步骤 6
        if (! Controller.isRunning)
        { //没有动作组在运行时,即等待已在运行的动作组运行完毕
          Controller.runActionGroup(H_STAND, 1);  //执行高姿态立正
          step =  0;   //回到步骤 0
```

```
        }
        timer = millis() + 200; //延时 200ms
        break; //结束 switch 语句
      case 8:
        if (! Controller. isRunning)
        {   //等待正在运行的动作组运行完毕
          Controller. runActionGroup(H_MOVE_LEFT, 20);  //运行高姿态向左侧移动作组
          step = 0; //转移到步骤 0
        }
        timer = millis() + 200; //延时 200ms
        break; //结束 switch 语句
      default:
        break;
    }
}
void setup() {
  // put your setup code here, to run once:
  Serial. begin(9600);  //配置串口 0,波特率为 9600b/s
  Serial1. begin(9600); //配置串口 1,波特率为 9600b/s
  delay(500);  //延时 500ms,等待舵机控制板就绪
  Controller. runActionGroup(H_STAND, 1); //执行高姿态立正动作组
  delay(2000);  //延时 2000ms 等待动作组运行完毕
  Controller. stopActionGroup(); //停止所有的动作组运行
}
void loop() { //主循环
  // put your main code here, to run repeatedly:
  Controller. receiveHandle();  //接收处理,用于处理从舵机控制板接收到的数据
  cf();  //穿越火线的逻辑实现
}
```

小提示

① Servo. h、NewPing. h、LobotServoController. h 是六足机器人利用 Arduino 主控制板进行二次开发的头文件。Servo. h 是超声波摇头避障控制舵机云台的库的头文件。Servo 库可以使 Arduino 主控制板控制伺服舵机，可在绝大部分的 Arduino 主控制板上支持多达 12 个舵机。NewPing. h 是超声波传感器测距库的头文件。LobotServoController. h 是舵机控制板二次开发的头文件。

② 六足机器人采用高姿态进行避障。因为在低姿态时，前面两条腿会遮挡超声波传感器进行测距，所以在程序中的各个动作组都采用高姿态。

12.3.3 六足机器人穿越火线

六足机器人穿越火线，其实就是采用超声波传感器获取六足机器人周围的环境信息，在采集环境信息的同时进行穿越火线的处理。六足机器人在避障时，转身和后退都采用高姿态；在穿越火线时，如果检测前方的障碍物在避障范围内，则六足机器人采用低姿态行走穿越障碍物，穿越障碍物后，恢复为高姿态继续行走。六足机器人穿越火线的软件设计流程如图 12.38 所示。

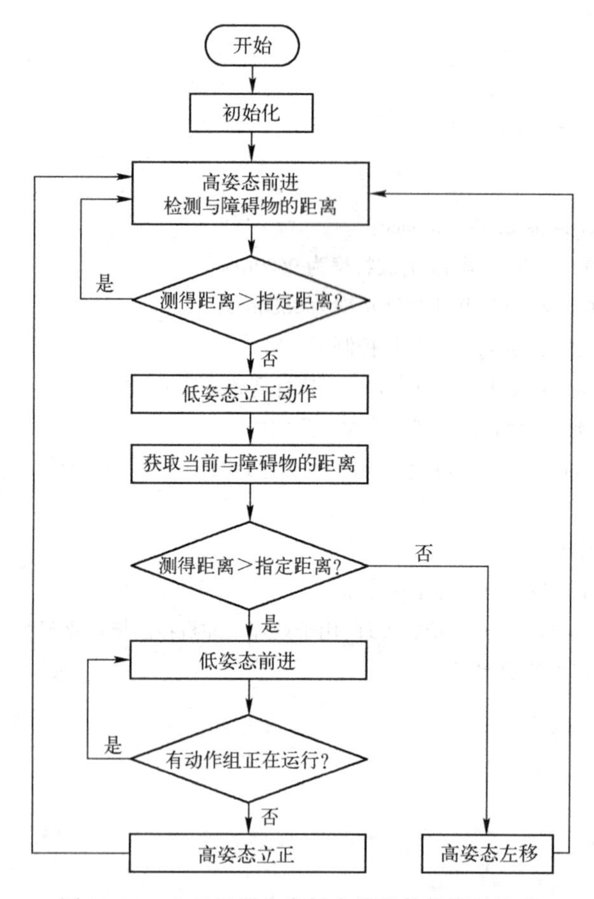

图 12.38　六足机器人穿越火线的软件设计流程

程序 12-2：六足机器人穿越火线的程序代码。

```
#include <LobotServoController. h>
#include <NewPing. h>
```

```
//各个动作组对应的动作组号根据实际情况进行修改
#define H_STAND         25
#define M_STAND         20
#define L_STAND         0
#define H_GO_FORWARD    26
#define M_GO_FORWARD    21
#define L_GO_FORWARD    1
#define H_GO_BACK       27
#define M_GO_BACK       22
#define L_GO_BACK       2
#define H_TURN_LEFT     28
#define H_TURN_RIGHT    29
#define H_MOVE_LEFT     30
#define M_MOVE_LEFT     7
#define H_MOVE_RIGHT    8
#define M_MOVE_RIGHT    8
#define TRIG     9          /*超声波 TRIG 端口为 9 号 IO*/
#define ECHO     8          /*超声波 ECHO 端口为 8 号 IO*/
#define MAX_DISTANCE 150    /*最大的检测距离为 150cm*/
#define MIN_DISTANCE 20
LobotServoController Controller(Serial1);  //实例化舵机控制板二次开发类,使用 1 号串口作为通信
端口
NewPing Sonar(TRIG, ECHO, MAX_DISTANCE);      //实例化超声波测距类
int getDistance()
{                              //获得距离
 uint16_t lEchoTime;                          //变量,用于保存检测到的脉冲高电平时间
 lEchoTime = Sonar.ping_median(6);     //检测 6 次超声波,排除错误的结果
 int lDistance = Sonar.convert_cm(lEchoTime);  //将检测到的脉冲高电平时间转换为距离
 return lDistance;                           //返回检测到的距离
}
void cf()
{
 static uint32_t timer = 0;  //定义静态变量 timer, 用于计时
 static uint8_t   step = 0;   //静态变量,用于记录步骤
 int distance;
 if (timer > millis())  //如果设定时间大于当前的毫秒数,则返回,否则继续
  return;
 distance = getDistance(); //获取距离
```

```
switch (step)  //根据步骤 step 作为分支
{
 case 0:  //步骤 0
  if (distance > MIN_DISTANCE || distance == 0)
  {  //如果测到的距离大于指定的距离
   Controller.runActionGroup(H_GO_FORWARD, 0); //不断运行高姿态前进动作组
  }
  step = 1;  //转移到步骤 1
  timer = millis() + 200;  //延时 200ms
  break; //结束 switch 语句
 case 1:
  if (distance < MIN_DISTANCE  && distance > 0)
  {  //如果测得的距离小于指定的距离
   Controller.stopActionGroup();  //停止正在运行的动作组
   step = 2; //转移到步骤 2
  }
  timer = millis() + 200;  //延时 200 ms
  break;  //结束 switch 语句
 case 2:  //步骤 2
  if (! Controller.isRunning)
   {  //如果没有新动作组运行,即等待已在运行的动作组运行完毕
   Controller.runActionGroup(L_STAND, 1); //运行低姿态立正动作组
   step = 3; //转移到步骤 3
  }
  timer = millis() + 200; //延时 200 ms
  break;  //结束 switch 语句
 case 3: //步骤 3
  if (! Controller.isRunning)
   {  //如果没有动作组运行,
   distance = getDistance();   //获取当前的距离
   if (distance > MIN_DISTANCE  || distance == 0) { //距离大于指定的距离
     Controller.runActionGroup(L_GO_FORWARD, 8);    //以低姿态前进
     step = 6;  //转移到步骤 6
   } else {     //距离小于指定的距离转移到步骤 8
     step = 8;
     //低姿态立正测得的距离还是小于指定的距离,采用低姿态也不能穿越障碍物
     //所以尝试侧移是否可以穿越,步骤 8 用于侧移
   }
   }
```

```
    timer = millis( ) + 200; //延时 200ms
    break;  //结束 switch 语句
   case 6: //步骤 6
    if (! Controller. isRunning)
    { //没有动作组运行时,即等待正在运行的动作组运行完毕
     Controller. runActionGroup( H_STAND, 1);  //执行高姿态立正
     step =  0;  //回到步骤 0
    }
    timer = millis( ) + 200; //延时 200ms
    break; //结束 switch 语句
   case 8:
    if (! Controller. isRunning)
     {  //等待正在运行的动作组运行完毕
     Controller. runActionGroup( H_MOVE_LEFT, 20);  //运行高姿态向左侧移动作组
     step = 0; //转移到步骤 0
    }
    timer = millis( ) + 200; //延时 200ms
    break; //结束 switch 语句
   default:
    break;
   }
}
void setup( )
  {
  // put your setup code here, to run once:
  Serial. begin(9600);  //配置串口 0,波特率为 9600b/s
  Serial1. begin(9600); //配置串口 1,波特率为 9600b/s
  delay(500);  //延时 500ms,等待舵机控制板就绪
  Controller. runActionGroup( H_STAND, 1); //执行高姿态立正动作组
  delay(2000);  //延时 2000ms 等待动作组运行完毕
  Controller. stopActionGroup( ); //停止所有动作组的运行
 }

void loop( ) { //主循环
  // put your main code here, to run repeatedly:
  Controller. receiveHandle( );  //接收处理,用于处理从舵机控制板接收到的数据
  cf( );  //穿越火线的逻辑实现
 }
```

小提示

如果六足机器人在低姿态立正时测得的距离还是小于指定的距离，则说明六足机器人采用低姿态也不能穿越障碍物，此时应尝试侧移后，再检测距离是否可以穿越。

12.3.4　六足机器人红外遥控

在日常生活中，许多电器产品都具有遥控功能，如电视机、录像机、VCD 及空调器等家电产品。家电产品都是采用红外遥控的方式进行遥控的。如果将红外遥控功能应用在六足机器人上，就可以实现对六足机器人的红外遥控。六足机器人红外遥控的硬件部分比较简单，只需要在组装好的六足机器人上再安装 Arduino Leonardo 主控制板和红外遥控传感器即可。红外接收器的信号线接口与 Arduino Leonardo 主控制板的 11 号 IO 接口连接。六足机器人红外遥控的软件设计流程如图 12.39 所示。

程序 12-3：六足机器人红外遥控的程序代码。

```
#include <LobotServoController. h>
#include <IRremote. h>
#include " Code. h"
const int RECV_PIN = 11;  //红外接收器接口与 11 号 IO 接口连接
IRrecv irrecv( RECV_PIN) ; //实例化红外遥控接收器类
decode_results results; //实例化红外解码结果类
LobotServoController Controller ( Serial1) ; //实例化舵机控制板二次开发类,使用 1 号串口作为通信
接口
bool ledON = true;              //LED 灯点亮标识,true 时点亮,false 时熄灭
void ledFlash( )
{
 static uint32_t Timer;         //定义静态变量 Timer, 用于计时
 if ( Timer > millis( ) )       //Timer 大于 millis( ) ( 运行的总毫秒数) 时返回,//Timer 小于运行总毫
秒数时继续运行下面的语句
  return;
 if ( ledON)
  {                        //如果点亮标识 true,13 号 IO 接口置高电平, LED 灯点亮
  digitalWrite( 13, HIGH) ;  //13 号 IO 接口置高电平,LED 灯点亮
  ledON = false;            //置点亮标识为 false
  Timer = millis( ) + 20;  //Timer = 当前运行的总毫秒数 + 20  实现 20ms 后再次运行
 } else {
  digitalWrite( 13, LOW) ;                //置 13 号 IO 接口为低电平, LED 灯熄灭
 }
```

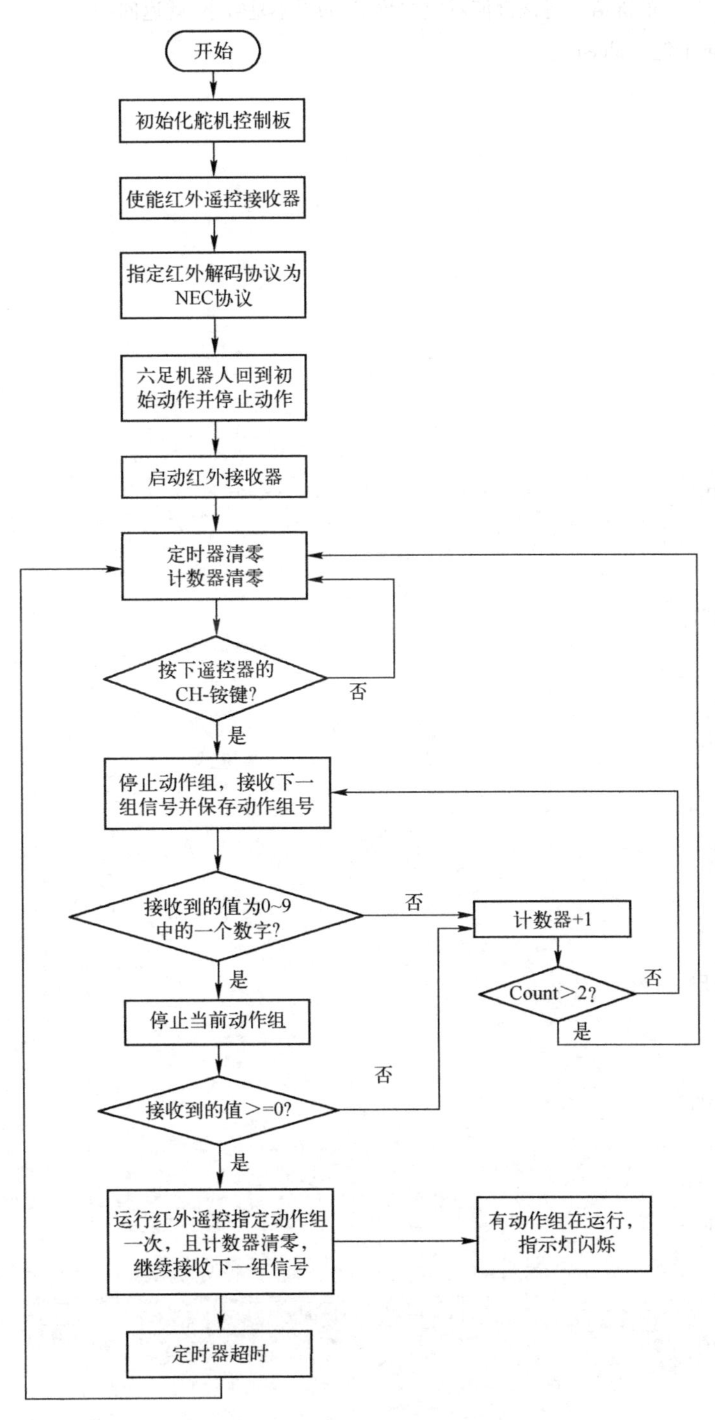

图 12.39　六足机器人红外遥控的软件设计流程

```
}
//此函数根据红外的键值获得该键值对应的数字,如果不是数字,就返回-1
int getValue(uint32_t value)
{
 int Num;
 switch (value)
  {
   case R_ONE:
    Num = 1;
    break;
   case R_TWO:
    Num = 2;
    break;
   case R_THREE:
    Num = 3;
    break;
   case R_FOUR:
    Num = 4;
    break;
   case R_FIVE:
    Num = 5;
    break;
   case R_SIX:
    Num = 6;
    break;
   case R_SEVEN:
    Num = 7;
    break;
   case R_EIGHT:
    Num = 8;
    break;
   case R_NINE:
    Num = 9;
    break;
   case R_ZERO:
    Num = 0;
    break;
   default: Num = -1;
    break;
```

```
  }
  return Num;
}
void IR_Remote()
  {   //红外遥控的逻辑实现
  static uint32_t Timer = 0;   //静态变量 Timer, 用于计时
  static uint32_t lastRes;       //最后的按键键值
  static uint8_t count;            //静态变量,用于计数
  if (Timer > millis())            //Timer 大于 millis()(运行的总毫秒数)时返回,//Timer 小于 运行总毫
秒数时继续运行下面的语句
    return;
  if (irrecv.decode(&results))
      {
    ledON = true;
    switch (results.value) {
      case R_CH_D:      //如果遥控器红色 CH-按键被按下
      Controller.stopActionGroup(); //停止动作组运行
      irrecv.resume();// 继续等待接收下一组信号
      return;       //退出此 switch 语句
    }
    int actionNum;    //暂存动作组号数
    if (results.value == 0xFFFFFFFF)
     actionNum = getValue(lastRes); //用最后的有效按键获取对应的数字
    else {   //读取到的信号不是连续按住标识,那么就是新的按键
     lastRes = results.value;      //将新按键的键值保存起来
     actionNum = getValue(lastRes); //用新的键值取得按键数字
     if (actionNum >= 0)   //如果大于 0,即按键为 0~9 中的一个数字
       Controller.stopActionGroup();   //那么停止当前正在运行的动作组
    }
    if (actionNum >= 0) {   //如果大于 0,即按键为数字
     Controller.runActionGroup(actionNum, 1); //运行 actionNum 指定号数的动作组 1 次
    }
    count = 0; //计数清零
    irrecv.resume(); //接收下一个
   } else {   //没有按键被按下
    if (count++ > 2) {   //如果计数值大于 100,则说明已经长时间没有接收到红外信号,计数+1
      lastRes = 0; //超时间没有被按下,将最后按下的按键清零,计数清零
      count = 0;   //计数清零
    }
```

```
  }
  Timer = millis() + 80; //Timer 在运行总毫秒数上加 80ms,在 80ms 后再次运行
 }
void setup()
{
  Serial.begin(9600);     //初始化 0 号串口,波特率为 9600b/s
  Serial1.begin(9600);   //初始化 1 号串口,波特率为 9600b/s
  pinMode(13, OUTPUT);         //设置 LED 灯 13 号 IO 接口为输出
  delay(500);                  //延时 500ms 等待舵机控制板就绪
  irrecv.enableIRIn();         //使能红外遥控接收器
  results.decode_type = NEC;//指定红外解码协议为 NEC 协议
  Controller.runActionGroup(0, 1); //运行 0 号动作组回初始位置
  delay(2000);                              //延时 2000ms,保证动作组 0 运行完毕
  Controller.stopActionGroup();       //停止动作组运行,保证停止
}
void loop() { //主循环
  Controller.receiveHandle(); //接收处理函数,从接收缓存中取出数据
  IR_Remote();                        //红外接收处理,运行逻辑实现
  ledFlash();                        //LED 灯闪烁,用于运行状态提示
}
```

小提示

① LobotServoController.h 是六足机器人利用 Arduino 主控制板进行二次开发的头文件。IRremote.h 是红外遥控库的头文件。Code.h 是红外遥控键码的头文件。

② Code.h 库各个键的键码如下：

```
#define R_ ZERO     0x00FF6897
#define R_ ONE      0x00FF30CF
#define R_ TWO      0x00FF18E7
#define R_ THREE    0x00FF7A85
#define R_ FOUR     0x00FF10EF
#define R_ FIVE     0x00FF38C7
#define R_ SIX      0x00FF5AA5
#define R_ SEVEN    0x00FF42BD
#define R_ EIGHT    0x00FF4AB5
#define R_ NINE     0x00FF52AD
```

```
#define R_ UP        0x00FFA857
#define R_ DOWN      0x00FFE01F
#define R_ 100UP     0x00FF9867
#define R_ 200UP     0x00FFB04F
#define R_ NEXT      0x00FF02FD
#define R_ PREV      0x00FF22DD
#define R_ EQ        0x00FF906F
#define R_ PLAY      0x00FFC23D
#define R_ CH_ U     0x00FFE21D
#define R_ CH_ D     0x00FFA25D
```

例如，当按下红外遥控器的按键 0 时，Arduino 红外接收器接收的解码数值应该为 0x00FF6897，通过判断接收的解码数值是否为 0x00FF6897，就可以判断按下的是否为按键 0。其他按键的判断方式同理。

12.3.5　六足机器人红外防跌落

人们在行走的过程中如果遇到障碍物或有台阶的地方，会自动更改方向，避免与障碍物碰撞或跌下台阶。六足机器人在走动的过程中，如果遇到障碍物或有台阶的地方，将如何进行判断呢？在复式结构或有错层的空间，扫地机器人需要爬高走低进行清扫，如果没有完善的防跌落设计，则一不小心就会粉身碎骨，必须通过相关的传感器对台阶进行准确的检测，使扫地机器人能够对行走路线进行判断。

同样，六足机器人的红外防跌落也是如此，需要在组装好的六足机器人上再安装 Arduino Leonardo 主控制板和红外避障模块。Arduino Leonardo 主控制板与舵机控制板的通信采用实例化舵机控制板二次开发类，将 1 号串口作为通信接口。红外避障传感器共有三个接口。其中的信号接口与 Arduino 主控制板连接进行通信。六足机器人有六条腿，共安装四个红外避障模块，分别安装在六足机器人前、后四条腿的外侧。四个红外避障模块的信号接口分别与 Arduino 主控制板的 4 号（前右红外避障模块）、5 号（前左红外避障模块）、6 号（后右红外避障模块）、7 号（后左红外避障模块）的 IO 接口连接，电源接口和接地接口分别与 Arduino 主控制板的电源接口和接地接口连接。

六足机器人红外防跌落的软件设计流程如图 12.40 所示。

程序 12-4：六足机器人红外防跌落的程序代码。

```
#include <LobotServoController. h> /*舵机控制板二次开发头文件*/
#define RFR1 4    /*前右红外避障模块*/
#define RFL1 5    /*前左红外避障模块*/
#define RFR2 6    /*后右红外避障模块*/
```

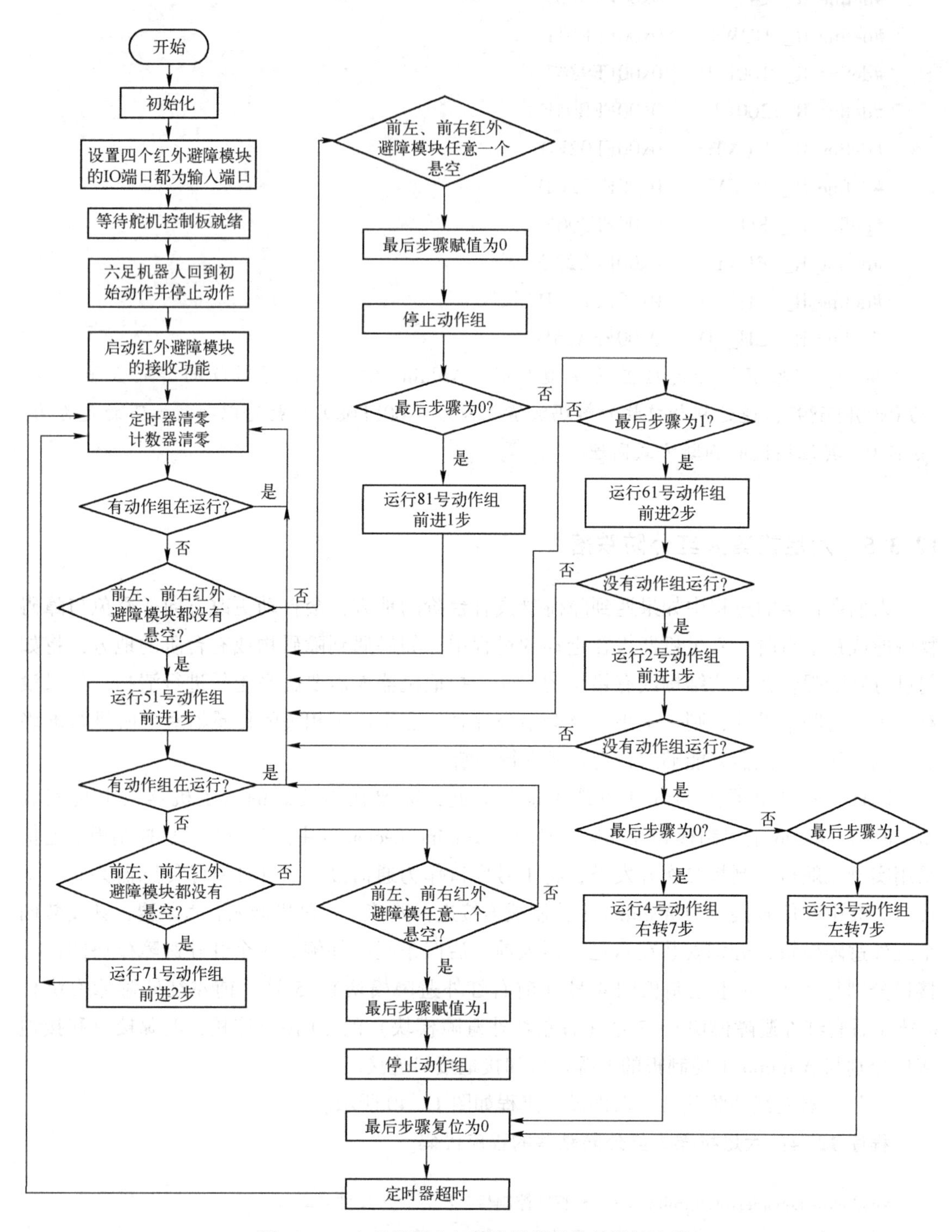

图 12.40　六足机器人红外防跌落的软件设计流程

```
#define RFL2 7    /*后左红外避障模块*/
#define GO_FORWARD   1    /*前进动作组号*/
#define GO_BACK      2    /*后退动作组号*/
#define TURN_LEFT    3    /*左转动作组号*/
#define TURN_RIGHT   4    /*右转动作组号*/
LobotServoController Controller(Serial1); //实例化舵机控制板二次开发类,使用 1 号串口作为通信接口
void body()   //程序主要逻辑实现
{
 static uint32_t timer = 0;      //静态变量,用于计时
 static uint8_t  step = 0;       //静态变量,用于记录步骤
 static uint8_t  lastStep = 0;  //静态变量,用于记录最后一步的步骤
 if (timer > millis())   //如果设定时间大于当前运行毫秒数,则返回
  return;
 switch (step) {   //根据 step 值进行相应的切换
  case 0:          //步骤 0
   if (! Controller.isRunning)
     {  //如果没有动作组运行
    if ((! digitalRead(RFR1)) && (! digitalRead(RFL1)))
       { //如果前左、前右红外避障模块均没有悬空
     Controller.runActionGroup(51, 1);       //运行前进的第一步
     step = 1;                               //步骤转移到步骤 1
     timer = millis() + 300;                 //延时 300ms
    }
        else {                                //如果前左或前右任意一个红外避障模块没有检测到桌面
       lastStep = 0;                         //最后步骤赋值为 0
       step = 3;                             //转移到步骤 3
       timer = millis() + 200;               //延时 200ms
       }
   }
   break;   //结束 switch 语句
  case 1:    //步骤 1
   if (! Controller.isRunning)
{  //如果没有动作组运行
    if ((! digitalRead(RFR1)) && (! digitalRead(RFL1)))
       {  //如果前左、前右红外避障模块均没有悬空
     Controller.runActionGroup(71, 1);       //运行前进的第二步
     step = 0;                               //转移到步骤 0
```

```
        timer = millis( ) + 300;                    //延时 300ms
      }
        else {                                      //如果前左或前右任意一个红外避障模块没有检测到
桌面
        lastStep = 1;                               //最后步骤赋值为 1
        step = 3;                                   //转移到步骤 3
        timer = millis( ) + 200;                    //延时 200ms
      }
    }
    break;
  case 3:  //步骤 3
    Controller. stopActionGroup( );                 //发送停止动作组命令
    step = 4;                                       //转移到步骤 4
    timer = millis( ) + 200;                        //延时 200ms
    break;                                          //结束 switch 语句
  case 4:  //步骤 4
    if (lastStep == 0)
      {             //如果最后步骤为 0
     Controller. runActionGroup(81, 1); //运行 81 号动作组,81 为前进 1,即 71 号动作组的反向动作
    }
    if (lastStep == 1)
      {                     //如果最后步骤为 1
     Controller. runActionGroup(61, 1); //运行 61 号动作组,61 号为前进 2,即 51 号动作组的反向
动作
    }
    timer = millis( ) + 300;       //延时 300ms
    step = 5;                      //转移到步骤 5
    break;                         //结束 switch 语句
  case 5:
    if (! Controller. isRunning)
      {  //如果没有动作组运行
     Controller. runActionGroup(2, 1); //运行 2 号动作组 2 次,2 号为后退动作
    }
    timer = millis( ) + 300;       //演示 600ms 后再执行
    step = 6;                      //转移到步骤 6
    break;                         //结束 switch 语句
  case 6:
    if (! Controller. isRunning)
      { //如果没有动作组运行
```

```
      if (lastStep == 0)
        {           //如果最后步骤为 0
        Controller.runActionGroup(4, 7); //运行 4 号动作组 7 次,4 号动作组为右转动作,可根据需求修改
        }
      if (lastStep == 1)
        {           //如果最后步骤为 1
        Controller.runActionGroup(3, 7);  //运行 3 号动作组 7 次, 3 号动作组为左转动作
        }
      lastStep = 0; //最后步骤复位 0
      step = 0;     //步骤转移回 0
      }
    timer = millis() + 300; //延时 300ms
    break;              //结束 switch 语句
  }
}
void setup()
{
  Serial.begin(9600);                 //初始化 0 号串口,波特率为 9600b/s
  Serial1.begin(9600);                //初始化 1 号串口,波特率为 9600b/s
  pinMode(13, OUTPUT);                //设置 LED 灯的 13 号 IO 接口为输出
  pinMode(RFR1, INPUT);               //设置前右红外避障模块接口 IO 为输入
  pinMode(RFL1, INPUT);               //设置前左红外避障模块接口 IO 为输入
  pinMode(RFR2, INPUT);               //设置后右红外避障模块接口 IO 为输入
  pinMode(RFL2, INPUT);               //设置后左红外避障模块接口 IO 为输入
  delay(500);                         //延时 500ms,等待舵机控制板就绪
  Controller.runActionGroup(0, 1); //运行 0 号动作组,回初始位置
  delay(2000);                        //延时 2000ms,保证动作组 0 运行完毕
  Controller.stopActionGroup();      /停止动作组运行,保证停止
}
void loop() { //主循环
  Controller.receiveHandle();        //接收处理函数,从接收缓存中取出数据
  body();    //主体逻辑
}
```

小提示

如果六足机器人的任意一个红外避障模块检测不到障碍物，都应进行一定的处理，如停止运动、后退一段距离、后退一段距离后再转弯。六足机器人不能直接转弯，因为此时已经到达台阶的边缘。

参 考 文 献

[1] 张金. 电子设计与制作100例 [M]. 3版. 北京: 电子工业出版社. 2017.
[2] Simon Monk (英) 著. Arduino编程从零开始 [M]. 刘椮楠, 译. 北京: 科学出版社. 2013.
[3] Simon Monk (英) 著. Arduino制作手册 [M]. 杨昆云, 译. 北京: 人民邮电出版社. 2015.
[4] Michael McRoberts (美) 著. Arduino从基础到实践 [M]. 杨继志, 郭敬, 译. 北京: 电子工业出版社. 2013.
[5] Becky Stewart (英) 著. 零基础学Arduino [M]. 杨昆云, 译. 北京: 人民邮电出版社. 2016.
[6] Micbael Margolis (美) 著. Arduino权威指南 [M]. 杨昆云, 译. 北京: 人民邮电出版社. 2015.
[7] 谢作如, 张禄. Arduino创意机器人入门 [M]. 北京: 人民邮电出版社. 2015.
[8] 修金鹏. Arduino与Labview互动设计. 北京: 清华大学出版社. 2014.
[9] 宋楠, 韩广义. Arduino开发从零开始学. 北京: 清华大学出版社. 2014.
[10] 丁小妮. 基于Arduino&Android小车的仓储搬运研究 [D]. 硕士学位论文, 华中科技大学. 2015.
[11] 张梅美. 物流自动寻迹搬运车控制系统设计 [D]. 硕士学位论文, 东北林业大学. 2013.
[12] 雷静桃, 高峰, 崔莹. 多足步行机器人的研究现状及展望 [J]. 机械设计, 2006, 23 (9): 1-4.
[13] 曾桂英, 刘少军. 六足步行机器人的设计研究 [J]. 机床与液压, 2005, 6: 102-103.
[14] 黄俊军, 葛世荣, 曹为. 多足步行机器人研究状况及展望 [ ]. 机床与液压, 2008, 36 (6): 187-191.
[15] 陈学东. 多足步行机器人运动规划与控制 [M]. 中科技大学出版社, 2006.
[16] 徐轶群, 万隆君. 四足步行机器人腿机构及其稳定性步态控制 [J]. 机械科学与技术, 2003 22 (1): 86-88.
[17] 安丽桥, 朱磊等. 六脚足式步行机器人的设计与制作 [J]. 实验室研究与探索, 2006 2: 166-168.
[18] 吕泉. 现代传感器原理及应用 [M]. 北京: 清华大学出版社, 2006.

[19] 赵冬斌, 易建强 . 全方位移动机器人导论 [M]. 北京: 科学出版社 . 2010.
[20] 卢志刚 . 数字伺服控制系统与设计 [M]. 北京: 机械工业出版社 . 2007.
[21] 刘哥群, 卢京潮 . 用单片机产生七路舵机控制 PWM 波的方法 [J]. 机械与电子, 2004 2: 76-78.
[22] 梁峰, 王志良 . 多舵机控制在类人型机器人上的应用 [J]. 微计算机信息, 2008 2: 242-243.
[23] 韩裕生, 乔志花, 张金 . 传感器技术及应用 [M]. 北京: 电子工业出版社, 2012.
[24] 何道清 . 传感器与传感器技术 [M]. 北京: 科学出版社, 2004.